"十二五"普通高等教育本科国家级规划教材

河南省"十四五"普通高等教育规划教材

高等学校土木工程专业"十四五"系列教材

# 土木工程材料实验

## （第三版）

白宪臣　主编

中国建筑工业出版社

图书在版编目（CIP）数据

土木工程材料实验／白宪臣主编. — 3 版. — 北京：
中国建筑工业出版社，2022.4（2024.11重印）
"十二五"普通高等教育本科国家级规划教材　河南
省"十四五"普通高等教育规划教材. 高等学校土木工程
专业"十四五"系列教材
ISBN 978-7-112-27222-8

Ⅰ. ①土… Ⅱ. ①白… Ⅲ. ①土木工程－建筑材料－
实验－高等学校－教材 Ⅳ. ①TU502－33

中国版本图书馆 CIP 数据核字（2022）第 041999 号

本书为"十二五"普通高等教育本科国家级规划教材，河南省"十四五"普通高等教育规划教材。全书共 12 章，内容包括：实验基本知识、钢筋实验、水泥实验、骨料实验、混凝土拌合物实验、混凝土力学性能实验、混凝土耐久性能实验、砂浆实验、沥青实验、砖实验、土的基本物理性能实验和基于 Excel 的实验数据处理，每章都附有复习思考题和实验报告样表。

本书适用于高等学校土木工程、建筑环境与能源应用工程、城市地下空间工程、道路桥梁与渡河工程等土建类本科专业教学用书，也可供从事土木工程设计、施工、监理、科研等相关人员学习参考。

为了更好地支持教学，我社向采用本书作为教材的教师提供课件，有需要者可与出版社联系，索取方式如下：建工书院 http://edu.cabplink.com，邮箱 jckj@cabp.com.cn，电话（010）58337285。

\* \* \*

责任编辑：仕　帅　吉万旺　王　跃
责任校对：姜小莲

"十二五"普通高等教育本科国家级规划教材
河南省"十四五"普通高等教育规划教材
高等学校土木工程专业"十四五"系列教材
### 土木工程材料实验
#### （第三版）
白宪臣　主编

\*

中国建筑工业出版社出版、发行（北京海淀三里河路 9 号）
各地新华书店、建筑书店经销
北京红光制版公司制版
建工社（河北）印刷有限公司印刷

\*

开本：787 毫米×1092 毫米　1/16　印张：15　字数：365 千字
2022 年 5 月第三版　　2024 年 11 月第三次印刷
定价：**48.00** 元（赠教师课件）
ISBN 978-7-112-27222-8
（39011）

# 第 三 版 前 言

土木工程材料实验是高等学校土建类专业重要的实践教学活动，同时材料实验也是分析研究土木工程材料的基本方法。教材编写组依据高等学校土木工程学科专业指导委员会制定的《高等学校土木工程本科指导性专业规范》，按照大土木学科背景和应用型人才培养目标，围绕专业规范要求的材料科学基础知识领域中知识单元和核心知识点，结合多年的教学实践，于 2009 年 3 月，在国内率先编写出版了《土木工程材料实验》教材单行本，填补了同类教材空白，该教材 2012 年被教育部评为"十二五"普通高等教育本科国家级规划教材。

2016 年 2 月，《土木工程材料实验（第二版）》出版以来，国家及土建行业相继修订或制定了部分土木工程材料及实验规范标准，如钢材料、混凝土材料、砖材料、建筑石灰等，因此，教材编写组按照最新的国家标准、规范和规程，对教材内容和实验项目进行了适时修订和补充，编写出版教材《土木工程材料实验（第三版）》。

教材第三版仍按照土木工程材料种类编写章节，包括实验基本知识、钢筋实验、水泥实验、骨料实验、混凝土拌合物实验、混凝土力学性能实验、混凝土耐久性能实验、砂浆实验、沥青实验、砖实验、土的基本物理性能实验和基于 Excel 的实验数据处理，每章都附有复习思考题和实验报告样表。教材内容全面、体系完整，语言简练、文图并茂。

土木工程材料的种类和实验项目很多，相关的标准、规范和规程也经常在变化之中，作为高校教材，其内容不包括土木工程材料实验的全部。不同专业可根据其专业特点和培养目标要求适当取舍实验项目，但重点都应是实验过程的强化和实验方法的掌握。通过实验教学训练，能够使学生对实验原理融会贯通，对实验结果知其所以然，并能够举一反三，以着实提高学生独立分析与解决问题的能力。本书作为实验课教材可单独使用，也可与《土木工程材料》教材配套使用。

本书由白宪臣主编，刘凤利、范孟华任副主编，参加编写的还有岳建伟、王永锋、杨卫红等课程组成员。在编写过程中，参考了嘉兴市春秋建设工程检测中心有限责任公司的相关实验方法指导书以及参考文献所列资料，在此表示衷心感谢。书中疏漏与不妥之处在所难免，敬请读者批评指正。

编　者
2022 年 1 月

# 第 二 版 前 言

土木工程材料实验是高校土建类专业重要的实践性教学环节，同时材料实验也是分析研究土木工程材料学的基本方法，为了进一步强化实验教学环节，逐步实施实验课单独设置学分的教学体系改革以及拓宽专业口径的教学要求，课程组依据高等学校土木工程学科专业指导委员会制定的指导性专业规范，在多年土木工程材料实验教学和研究工作积累的基础上编写而成。本书在内容安排上力求语言简练、内容全面、重点突出、自成体系。本书作为实验课教材可单独使用，也可与《土木工程材料》教材配套使用。

全书共 12 章，按照土木工程材料的种类编排章节，由于土木工程材料实验是土建类专业较早开设的专业基础实验课，因此，第 1 章首先对实验任务、测量与误差、数据统计分析方法等实验基本知识作了必要介绍。第 2～11 章，分别就钢筋、水泥、骨料、混凝土拌合物、混凝土力学性能、混凝土长期性能和耐久性能、砂浆、沥青、砖和土工材料等，主要从材料的性能指标、技术标准、实验原理、仪器设备及技术指标要求、试件制备、实验步骤、结果计算与分析等方面的内容进行介绍。第 12 章，利用计算机技术，介绍基于Excel 的实验数据处理程序。为使参加实验的每个学生对实验教学过程中出现和发现的问题能够深入思考，指导教师能够客观、全面地评价学生的实验成绩，每章都附有复习思考题和实验报告样表。

土木工程材料的种类和实验项目很多，相关的标准、规范和规程也经常在变化之中，作为高校教材，本书尽可能遵照最新的国家标准、规范和规程，其内容不包括土木工程材料实验的全部，不同专业可根据其专业特点和培养目标要求适当取舍实验项目，但重点都应是实验过程的强化和实验方法的掌握。通过实验教学训练，能够使学生对实验原理融会贯通，对实验结果知其所以然，并能举一反三，着实提高学生独立分析与解决问题的能力，是编写组始终追求的目标。

本书由白宪臣教授主编，范孟华、刘凤利任副主编，参加编写的还有岳建伟、蔡基伟等课程组成员。在编写过程中，参考了嘉兴市春秋建设工程检测中心有限责任公司的相关实验方法以及作业指导书和书末参考文献中所列的资料，在此表示衷心感谢。限于水平，书中疏漏和不妥之处一定难免，敬请读者批评指正。

编　者

2015 年 7 月

# 第 一 版 前 言

土木工程材料实验是高校土建类专业重要的实践性教学环节，同时材料实验也是分析研究土木工程材料学的基本方法。为了进一步强化实验教学环节，满足实验课单独设置学分的教学体系改革和拓宽专业口径的教学要求，课程组依据全国土木工程专业指导委员会制定的专业教学大纲，在多年土木工程材料实验教学和研究工作积累的基础上编写本书，在体系和内容安排上力求语言简练、重点突出、内容全面、自成体系。本书作为实验课教材可单独使用，也可与《土木工程材料》理论教材配套使用。

全书共 11 章，按照土木工程材料的种类编排章节，由于土木工程材料实验是土建类专业较早开设的专业基础实验课，因此，第 1 章首先对实验任务、测量与误差、数据统计分析方法等实验基本知识作了必要介绍。第 2～10 章，分别就钢筋、水泥、骨料、混凝土拌合物、混凝土力学性能、砂浆、沥青、砖和土工材料等，主要从材料的性能指标、技术标准、实验原理、仪器设备及技术指标要求、试件制备、实验步骤、结果计算与分析等方面的内容进行介绍。第 11 章，利用计算机技术，介绍基于 Excel 的实验数据处理程序。为使参加实验的每个学生对实验教学过程中出现和发现的问题能够深入思考，指导教师能够客观、全面地评价学生的实验成绩，每章都附有复习思考题和实验报告样表。

土木工程材料的种类和实验项目很多，相关的标准、规范和规程也经常在变化之中，作为高校教材，本书尽可能遵照最新的国家标准、规范和规程，其内容不包括土木工程材料实验的全部。不同专业可根据其专业特点和培养目标要求适当取舍实验项目，但重点都应是实验过程的强化和实验方法的掌握。通过实验教学训练，能够使学生对实验原理融会贯通，对实验结果知其所以然，并能举一反三，着实提高学生独立分析与解决问题的能力，是编写组始终追求的目标。

本书由河南大学白宪臣主编，范孟华、鲍鹏任副主编，参加编写的还有岳建伟、杨国忠、孔德志等课程组成员。在编写过程中，得到了河南省教育厅、河南大学等单位的大力支持，参考了书末所列文献和嘉兴市春秋建设工程检测中心的实验方法指导，在此表示衷心感谢。限于水平，书中疏漏与不妥之处在所难免，敬请读者批评指正。

编 者
2009 年 1 月

# 目　　录

# 第1章 实验基本知识

## 1.1 实验任务与实验过程

材料是土木建筑工程的物质基础，并在一定程度上决定着建筑与结构的形式以及工程施工方法。新型土木工程材料的研发与应用，将促使工程结构设计方法和施工技术不断变化与革新，同时新颖的建筑与结构形式又不断向工程材料提出更高的性能要求。建筑师总是把精美的建筑艺术与科学合理地选用工程材料融合在一起；结构工程师也只有在很好地了解工程材料技术性能的基础上，才能根据工程力学原理准确计算并确定建筑构件的尺寸，从而创造先进的结构形式。

土木工程材料实验是土木工程材料学的重要组成部分，同时也是学习和研究土木工程材料的重要方法。土木工程材料基本理论的建立及其技术性能的开发与应用，都是在科学实验基础上逐步发展和完善起来的，同时我们也将看到，土木工程材料的科学实验将进一步推动土木工程学科的发展。

### 1.1.1 实验目的
1. 巩固、拓展专业理论知识，丰富、提高专业素质。
2. 掌握常用仪器设备的工作原理和操作技能，培养掌握工程技术和科学研究的基本能力。
3. 了解土木工程材料及其相关实验规范，掌握常用土木工程材料的实验方法。
4. 培养严谨求实的科学态度，提高分析与解决实际问题的能力。

### 1.1.2 实验任务
1. 分析、鉴定土木工程原材料的质量。
2. 检验、检查材料成品及半成品的质量。
3. 验证、探究土木工程材料的技术性质。
4. 统计分析实验资料，独立完成实验报告。

### 1.1.3 实验过程
实验过程是实验者进行实验时的工作程序，土木工程材料的每个实验都应包括以下过程。

1. 实验准备

认真、充分的实验准备工作是保证实验顺利进行并取得满意实验结果的前提和条件，实验准备工作的内容包括以下两个方面：

1）理论知识的准备。每个实验都是在相关理论知识指导下进行的，实验前，只有充分了解本实验的理论依据和实验条件，才能有目的、有步骤地进行实验，否则，将会陷入盲目。

2）仪器设备的准备。实验前应了解所用仪器设备的工作原理、工作条件和操作规程等内容，以便使整个实验过程能够按照预先设计的实验方案顺利、快捷、安全地进行。

2. 取样与试件制备

实验要有实验对象，对实验对象的选取称为取样。实验时不可能把全部材料都拿来进行测试，实际上也没有必要，往往是选取其中的一部分。因此，取样要有代表性，使其能够反映整批材料的质量性能，起到"以点代面"的作用。实验取样完成后，对有些实验对象的测试项目可以直接进行实验操作，并进行结果评定。在大多数情况下，还必须对实验对象进行实验前处理，制作成符合一定标准的试件，以获得具有可比性的实验结果。

3. 实验操作

实验操作必须在充分做好准备工作以后才能进行，实验过程的每一步操作都应采用标准的实验方法，以使测得的实验结果具有可比性，因为不同的实验方法往往会得出不同的实验结果。实验操作环节是整个实验过程的中心内容，应规范操作，仔细观察，详细记录。

4. 结果分析与评定

实验数据的分析与整理是产生实验成果的最后一个环节，应根据统计分析理论，实事求是地对所得数据与结果进行科学归纳整理，同时结合相关标准规范，以实验报告的形式给出实验结论，并作出必要的理论解释和原因分析。

# 1.2　实验数据统计分析方法

实验中所测得的原始数据并不是最终结果，只有将其统计归纳、分析整理，找出规律性的问题及其内在的本质联系，才是实验的目的所在。本节主要介绍实验数据统计分析的基本方法。

### 1.2.1　测量与误差

测量是从客观事物中获取有关信息的认识过程，其目的是在一定条件下获得被测量的真值。尽管被测量的真值客观存在，但实验时所进行的测量工作都是依据一定的理论与方法，使用一定的仪器与工具，并在一定条件下由一定的人进行的，由于实验理论的近似性、仪器设备灵敏度与分辨能力的局限性以及实验环境的不稳定性等因素的影响，使得被测量的真值很难求得，测量结果和被测量真值之间总会存在或多或少的偏差，由此而产生误差也就必然存在，这种偏差叫做测量值的误差。设测量值为 $x$，真值为 $A$，则误差 $\varepsilon$ 为：

$$\varepsilon = |x - A| \tag{1-1}$$

测量所得到的数据都含有一定量的误差，没有误差的测量结果是不存在的。既然误差一定存在，那么测量的任务即是想方设法将测量值中的误差减至最小，或在特定的条件下，求出被测量的最近真值，并估计最近真值的可靠度。

按照对测量值影响性质的不同，误差可分为系统误差、偶然误差和粗大误差，此三类误差在实验测得的数据中常混杂在一起出现。

1. 系统误差

在指定测量条件下，多次测量同一量时，若测量误差的绝对值和符号总是保持恒定，测量结果始终朝一个方向偏离或者按某一确定的规律变化，这种测量误差称为系统误差或恒定误差。例如在使用天平称量某一物体的质量时，由于砝码的标准质量不准及空气浮力影响引起的误差，在多次反复测量时恒定不变，这些误差就属于系统误差。系统误差的产生与下列因素有关：

1）仪器设备系统本身的问题，如温度计、滴定管的精确度有限，天平砝码不准等。

2）仪器使用时的环境因素，如温度、湿度、气压的随时变化等。

3）测量方法的影响与限制，如实验时对测量方法选择不当，相关作用因素在测量结果表达式中没有得到反映，或者所用公式不够严密以及公式中系数的近似性等，从而产生方法误差。

4）测量者的个人习惯性误差，如有的人在测量读数时眼睛位置总是偏高或偏低，记录某一信号的时间总是滞后等。

系统误差属于恒差，增加测量次数不能消除系统误差。通常可采用多种不同的实验技术或不同的实验方法，以判定有无系统误差存在。在确定系统误差的性质之后，应设法消除或使之减少，从而提高测量的准确度。

2. 偶然误差

偶然误差也叫随机误差。在同一条件下多次测量同一量时，测得值总是有稍许差异且变化不定，并在消除系统误差之后依然如此，这种绝对值和符号经常变化的误差称为偶然误差。偶然误差产生的原因较为复杂，影响的因素很多，而且难以确定某个因素产生具体影响的程度，因此偶然误差难以找出确切原因并加以排除。实验表明，大量次数测量所得到的一系列数据的偶然误差都服从一定的统计规律。

1）绝对值相等的正、负误差出现机会相同，绝对值小的误差比绝对值大的误差出现的机会多。

2）误差不会超出一定的范围，偶然误差的算术平均值，随着测量次数的无限增加而趋向于零。

实验还表明，在确定的测量条件下，对同一量进行多次测量，用算术平均值作为该量的测量结果，能够比较好地减少偶然误差。

设：某量的 $n$ 次测量值为 $x_1, x_2, \cdots\cdots, x_n$，其误差依次为 $\varepsilon_1, \varepsilon_2, \varepsilon_3, \cdots\cdots, \varepsilon_n$，真值为 $A$，则：

$$(x_1 - A) + (x_2 - A) + (x_3 - A) + \cdots\cdots + (x_n - A) = \varepsilon_1 + \varepsilon_2 + \varepsilon_3 + \cdots\cdots + \varepsilon_n$$

$$(1\text{-}2)$$

将上式展开整理得：

$$\frac{1}{n}\left[(x_1 + x_2 + x_3 + \cdots\cdots + x_n) - nA\right] = \frac{1}{n}(\varepsilon_1 + \varepsilon_2 + \varepsilon_3 + \cdots\cdots + \varepsilon_n) \qquad (1\text{-}3)$$

式（1-3）表示平均值的误差等于各测量值误差的平均。由于测量值的误差有正有负，相加后可抵消一部分，而且 $n$ 越大相消的机会越多。因此，在确定的测量条件下，减小测量偶然误差的办法是增加测量次数。在消除系统误差之后，算术平均值的误差随测量次数的增加而减少，平均值即趋于真值。因此，可取算术平均值作为直接测量的最近真值。

测量次数的增加对提高平均值的可靠性是有利的，但并不是测量次数越多越好。因为增加次数必定延长测量时间，这将给保持稳定的测量条件增加困难，同时延长测量时间也会给观测者带来疲劳，这又可能引起较大的观测误差。增加测量次数只能对降低偶然误差有所帮助而对减小系统误差无关，因此，实际测量次数不必过多，一般取 4～10 次即可。

3. 粗大误差

凡是在测量时用客观条件不能解释为合理现象的那些突出的误差称为粗大误差，也叫过失误差。粗大误差是观测者在观测、记录和整理数据过程中，由于缺乏经验、粗心大意、时久疲劳等原因引起的。初次进行实验的学生，在实验过程中常常会产生粗大误差，学生应在教师的指导下不断总结经验，提高实验素质，努力避免粗大误差的出现。

误差的产因不同，种类各异，其评定标准也有区别。为了评判测量结果的好坏，我们引入测量的精密度、准确度和精确度等概念。精密度、准确度和精确度都是评价测量结果好坏与否的指标，但各词含义不同，使用时应加以区别。测量的精密度高，是指测量数据比较集中，偶然误差较小，但系统误差的大小不明确。测量的准确度高，是指测量数据的平均值偏离真值较小，测量结果的系统误差较小，但数据分散的情况即偶然误差的大小不明确。测量的精确度高，是指测量数据比较集中在真值附近，即测量的系统误差和偶然误差都比较小；精确度是对测量的偶然误差与系统误差的综合评价。

**1.2.2 数据统计特征值**

1. 算术平均值

算术平均值是最基本的数据统计分析方法，在数据分析中经常用到，用来说明实验时测得一批数据的平均水平和度量这些数据的中间位置。算术平均值用下式表示：

$$\overline{X} = \frac{x_1 + x_2 + \cdots\cdots + x_n}{n} = \frac{\sum\limits_{i=1}^{n} x_i}{n} \tag{1-4}$$

式中　　　$\overline{X}$——算术平均值；

$x_1、x_2\cdots\cdots x_n$——各实验数据值；

$n$——实验数据个数。

2. 加权平均值

加权平均值表征法也是比较常用的一种数据统计分析方法，它是考虑了测量值与其所占权重因素的评价方法。加权平均值用下式表示：

$$m = \frac{x_1 g_1 + x_2 g_2 + \cdots\cdots + x_n g_n}{g_1 + g_2 + \cdots\cdots + g_n} = \frac{\sum\limits_{i=1}^{n} x_i g_i}{\sum\limits_{i=1}^{n} g_i} \tag{1-5}$$

式中　　　$m$——加权平均值；

$x_1、x_2\cdots\cdots x_n$——各实验数据值；

$g_1、g_2\cdots\cdots g_n$——各实验数据值的对应权数；

$n$——实验数据个数。

**1.2.3 误差计算与数据处理**

1. 范围误差（极差）

在实际测量中，正常的合乎道理的误差不是漫无边际，而是具有一定的范围。实验数值中的最大值与最小值之差称为范围误差或极差，它表示数据离散的范围，可用来度量数据的离散性。

$$w = x_{\max} - x_{\min} \tag{1-6}$$

式中　$w$——范围误差（极差）；

　　　$x_{\max}$——实验数据最大值；

　　　$x_{\min}$——实验数据最小值。

【例 1-1】三块砂浆试件抗压强度测量值分别为 5.21MPa、5.63MPa、5.72MPa，求该测量结果的范围误差。

【解】因为该测量值中的最大值和最小值分别为 5.72MPa、5.21MPa，所以测量结果的范围误差为：

$$\begin{aligned} w &= x_{\max} - x_{\min} \\ &= 5.72 - 5.21 \\ &= 0.51\text{MPa} \end{aligned}$$

2. 算术平均误差

算术平均误差可反映多次测量产生误差的整体平均状况，计算公式为：

$$\begin{aligned} \delta &= \frac{|\varepsilon_1| + |\varepsilon_2| + \cdots\cdots + |\varepsilon_n|}{n} \\ &= \frac{|x_1 - A| + |x_2 - A| + \cdots\cdots + |x_n - A|}{n} \\ &= \frac{|x_1 - \overline{X}| + |x_2 - \overline{X}| + \cdots\cdots + |x_n - \overline{X}|}{n} \\ &= \frac{\sum\limits_{i=1}^{n} |x_i - \overline{X}|}{n} \end{aligned} \tag{1-7}$$

式中　　　　$\delta$——算术平均误差；

$x_1、x_2\cdots\cdots x_n$——各实验数据值；

$\varepsilon_1、\varepsilon_2\cdots\cdots\varepsilon_n$——各实验数据测量误差；

　　　　　$A$——被测量最近真值；

　　　　　$\overline{X}$——实验数据值的算术平均值；

　　　　　$n$——实验数据个数。

【例 1-2】三块砂浆试块的抗压强度分别为 5.21MPa、5.63MPa、5.72MPa，求算术平均误差。

【解】因为这组试件的平均抗压强度为 5.52MPa，所以其算术平均误差为：

$$\begin{aligned} \delta &= \frac{|x_1 - \overline{X}| + |x_2 - \overline{X}| + |x_3 - \overline{X}|}{n} \\ &= \frac{|5.21 - 5.52| + |5.63 - 5.52| + |5.72 - 5.52|}{3} \\ &= 0.2\text{MPa} \end{aligned}$$

3. 标准差（均方根差）

在测量结果的评定中，只知道产生误差的平均水平是不够的，还必须了解数据的波动情况及其带来的危险性。标准差（均方根差）则是衡量数据波动性（离散性大小）的指标，计算公式为：

$$\sigma = \sqrt{\frac{\varepsilon_1^2 + \varepsilon_2^2 + \cdots\cdots + \varepsilon_n^2}{n}}$$

$$= \sqrt{\frac{(x_1 - \overline{X})^2 + (x_2 - \overline{X})^2 + \cdots\cdots + (x_n - \overline{X})^2}{n-1}}$$

$$= \sqrt{\frac{\sum\limits_{i=1}^{n}(x_i - \overline{X})^2}{n-1}} \tag{1-8}$$

式中　　　$\sigma$——标准差（均方根差）；

$x_1$、$x_2 \cdots\cdots x_n$——各实验数据值；

$\varepsilon_1$、$\varepsilon_2 \cdots\cdots \varepsilon_n$——各实验数据测量误差；

$\overline{X}$——实验数据值的算术平均值；

$n$——实验数据个数。

**【例 1-3】** 某水泥厂某月生产 10 个编号的 42.5 级矿渣水泥，28d 抗压强度分别为 47.3MPa、45.0MPa、48.4MPa、45.8MPa、46.7MPa、47.4MPa、48.1MPa、47.8MPa、46.2MPa、44.8MPa，求其标准差。

**【解】** 因为 10 个编号水泥的算术平均强度 $\overline{X}$ 和 $\Sigma(x_i - \overline{X})^2$ 分别为：

$$\overline{X} = \frac{\sum\limits_{i=1}^{n} x_i}{n} = \frac{467.5}{10} = 46.8\text{MPa}$$

$$\sum_{i=1}^{n}(x_i - \overline{X})^2 = 14.47\text{MPa}$$

所以，标准差 $\sigma = \sqrt{\dfrac{\sum\limits_{i=1}^{n}(x_i - \overline{X})^2}{n-1}} = \sqrt{\dfrac{14.47}{9}} = 1.27\text{MPa}$

**4. 极差估计法确定标准差**

利用极差估计法确定标准差的主要优点是计算方便，但反映实际情况的精确度较差。

1）当数据不多时（$n \leqslant 10$），利用极差法估计标准差的计算式为：

$$\sigma = \frac{1}{d_n} w \tag{1-9}$$

2）当数据很多时（$n > 10$），先将数据随机分成若干个数量相等的组，然后对每组求极差，并计算极差平均值 $\overline{w} = \dfrac{\sum\limits_{i=1}^{n} w_i}{m}$，此时标准差的估计值近似用下式计算：

$$\sigma = \frac{1}{d_n} \overline{w} \tag{1-10}$$

式中　　　$\sigma$——标准差的估计值；

$d_n$——与 $n$ 有关的系数，见表 1-1；

$w$、$\overline{w}$——极差及各组极差平均值；

$m$——数据分组的组数；

$n$——每一组内数据拥有的个数。

极差估计法系数表      表 1-1

| $n$ | 1 | 2 | 3 | 4 | 5 | 6 | 7 | 8 | 9 | 10 |
|---|---|---|---|---|---|---|---|---|---|---|
| $d_n$ | — | 1.128 | 1.693 | 2.059 | 2.326 | 2.534 | 2.704 | 2.847 | 2.970 | 3.078 |
| $1/d_n$ | — | 0.886 | 0.591 | 0.486 | 0.429 | 0.395 | 0.369 | 0.351 | 0.337 | 0.325 |

**5. 变异系数**

标准差是表征数据绝对波动大小的指标，当被测量的量值较大时，绝对误差一般较大；当被测量的量值较小时，绝对误差一般较小。评价测量数据相对波动的大小，以标准差与实验数据算术平均值之比的百分率来表示标准差，即变异系数。变异系数计算式为：

$$C_V = \frac{\sigma}{\overline{X}} \times 100\% \tag{1-11}$$

式中    $C_V$——变异系数；

        $\sigma$——标准差；

        $\overline{X}$——实验数据的算术平均值。

变异系数与标准差相比，具有独特的工程意义，变异系数可表达出标准差所表示不出来的数据波动情况。例如，甲、乙两厂均生产 42.5 级矿渣水泥，甲厂某月生产水泥的平均强度为 49.84MPa，标准差为 1.68MPa；同月乙厂生产的水泥平均强度为 36.2MPa，标准差为 1.62MPa，试比较两厂的变异系数。

甲厂的变异系数：$C_{V甲} = \frac{\sigma_甲}{\overline{X}_甲} \times 100\% = \frac{1.68}{49.8} \times 100\% = 3.37\%$

乙厂的变异系数：$C_{V乙} = \frac{\sigma_乙}{\overline{X}_乙} \times 100\% = \frac{1.62}{46.2} \times 100\% = 3.51\%$

通过以上计算，如果单从标准差指标上看，甲厂大于乙厂，说明甲厂生产水泥质量的绝对波动性大于乙厂；从变异系数指标上看，则乙厂大于甲厂，说明乙厂生产的水泥强度相对波动性要比甲厂大，产品的稳定性较差。

**6. 正态分布和概率**

为了弄清数据波动更为完整的规律，应找出频数分布情况，画出频数分布直方图。数据波动的规律不同，曲线的形状则不同。当分组较细时，直方图的形状便逐渐趋于一条曲线。在实际数据分析处理中，按正态分布曲线的情况最多，使用也最广泛。正态分布曲线由概率密度函数给出：

$$\varphi(x) = \frac{1}{\sqrt{2\pi}\sigma} e^{-\frac{(x-\mu)^2}{2\sigma^2}} \tag{1-12}$$

式中    $x$——实验数据值；

        $\mu$——曲线最高点横坐标，正态分布的均值；

        $\sigma$——正态分布的标准差，其大小表示曲线的"胖瘦"程度，$\sigma$ 越大，曲线越"胖"，数据越分散；反之，表示数据越集中，见图 1-1。

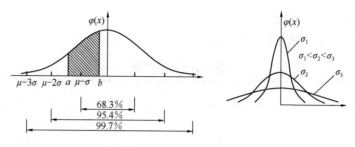

图 1-1　正态分布示意图

当已知均值 $\mu$ 和标准差 $\sigma$ 时，就可以画出正态分布曲线。数据值落入任意区间 $(a,b)$ 的概率 $P(a<x<b)$ 是明确的，其值等于 $X_1=a$、$X_2=b$ 时横坐标和曲线 $\varphi(x)$ 所夹的面积（图中阴影面积），可用下式求出：

$$P(a<x<b)=\frac{1}{\sqrt{2\pi}\sigma}\int_a^b e^{-\frac{(x-\mu)^2}{2\sigma^2}}\mathrm{d}x \tag{1-13}$$

落在 $(\mu-\sigma,\mu+\sigma)$ 的概率是 68.3%；

落在 $(\mu-2\sigma,\mu+2\sigma)$ 的概率是 95.4%；

落在 $(\mu-3\sigma,\mu+3\sigma)$ 的概率是 99.7%。

在实际工程中，概率的分布问题经常用到。例如，要了解一批混凝土的强度低于设计要求强度的概率大小，就可用概率分布函数求得。

$$F(x_0)=\int_{-\infty}^{x_0}\varphi(x)\mathrm{d}x=\frac{1}{\sqrt{2\pi}\sigma}\int_{-\infty}^{x_0}e^{-\frac{(x-\mu)^2}{2\sigma^2}}\mathrm{d}x \tag{1-14}$$

令 $t=\dfrac{x-\mu}{\sigma}$，则 $\varphi(t)=\dfrac{1}{\sqrt{2\pi}}e^{-\frac{t^2}{2}}$。

$$F(t)=\frac{1}{\sqrt{2\pi}}\int_{-\infty}^{t}e^{-\frac{t^2}{2}}\mathrm{d}t \tag{1-15}$$

根据上述条件，编制概率计算表（表 1-2、表 1-3），可大大方便计算。

标准正态分布表　　　　　　　　　　　　　　　　　　　　　　　表 1-2

| $t$ | 0.00 | 0.01 | 0.02 | 0.03 | 0.04 | 0.05 | 0.06 | 0.07 | 0.08 | 0.09 |
|---|---|---|---|---|---|---|---|---|---|---|
| 0.0 | 0.5000 | 0.5040 | 0.5080 | 0.5120 | 0.5160 | 0.5199 | 0.5239 | 0.5279 | 0.5319 | 0.5359 |
| 0.1 | 0.5398 | 0.5438 | 0.5478 | 0.5517 | 0.5557 | 0.5596 | 0.5636 | 0.5675 | 0.5714 | 0.5753 |
| 0.2 | 0.5793 | 0.5832 | 0.5871 | 0.5910 | 0.5948 | 0.5987 | 0.6026 | 0.6064 | 0.6103 | 0.6141 |
| 0.3 | 0.6179 | 0.6217 | 0.6255 | 0.6293 | 0.6331 | 0.6368 | 0.6406 | 0.6443 | 0.6480 | 0.6517 |
| 0.4 | 0.6554 | 0.6591 | 0.6628 | 0.6664 | 0.6700 | 0.6736 | 0.6772 | 0.6808 | 0.6844 | 0.6879 |
| 0.5 | 0.6915 | 0.6950 | 0.6985 | 0.7019 | 0.7054 | 0.7088 | 0.7123 | 0.7157 | 0.7190 | 0.7224 |
| 0.6 | 0.7257 | 0.7291 | 0.7324 | 0.7357 | 0.7389 | 0.7422 | 0.7454 | 0.7486 | 0.7517 | 0.7549 |
| 0.7 | 0.7580 | 0.7611 | 0.7642 | 0.7673 | 0.7703 | 0.7734 | 0.7764 | 0.7794 | 0.7823 | 0.7852 |
| 0.8 | 0.7881 | 0.7910 | 0.7939 | 0.7967 | 0.7995 | 0.8023 | 0.8051 | 0.8078 | 0.8106 | 0.8133 |
| 0.9 | 0.8159 | 0.8186 | 0.8212 | 0.8238 | 0.8264 | 0.8289 | 0.8315 | 0.8340 | 0.8365 | 0.8389 |

| $t$ | 0.00 | 0.01 | 0.02 | 0.03 | 0.04 | 0.05 | 0.06 | 0.07 | 0.08 | 0.09 |
|-----|------|------|------|------|------|------|------|------|------|------|
| 1.0 | 0.8413 | 0.8438 | 0.8461 | 0.8485 | 0.8508 | 0.8531 | 0.8554 | 0.8577 | 0.8599 | 0.8621 |
| 1.1 | 0.8643 | 0.8665 | 0.8686 | 0.8708 | 0.8729 | 0.8749 | 0.8770 | 0.8790 | 0.8810 | 0.8830 |
| 1.2 | 0.8849 | 0.8869 | 0.8888 | 0.8907 | 0.8925 | 0.8944 | 0.8962 | 0.8980 | 0.8997 | 0.9015 |
| 1.3 | 0.9032 | 0.9049 | 0.9066 | 0.9082 | 0.9099 | 0.9115 | 0.9131 | 0.9147 | 0.9162 | 0.9177 |
| 1.4 | 0.9192 | 0.9207 | 0.9222 | 0.9236 | 0.9251 | 0.9265 | 0.9278 | 0.9292 | 0.9306 | 0.9319 |
| 1.5 | 0.9332 | 0.9345 | 0.9357 | 0.9370 | 0.9382 | 0.9394 | 0.9406 | 0.9418 | 0.9430 | 0.9441 |
| 1.6 | 0.9452 | 0.9463 | 0.9474 | 0.9484 | 0.9495 | 0.9505 | 0.9515 | 0.9525 | 0.9535 | 0.9545 |
| 1.7 | 0.9554 | 0.9564 | 0.9573 | 0.9582 | 0.9591 | 0.9599 | 0.9608 | 0.9616 | 0.9625 | 0.9633 |
| 1.8 | 0.9641 | 0.9648 | 0.9656 | 0.9664 | 0.9671 | 0.9678 | 0.9686 | 0.9693 | 0.9700 | 0.9706 |
| 1.9 | 0.9713 | 0.9719 | 0.9726 | 0.9732 | 0.9738 | 0.9744 | 0.9750 | 0.9756 | 0.9762 | 0.9767 |
| 2.0 | 0.9772 | 0.9778 | 0.9783 | 0.9788 | 0.9793 | 0.9798 | 0.9803 | 0.9808 | 0.9812 | 0.9817 |
| 2.1 | 0.9821 | 0.9826 | 0.9830 | 0.9834 | 0.9838 | 0.9842 | 0.9846 | 0.9850 | 0.9854 | 0.9857 |
| 2.2 | 0.9861 | 0.9864 | 0.9868 | 0.9871 | 0.9874 | 0.9878 | 0.9881 | 0.9884 | 0.9887 | 0.9890 |
| 2.3 | 0.9893 | 0.9896 | 0.9898 | 0.9901 | 0.9904 | 0.9906 | 0.9909 | 0.9911 | 0.9913 | 0.9916 |
| 2.4 | 0.9918 | 0.9920 | 0.9922 | 0.9925 | 0.9927 | 0.9929 | 0.9931 | 0.9932 | 0.9934 | 0.9936 |
| 2.5 | 0.9938 | 0.9940 | 0.9941 | 0.9943 | 0.9945 | 0.9946 | 0.9948 | 0.9949 | 0.9951 | 0.9952 |
| 2.6 | 0.9953 | 0.9955 | 0.9956 | 0.9957 | 0.9959 | 0.9960 | 0.9961 | 0.9962 | 0.9963 | 0.9964 |
| 2.7 | 0.9965 | 0.9966 | 0.9967 | 0.9968 | 0.9969 | 0.9970 | 0.9971 | 0.9972 | 0.9973 | 0.9974 |
| 2.8 | 0.9974 | 0.9975 | 0.9976 | 0.9977 | 0.9977 | 0.9978 | 0.9979 | 0.9979 | 0.9980 | 0.9981 |
| 2.9 | 0.9981 | 0.9982 | 0.9982 | 0.9983 | 0.9984 | 0.9984 | 0.9985 | 0.9985 | 0.9986 | 0.9986 |

**标准正态分布表**　　　　　　　　　　　　　　　　表 1-3

| $t$ | $\Phi(t)$ | $t$ | $\Phi(t)$ | $t$ | $\Phi(t)$ |
|-----|-----------|-----|-----------|-----|-----------|
| 3.00~3.01 | 0.9987 | 3.15~3.17 | 0.9992 | 3.40~3.48 | 0.9997 |
| 3.02~3.05 | 0.9988 | 3.18~3.21 | 0.9993 | 3.49~3.61 | 0.9998 |
| 3.06~3.08 | 0.9989 | 3.22~3.26 | 0.9994 | 3.62~3.89 | 0.9999 |
| 3.09~3.11 | 0.9990 | 3.27~3.32 | 0.9995 | 3.89~$\infty$ | 1.0000 |
| 3.12~3.14 | 0.9991 | 3.33~3.39 | 0.9996 | | |

【例 1-4】如果一批混凝土试件的强度数据分布为正态分布，试件的平均强度为 41.9MPa，其标准差为 3.56MPa，求强度分别比 30MPa、40MPa、50MPa 低的概率。

【解】
$$P(X \leqslant 30) = F(30) = \Phi\left(\frac{30 - 41.9}{3.56}\right) = \Phi(-3.34)$$
$$= 1 - \Phi(3.34) = 1 - 0.9996$$
$$= 0.0004$$
$$P(X \leqslant 40) = F(40) = \Phi\left(\frac{40 - 41.9}{3.56}\right) = \Phi(-0.53)$$

$$= 1 - \Phi(0.53) = 1 - 0.7019$$
$$= 0.2981$$

$$P(X \leqslant 50) = F(50) = \Phi\left(\frac{50 - 41.9}{3.56}\right) = \Phi(2.28)$$
$$= 0.9887$$

7. 可疑数据的取舍

在一组条件完全相同的重复实验中，当发现有某个过大或过小的可疑数据时，应按数理统计方法给以鉴别并决定取舍，常用的方法有三倍标准差法和格拉布斯法。

1）三倍标准差法

三倍标准差法是美国混凝土标准（ACT 214－65）所采用的方法，它的准则是：

$$|x_i - \overline{X}| > 3\sigma \tag{1-16}$$

式中　　$x_i$——任意实验数据值；

　　　　$\overline{X}$——实验数据算术平均值；

　　　　$\sigma$——标准差。

另外规定，当 $|x_i - \overline{X}| > 2\sigma$ 时，数据保留，但需存疑；如发现实验过程中有可疑的变异时，该数据值应予舍弃。

2）格拉布斯法

三倍标准差法虽然比较简单，但须在已知标准差的条件下才能使用。格拉布斯方法则是在不知道标准差情况下对可疑数字的取舍方法，格拉布斯方法使用步骤如下：

（1）把实验所得数据从小到大依次排列：$x_1$、$x_2$……$x_n$。

（2）选定显著性水平 $\alpha$（一般 $\alpha = 0.05$），并根据 $n$ 及 $\alpha$，从表1-4中求得 $T$ 值。

（3）计算统计量 $T$ 值：

$$T = \frac{\overline{X} - x_1}{\sigma} \text{（当 } x_1 \text{ 可疑时）} \tag{1-17}$$

$$T = \frac{x_n - \overline{X}}{\sigma} \text{（当最大值 } x_n \text{ 可疑时）} \tag{1-18}$$

式中　　$\overline{X}$——数据算术平均值；

　　　　$x$——测量值；

　　　　$n$——试件个数；

　　　　$\sigma$——标准差。

（4）查表1-4，得相应于 $n$ 与 $\alpha$ 的 $T(n,\alpha)$ 值。当计算的统计量 $T \geqslant T(n,\alpha)$ 时，则假设的可疑数据是对的，应予以舍弃；当 $T < T(n,\alpha)$ 时，则不能舍弃。

$n$、$\alpha$ 和 $T$ 值的关系表　　　　　　　　　　　　　　表 1-4

| $\alpha$ | 当 $n$ 为下列数值时的 $T$ 值 | | | | | | | |
|---|---|---|---|---|---|---|---|---|
| | 3 | 4 | 5 | 6 | 7 | 8 | 9 | 10 |
| 5.0% | 1.15 | 1.46 | 1.67 | 1.82 | 1.94 | 2.03 | 2.11 | 2.18 |
| 2.5% | 1.15 | 1.48 | 1.71 | 1.89 | 2.02 | 2.13 | 2.21 | 2.29 |
| 1.0% | 1.15 | 1.49 | 1.75 | 1.94 | 2.10 | 2.22 | 2.32 | 2.41 |

在以上两种方法中，三倍标准差法相对简单，几乎绝大部分数据可不舍弃；格拉布斯方法适用于不掌握标准差的情况，适用面较宽，但使用较复杂。

8. 有效数字与数字修约

对实验测得的数据不但要详实记录，而且还要进行各种运算，哪些数字是有效数字，需要记录哪些数据，对运算后的数字如何取舍，都应当遵循一定的规则。

一般来讲，仪器设备显示的数字均为有效数字，均应读出并记录，包括最后一位的估计读数。对分度式仪表，读数一般要读到最小分度的十分之一。例如，使用一把最小分度为毫米的直尺，测得某一试件的长度为 76.2mm，其中"7"和"6"是准确读出来的，最后一位"2"是估读的，由于尺子本身将在这一位出现误差，所以数字"2"存在一定的可疑成分，也就是说实际上这一位可能不是"2"。虽然"2"不是十分准确，但是此时的"2"还是能够近似地反映出这一位大小的信息，应算为有效数字。

当仪器设备上显示的最后一位数是"0"时，此"0"也是有效数字，也要读出并记录。例如，使用一把分度为毫米的尺子测得某一试件的长度为 5.60cm，它表示试件的末端恰好与尺子的分度线"6"对齐，下一位是"0"，如果记录时写成 5.6cm，则不能肯定这一实际情况，所以此"0"是有效数字，必须记录。另外，在记录数据时，由于选择的单位不同，也会出现"0"。例如，5.60cm 也可记为 0.0560m 或 56000$\mu m$，这些由于单位变换而出现的"0"，没有反映出被测量大小的信息，不能认为是有效数字。

对于运算后的有效数字，应以误差理论作为决定有效数字的基本依据。加减运算后小数点后有效数字的位数，可估计为同参加加减运算各数中小数点后最少的相同；乘除运算后有效数字位数，可估计为同参加运算各数中有效数字最少的相同。关于数字修约问题，《标准化工作导则》有具体规定：

1) 在拟舍弃的数字中，保留数后边（右边）第一个数小于 5（不包括 5）时，则舍去，保留数的末位数字不变。例如将 14.2432 修约后为 14.2。

2) 在拟舍弃的数字中，保留数后边（右边）第一个数字大于 5（不包括 5）时，则进 1，保留数的末位数字加 1。例如将 26.4843 修约到保留一位小数，修约后为 26.5。

3) 在拟舍弃的数字中保留数后边（右边）第一个数字等于 5，且 5 后边的数字并非全部为零时，则进 1，即保留数末位数字加 1。例如将 1.0501 修约到保留小数一位，修约后为 1.1。

4) 在拟舍弃的数字中，保留数后边（右边）第一个数字等于 5，且 5 后边的数字全部为零时，保留数的末位数字为奇数时则进 1；若保留数的末位数字为偶数（包括 0）时，则不进。例如将下列数字修约到保留一位小数。修约前为 0.3500，修约后为 0.4；修约前为 0.4500，修约后为 0.4；修约前为 1.0500，修约后为 1.0。

5) 拟舍弃的数字，若为两位以上的数字，不得连续进行多次（包括二次）修约，应根据保留数后边（右边）第一个数字的大小，按上述规定一次修约出结果。例如将 15.4546 修约成整数，正确的修约是修约前为 15.4546，修约后为 15；不正确的修约是修约前、一次修约、二次修约、三次修约、四次修约分别为 15.4546、15.455、15.46、15.5、16。

## 复习思考题

1-1 为什么把算术平均值近似作为测量的真值?

1-2 根据误差产生的原因,误差可分为哪几类?

1-3 精密度、准确度和精确度各有何含义?

1-4 算术平均值误差、标准差和变异系数分别反映测量数据的何种情况?

1-5 可疑数据的取舍有几种方法?

1-6 掌握有效数字对实验结果分析和整理有何意义?

# 第2章 钢 筋 实 验

## 2.1 概 述

建筑钢材分为用于混凝土结构的钢筋（钢丝）和用于钢结构的型钢两大类。建筑钢材与其他建筑材料相比，具有强度大、自重小、抗变形能力强、易于装配等优点，因此建筑钢材广泛应用于土木工程的各个领域。随着大跨、高层建筑的发展和建筑结构体系的不断革新，建筑钢材将具有更加重要的工程地位。

建筑钢材的技术性能主要取决于所用的钢种及其制造、加工方法。建筑工程中常用的钢筋、钢丝和型钢，一般都是碳素结构钢和低合金高强度结构钢钢种，制造加工方法常采用热轧、冷加工强化和热处理等工艺。碳素结构钢有 Q195、Q215、Q235、Q255 和 Q275 五个牌号，每个牌号又根据磷、硫等有害杂质的多少分成 A、B、C、D四个等级，碳素结构钢含碳量较低，一般在 0.06%～0.38%之间。低合金高强结构钢有 Q295、Q345、Q390、Q420 和 Q460 五个牌号，每个牌号也同样根据磷、硫等有害杂质的多少分成 A、B、C、D、E 五个等级，合金总含量一般不超过 5%，掺加的合金元素主要有锰、硅、钒、钛、铌、铬、镍等。建筑钢材的性能指标主要有抗拉、冷弯、冲击韧性、硬度和耐疲劳性，本章主要介绍土木工程中用量最大的钢筋材料的质量标准及其力学性能实验方法。

### 2.1.1 钢筋性能指标与要求

#### 1. 低碳钢热轧圆盘条

建筑用的热轧圆盘条由低碳结构钢 Q195、Q215、Q235、Q275 热轧而成，主要力学性能应符合表 2-1 的规定。低碳钢热轧圆盘条的强度较低，但塑性、可焊性较好，伸长率较大，易于弯折成形，主要用于中小型钢筋混凝土结构的受力筋或箍筋。盘条的检验项目和检验方法等见表 2-2。

**低碳钢热轧圆盘条的力学性能和工艺性能**（GB/T 701—2008）　　表 2-1

| 牌号 | 力 学 性 能 | | 冷弯实验180° $d$-弯心直径 $a$-试样直径 |
|---|---|---|---|
| | 抗拉强度 $R_m$（MPa）不大于 | 断后伸长率 $A_{11.3}$（%）不小于 | |
| Q195 | 410 | 30 | $d=0$ |
| Q215 | 435 | 28 | $d=0$ |
| Q235 | 500 | 23 | $d=0.5a$ |
| Q275 | 540 | 21 | $d=1.5a$ |

低碳钢热轧圆盘条的检验项目、取样与实验方法

表 2-2

| 序号 | 检验项目 | 取样数量 | 取样方法 | 实验方法 |
|---|---|---|---|---|
| 1 | 化学成分（熔炼分析） | 1 个/炉 | GB/T 20066 | GB/T 223<br>GB/T 4336、GB/T 20123 |
| 2 | 拉伸 | 1 个/批 | GB/T 2975 | GB/T 228 |
| 3 | 弯曲 | 2 个/批 | 不同根盘条、GB/T 2975 | GB/T 232 |
| 4 | 尺寸 | 逐盘 | | 千分尺、游标卡尺 |
| 5 | 表面 | | | 目视 |

注：对化学成分结果有争议时，仲裁实验按 GB/T 223 进行。

## 2. 热轧光圆钢筋

钢筋的屈服强度 $R_{eL}$、抗拉强度 $R_m$、断后伸长率 $A$、最大力总伸长率 $A_{gt}$ 等力学性能特征值应符合表 2-3 的规定。表 2-3 所列各力学性能特征值，可作为交货检验的最小保证值。根据供需双方协议，伸长率类型可从 $A$ 或 $A_{gt}$ 中选定。如伸长率类型未经协议确定，则伸长率采用 $A$，仲裁检验时采用 $A_{gt}$。按表 2-3 规定的弯芯直径弯曲 180°后，钢筋受弯曲部位表面不得产生裂纹。钢筋应无有害表面缺陷，按盘卷交货的钢筋应将头尾有害缺陷部分切除。热轧光圆钢筋的检验项目和检验方法见表 2-4。

热轧光圆钢筋力学性能 （GB/T 1499.1—2017）

表 2-3

| 牌号 | $R_{eL}$<br>（MPa） | $R_m$<br>（MPa） | $A$<br>（%） | $A_{gt}$<br>（%） | 冷弯实验 180°<br>$d$-弯芯直径<br>$a$-钢筋公称直径 |
|---|---|---|---|---|---|
| | 不小于 | | | | |
| HPB300 | 300 | 420 | 25.0 | 10.0 | $d=a$ |

热轧光圆钢筋的检验项目、取样与实验方法

表 2-4

| 序号 | 检验项目 | 取样数量 | 取样方法 | 实验方法 |
|---|---|---|---|---|
| 1 | 化学成分（熔炼分析） | 1 | GB/T 20066 | GB/T 4336、GB/T 20123、GB/T 20125 |
| 2 | 拉伸 | 2 | 不同根（盘）钢筋切取 | GB/T 28900、GB/T 1944.1—2017 |
| 3 | 弯曲 | 2 | 不同根（盘）钢筋切取 | GB/T 28900、GB/T 1944.1—2017 |
| 4 | 尺寸 | 逐支（盘） | | 钢筋直径的测量应精确到 0.1mm |
| 5 | 表面 | | — | 目视 |
| 6 | 重量偏差 | 试样应从不同根钢筋上截取，数量不少于 5 支，每支试样长度不小于 500mm，精确到 1mm | | GB/T 1944.1—2017 |

注：对化学分析和拉伸实验结果有争议时，仲裁实验分别按 GB/T 223、GB/T 228 进行。

## 3. 热轧带肋钢筋

热轧带肋钢筋由低合金钢热轧而成，横截面为圆形，主要力学性能应符合表 2-5 的规定。热轧带肋钢筋强度较高，塑性、可焊性也较好，钢筋表面带有纵肋和横肋，与混凝土界面之间具有较强的握裹力。因此，热轧带肋钢筋主要用于钢筋混凝土结构构件的受力筋。热轧带肋钢筋的检验项目和检验方法等见表 2-6。

**热轧带肋钢筋的力学性能和工艺性能**（GB/T 1499.2—2018）　　表 2-5

| 牌号 | 屈服强度 $R_{eL}$（MPa） | 抗拉强度 $R_m$（MPa） | 断后伸长率 A（%） | 总伸长率 $A_{gt}$（%） |
|---|---|---|---|---|
| | 不小于 | | | |
| HRB400 | 400 | 540 | 16 | 7.5 |
| HRBF400 | | | | |
| HRB500 | 500 | 630 | 15 | |
| HRBF500 | | | | |

**热轧带肋钢筋的检验项目、取样与实验方法**　　表 2-6

| 序号 | 检验项目 | 取样数量 | 取样方法 | 实验方法 |
|---|---|---|---|---|
| 1 | 化学成分（熔炼分析） | 1 | GB/T 20066 | GB/T 223、GB/T 4336 |
| 2 | 拉伸 | 2 | 任选两根钢筋切取 | GB/T 28900、GB 1499.2 |
| 3 | 弯曲 | 2 | 任选两根钢筋切取 | GB/T 28900、GB 1499.2 |
| 4 | 反向弯曲 | 1 | — | GB/T 28900、GB 1499.2 |
| 5 | 疲劳实验 | 供需双方协议 | | |
| 6 | 尺寸 | 逐支 | | GB/T 1499.2 |
| 7 | 表面 | | | 目视 |
| 8 | 重量偏差 | 试样数量不少于 5 支，每支试样长度不小于 500mm。长度应逐支测量，应精确到 1mm。测量试样总重量时，应精确到不大于总重量的 1% | | GB/T 1499.2 |
| 9 | 晶粒度 | 2 | 任选两根钢筋切取 | GB/T 6394 |

注：对化学分析和拉伸实验结果有争议时，仲裁实验分别按 GB/T 223、GB/T 228 进行。

4. 冷轧带肋钢筋

冷轧带肋钢筋由热轧圆盘条经冷轧而成，表面带有沿长度方向均匀分布的月牙肋，力学性能和工艺性能应符合表 2-7 的规定。反复弯曲实验的弯曲半径应符合表 2-8 的规定。由于冷轧带肋钢筋是经过冷加工强化的产品，因此其强度提高、塑性降低、强屈比变小。冷轧带肋钢筋主要用于中小型预应力混凝土结构构件和普通混凝土结构构件。冷轧带肋钢筋的检验项目、取样与实验方法应符合表 2-9 的规定。

**冷轧带肋钢筋的力学性能和工艺性能**（GB/T 13788—2017）　　表 2-7

| 分类 | 级别代号 | $R_{p0.2}$（MPa）不小于 | $R_m$（MPa）不小于 | $R_m/R_{p0.2}$ 不小于 | 伸长率 不小于（%） | | 最大力总延伸率（%）不小于 | 弯曲实验[a] 180° | 反复弯曲次数 | 应力松弛率 初始应力应相当于公称抗拉强度的 70% |
|---|---|---|---|---|---|---|---|---|---|---|
| | | | | | A | $A_{100}$ | $A_{gt}$ | | | 1000h 松弛率（%）不大于 |
| 普通混凝土钢筋用 | CRB550 | 500 | 550 | 1.05 | 11.0 | — | 2.5 | D=3d | — | — |
| | CRB550H | 540 | 600 | 1.05 | 14.0 | — | 5.0 | D=3d | — | — |
| | CRB680H[b] | 600 | 68 | 1.05 | 14.0 | — | 5.0 | D=3d | 4 | 5 |

| 分类 | 级别代号 | $R_{p0.2}$<br>（MPa）<br>不小于 | $R_m$<br>（MPa）<br>不小于 | $R_m/R_{p0.2}$<br>不小于 | 伸长率<br>不小于<br>（%） | | 最大力总延伸率（%）不小于 | 弯曲实验[a]<br>180° | 反复弯曲次数 | 应力松弛率<br>初始应力应相当于公称抗拉强度的70%<br>1000h松弛率（%）不大于 |
|------|---------|------|------|------|------|------|------|------|------|------|
| | | | | | $A$ | $A_{100}$ | $A_{gt}$ | | | |
| 预应力混凝土用 | CRB650 | 585 | 650 | 1.05 | — | 4.0 | 2.5 | — | 3 | 8 |
| | CRB800 | 720 | 800 | 1.05 | — | 4.0 | 2.5 | — | 3 | 8 |
| | CRB800H | 720 | 800 | 1.05 | — | 7.0 | 4.0 | — | 4 | 5 |

注：a. 表中 $D$ 为弯心直径，$d$ 为钢筋公称直径；

　　b. 当该牌号钢筋作为普通钢筋混凝土用钢筋使用时，对反复弯曲和应力松弛不做要求；当该牌号钢筋作为预应力混凝土用钢筋使用时应进行反复弯曲实验代替180°弯曲实验，并检测松弛率。

**反复弯曲实验的弯曲半径**　　　　　　　　　　表 2-8

| 钢筋公称直径（mm） | 4 | 5 | 6 |
|------|------|------|------|
| 弯曲半径（mm） | 10 | 15 | 15 |

**冷轧带肋钢筋的检验项目、取样与实验方法**　　　　　　表 2-9

| 序号 | 检验项目 | 取样数量 | 取样方法 | 实验方法 |
|------|---------|---------|---------|---------|
| 1 | 拉伸 | 每盘1个 | 在每（任）盘中随机切取 | GB/T 28900、GB/T 21839 |
| 2 | 弯曲 | 每批2个 | | GB/T 28900 |
| 3 | 反复弯曲实验 | 每批2个 | | GB/T 21839 |
| 4 | 应力松弛实验 | 定期1个 | | GB/T 21839、GB/T 13788 |
| 5 | 尺寸 | | 逐盘 | GB/T 13788 |
| 6 | 表面 | | | 目视 |
| 7 | 重量偏差 | 每盘1个，试样长度应不小于500mm，长度精确到1mm。测量试样重量时，应精确到1g | | GB/T 13788 |

注：表中实验数量栏中的"盘"指生产钢筋的"原料盘"。

### 2.1.2　实验取样

钢筋力学性能实验应在尺寸、表面状况等外观检验项目检查验收合格基础上进行取样。验收时，钢筋应有出厂证明或实验报告单，并抽样做机械性能实验，在使用中若有脆断、焊接性能不良或机械性能显著不正常时，还应进行化学成分分析实验。

钢筋应按批进行检查和验收，每批由同一牌号、同一炉罐号、同一规格的钢筋组成。每批重量通常不大于60t。超过60t的部分，每增加40t（或不足40t的余数），增加一个拉伸实验试样和一个弯曲实验试样。

对热轧带肋钢筋、热轧光圆钢筋、低碳钢热轧圆盘条、热处理钢筋取样时，当每批取样不大于60t时，每批取一组试样。对热轧带肋钢筋、热轧光圆钢筋、热处理钢筋取样时，在该批中任选两根钢筋，在每根上截取两段，一个拉试件、一个弯试件，即两个拉试件和两个弯试件为一组，捆好并附上该钢筋规格的标牌，试件不允许进行车削加工。对低碳钢热轧圆盘条取样时，任选两盘，去掉端头 500mm，截取一个拉试件和两个弯试件为一组（两个弯试件要分别在两盘上截取），捆好并附上该钢筋规格的标牌。

对冷轧带肋钢筋应按批进行检查验收，每批由同钢号、同规格和同级别的钢筋组成，重量不大于 60t。

对冷拉钢筋应分批验收，每批由不大于 20t 的同级别、同直径的冷拉钢筋组成。进行力学性能实验时，从每批中抽取两根钢筋，每根取一拉一弯两个试样，四个试样为一组分别进行拉伸和冷弯实验；当有一项检验指标不符合要求时，应取双倍数量的试样重做各项实验；如仍有一个试样不合格，则该批冷拉钢筋为不合格品。

对冷拔低碳钢丝应逐盘进行检验，相同材料盘条冷拔成同直径的钢丝，以 5t 为一批。进行力学性能实验时，甲级钢丝从每盘中任一端先去掉 500mm，然后取一拉一弯两个试样，分别做拉力和反复弯曲实验，按其抗拉强度确定该盘钢丝的组别。乙级钢丝分批取样，同一直径的钢丝 5t 为一批，任选 3 盘，每盘截取两个试样，分别做拉力和反复弯曲实验。如有一个不合格，应在未取过试样的盘中另取双倍数量试样，再做各项实验。如仍有一个实验不合格，应对该批钢丝逐盘取样进行实验，合格者方可使用。

对钢筋进行拉伸和冷弯实验时，任选两根钢筋切取，且在钢筋的任意一端截去 500mm 后各取一套试样。拉伸和冷弯实验试样不允许进行车削加工，拉伸实验钢筋的长度 $L=5a+200mm$（$a$ 为钢筋直径，mm）或 $10a+200mm$。拉力试样长度与实验机上下夹头之间的最小距离及夹头的长度有关，冷弯实验钢筋试样长度 $L \geqslant 5a+150mm$，也可根据钢筋直径和实验条件来确定试样长度。在拉伸实验的试件中，若有一根试件的屈服点、抗拉强度和伸长率三个指标中有一个达不到标准中的规定值，或冷弯实验中有一根试件不符合标准要求，则在同一批钢筋中再抽取双倍数量的试件进行该不合格项目的复验，复验结果中只要有一个指标不合格，则该实验结果判定为不合格。

## 2.2　钢筋拉伸实验

在常温下对钢筋进行拉伸实验，测量钢筋的屈服点、抗拉强度和伸长率等主要力学性能指标，据此可以对钢筋的质量进行评价和判定。

### 2.2.1　主要仪器设备

1. 液压万能实验机（图 2-1）：常用的液压万能实验机有指针式和数显式两类，控制方式有手动和全自动两种。实验时无论使用何种实验机，其示值误差都应小于 1%。实验过程中为了保证实验机的安全和测量数据的准确性，根据试件的最大破坏荷载值，须选择合适的量程，当荷载达到最大时，实验机的量程指针最好落在第三象限内，或者数显破坏荷载在量程的 50%～75% 之间。

2. 游标卡尺和螺旋千分尺（图 2-2）：根据试样尺寸测量精度要求，选用相应精度的任一种量具；

图 2-1　液压万能实验机

如游标卡尺、螺旋千分尺或精度更高的测微仪，精度0.1mm。

图2-2 游标卡尺和螺旋千分尺

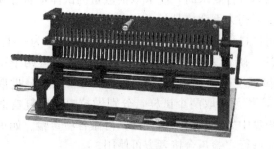

图2-3 钢筋打点机

3. 钢筋打点机（图2-3）。

### 2.2.2 实验条件与试件制备

1. 实验机拉伸速度和实验温度

实验时，实验机的拉伸速度选择是否合适对实验结果有明显影响，同一个试件用不同的拉伸速度进行测试，会得到不同的实验结果。拉伸速度可根据实验机的技术特点、试样的材质、尺寸及实验目的来确定，以保证所测钢筋抗拉强度性能的准确性。除有关技术条件或有特殊要求外，屈服前应力增加速度为10MPa/s，生产检验允许采用10～30MPa/s的应力增加速度；屈服后实验机活动夹头在负荷下的移动速度应不大于0.5L/min。当不需要测定屈服指标时，按规定的速度且平稳而无冲击性地施荷即可。

材料在不同的温度条件下，一般都表现出不同的性能特点或性能差异，钢筋也是如此。钢筋拉伸实验应在10～35℃的温度条件下进行，如果实验温度超出这一范围，应在实验记录和报告中予以注明。

2. 试样制备

钢筋拉伸实验所用的试件不得进行车削加工，可用两个或一系列等分小冲点或细划线标出试件的原始标距，并测量标距长度，精确至0.1mm，见图2-4。试件两端应留有一定的富余长度，以便实验机钳口能够牢固地夹持试样，同时试件标距端点与实验机的夹持点之间还要留有0.5～1倍钢筋直径的距离，避免试件标距部分处在实验机的钳口内。

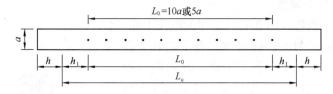

图2-4 钢筋拉伸试件

$a$—试样原始直径；$L_0$—标距长度；$L_c$—试样平行长度；

$h$—夹头长度；$h_1$—（0.5～1）$a$

### 2.2.3 实验步骤

1. 根据被测钢筋的品种和直径，确定钢筋试样的原标距$L_0$，$L_0 = 5a$、10a或100a（a

为钢筋直径）。

2. 用钢筋打点机在被测钢筋的表面打刻标点。打刻标点时，能使标点准确清晰即可，不要用力过大和破坏试件的原况；否则，会影响钢筋试件的测试结果。

3. 接通实验机电源，启动实验机油泵，使实验机油缸升起，度盘指针调零。根据钢筋直径的大小选定实验机的合适量程，控制好回油阀。

4. 夹紧被测钢筋，使上下夹持点在同一直线上，保证试样轴向受力。不得将试件标距部位夹入实验机的钳口中，试样被夹持部分不小于钳口的三分之二。

5. 启动油泵，按要求控制实验机的拉伸速度，测力度盘的指针停止转动时的恒定负荷或不计初始瞬时效应时最小负荷，即为钢筋的屈服点荷载，记录屈服点荷载。

6. 屈服点荷载测出并记录后，继续对试样施荷直至拉断，从测力度盘读出最大荷载，记录最大破坏荷载。

7. 卸去试样，关闭实验机油泵和电源。

8. 测量试件断后标距。将试样拉断后的两段在拉断处紧密对接起来，尽量使其轴线位于一条线上，拉断处若形成缝隙时，此缝隙应计入试样拉断后的标距部分长度内。

1) 当拉断处到邻近标距端点的距离大于 $L_0/3$ 时，可用游标卡尺直接量出断后标距 $L_1$。

2) 当拉断处到邻近标距端点的距离小于或等于 $L_0/3$ 时，可按移位法确定断后标距 $L_1$，即在长段上，从拉断处 $O$ 点取等于短段格数，得 $B$ 点，再取等于长段所余格数（偶数，见图 2-5a）的一半，得 $C$ 点；或者取所余格数（奇数，见图 2-5b）减 1 与加 1 的一半，得 $C$ 与 $C_1$ 点。移位后的 $L_1 = AB + 2BC$ 或 $L_1 = AB + BC + BC_1$。当直接测量所求得的伸长率能够达到技术条件要求的规定值时，则可不必采用移位法。

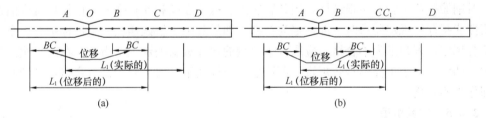

图 2-5 移位法测量钢筋断后标距示意图

（a）长段所余格数为偶数；（b）长段所余格数为奇数

### 2.2.4 计算与结果评定

1. 钢筋的屈服点 $\sigma_s$ 和抗拉强度 $\sigma_b$ 分别按下式计算：

$$\sigma_s = \frac{F_s}{A}, \sigma_b = \frac{F_b}{A} \tag{2-1}$$

式中    $\sigma_s$、$\sigma_b$——钢筋屈服点和抗拉强度（MPa）；

  $F_s$、$F_b$——钢筋屈服荷载和最大荷载（N）；

  $A$——钢筋试件横截面积（mm$^2$）。

由于直径与横截面积之间有对应关系，当钢筋试件的公称直径已知时，为计算快捷和方便，试件的横截面积可按表 2-10 查用。

钢筋公称直径与横截面积的对应关系 表 2-10

| 公称直径 a (mm) | 横截面积 A (mm²) | 公称直径 a (mm) | 横截面积 A (mm²) |
|---|---|---|---|
| 8 | 50.27 | 22 | 380.1 |
| 10 | 78.54 | 25 | 490.9 |
| 12 | 113.1 | 28 | 615.8 |
| 14 | 153.9 | 32 | 804.2 |
| 16 | 201.1 | 36 | 1018 |
| 18 | 254.5 | 40 | 1257 |
| 20 | 314.2 | 50 | 1964 |

钢筋的屈服点和抗拉强度计算精度按下述要求确定。当 $\sigma_s$、$\sigma_b$ 均大于 1000MPa 时，精确至 10MPa；当 $\sigma_s$、$\sigma_b$ 在 200～1000MPa 时，精确至 5MPa；当 $\sigma_s$、$\sigma_b$ 小于 200MPa 时，精确至 1MPa。

2. 钢筋短、长试样的伸长率分别以 $\delta_5$、$\delta_{10}$ 表示，定标距试样的伸长率应附该标距长度数值的角注。钢筋伸长率 $\delta_5$（或 $\delta_{10}$）按下式计算，精确至 1%：

$$\delta_5（或 \delta_{10}）= \frac{L_1 - L_0}{L_0} \times 100\% \qquad (2-2)$$

式中    $\delta_5$、$\delta_{10}$——分别为 $L_0 = 5a$、$L_0 = 10a$ 时钢筋的伸长率（%）；

$L_0$——钢筋原标距长度（mm）；

$L_1$——试件拉断后直接量出或按移位法确定的标距长度（mm）。

在结果评定时，如发现试件在标距端点上或标距外断裂，则实验结果无效，应重做实验。对钢筋拉伸实验的两根试样，当其屈服点、抗拉强度和伸长率三个指标均符合前述对钢筋性能指标的规定要求时，即判定为合格。如果其中一根试样在三个指标中有一个指标不符合规定，则判定为不合格，应取双倍数量的试样重新测定三个指标。在第二次拉伸实验中，如仍有一个指标不符合规定，不论这个指标在第一次实验中是否合格，拉伸实验结果即作为不合格。

**2.2.5  注意事项**

1. 在钢筋拉伸实验过程中，当拉力未达到钢筋规定的屈服点（即处于弹性阶段）而出现停机等故障时，应卸下荷载并取下试样，待恢复正常后可再做拉伸实验。

2. 当拉力已达钢筋所规定的屈服点至屈服阶段时，不论停机时间多长，该试样按报废处理。

3. 当拉力达到屈服阶段，但尚未达到极限时，如排除故障后立即恢复实验，测试结果有效；如故障长时间不能排除，应卸下荷载取下试样，该试样作报废处理。

4. 当拉力达到极限（度盘已退针），试件已出现颈缩，若此时伸长率符合要求，则判定为合格；若此时伸长率不符合要求，应重新取样进行实验。

# 2.3  钢 筋 冷 弯 实 验

钢筋冷弯实验也是钢筋力学性能实验的必做实验项目，通过对钢筋进行冷弯实验，可对钢筋塑性进行定性检验，同时可间接判定钢筋内部的缺陷及可焊性。

### 2.3.1 主要仪器设备

1. 液压万能实验机：同拉伸实验要求，单功能的压力机也可进行钢筋冷弯实验。
2. 钢筋弯曲机：带有一定弯心直径的冷弯冲头。
3. 钢筋反复弯曲机等。

### 2.3.2 实验步骤

1. 钢筋冷弯试件不得进行车削加工，根据钢筋的型号和直径，确定弯心直径，钢筋混凝土用热轧带肋钢筋的弯心直径按表 2-11 确定。将弯心头套入实验机，按图 2-6（a）调整实验机平台上的支辊距离 $L_1$：

$$L_1 = (d+3a) \pm 0.5a \qquad (2\text{-}3)$$

式中 $d$——弯曲压头或弯心直径（mm）；

$a$——试件厚度或直径或多边形截面内切圆直径（mm）。

钢筋混凝土用热轧带肋钢筋弯心直径（mm） 表 2-11

| 牌号 | 公称直径 $d$ | 弯心直径 |
|---|---|---|
| HRB400<br>RRBF400<br>HRB400E<br>RRBF400E | 6～25 | $4d$ |
| | 28～40 | $5d$ |
| | >40～50 | $6d$ |
| HRB500<br>RRBF500<br>HRB500E<br>RRBF500E | 6～25 | $6d$ |
| | 28～40 | $7d$ |
| | >40～50 | $8d$ |
| HRB600 | 6～25 | $6d$ |
| | 28～40 | $7d$ |
| | >40～50 | $8d$ |

2. 放入钢筋试样，将钢筋面贴紧弯心棒，旋紧挡板，使挡板面贴紧钢筋面或调整两支辊距离到规定要求。

3. 调整所需要弯曲的角度（180°或 90°）。

4. 盖好防护罩，启动实验机，平稳加荷，使钢筋弯曲到所需要的角度。当被测钢筋弯曲至规定角度（180°或 90°）后，见图 2-6（b）、（c），停止冷弯。

5. 揭开防护罩，拉开挡板，取出钢筋试样。

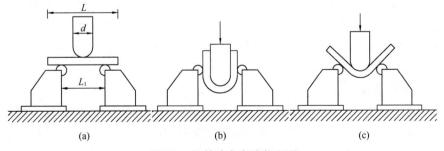

图 2-6　钢筋冷弯实验装置图
（a）冷弯试件安装；（b）试件弯曲 180°；（c）试件弯曲 90°

6. 检查、记录试样弯曲处外表面的变形情况。

### 2.3.3 结果判定

钢筋弯曲后，按有关规定检查试样弯曲外表面，钢筋受弯曲部位表面不得产生裂纹现象。当有关标准未作具体规定时，检查试样弯曲外表面，若无裂纹、裂缝或裂断等现象，则判定试样合格。检查结果的界定见表 2-12。在微裂纹、裂纹、裂缝中规定的长度和宽度，只要有一项达到其规定范围，即应按该级评定。

钢筋弯曲实验结果判定 表 2-12

| 结果 | 判 定 依 据 |
|---|---|
| 完好 | 试样弯曲处的外表面金属基体上，无肉眼可见因弯曲变形产生的缺陷 |
| 微裂纹 | 试样弯曲外表面金属基体上出现的细小裂纹，其长度小于等于 2mm，宽度小于等于 0.2mm |
| 裂纹 | 试样弯曲外表面金属基体上出现开裂，其长度大于 2mm 且不大于 5mm，宽度大于 0.2mm 且不大于 0.5mm |
| 裂缝 | 试样弯曲外表面金属基体上出现明显开裂，其长度大于 5mm，宽度大于 0.5mm |
| 裂断 | 试样弯曲外表面出现沿宽度贯裂的开裂，其深度超过试样厚度的三分之一 |

### 2.3.4 钢筋反向弯曲实验要点

1. 反向弯曲实验的弯心直径比弯曲实验相应增加一个钢筋直径。反向弯曲实验先正向弯曲 90°，后反向弯曲 20°。经反向弯曲实验后，钢筋受弯曲部位表面不得产生裂纹。

2. 反向弯曲实验时，经正向弯曲后的试件，应在 100℃温度下保温不少于 30min，经自然冷却后再反向弯曲。当能保证钢筋人工时效后的反向弯曲性能时，正向弯曲后的试样亦可在室温下直接进行反向弯曲。

### 2.3.5 金属线材反复弯曲实验

当需要进行金属线材反复弯曲实验时，试样的选择应从外观检查合格线材的任意部位截取；试样应尽可能是直的，试件长度为 150~250mm，实验时在其弯曲平面内允许有轻微的弯曲。必要时可对试样进行矫直，当用手不能矫直时，可将试样置于木材或塑料平面上，用由这些材料制成的锤轻轻锤直。矫直时试样表面不得有损伤，也不允许有任何扭曲。一般按下述步骤进行：

1. 使弯曲臂处于垂直位置，将试样由拨杆孔插入并夹紧其下端，使试样垂直于弯曲圆柱轴线所在的平面。

2. 操作应平稳而无冲击，弯曲速度每秒不超过一次，要防止温度升高而影响实验结果。

3. 将试样从起始位置向右（左）弯曲 90°返回至原始位置，作为第一次弯曲；再由起始位置向左（右）弯曲 90°返回至起始位置，作为第二次弯曲。依次连续反复弯曲，连续进行到有关标准中所规定的弯曲次数或试样折断为止；如有特殊要求，可弯曲到不用放大工具即可见裂纹为止。试样折断时的最后一次弯曲不计。

### 2.3.6 注意事项

1. 在钢筋弯曲实验过程中，应采取适当防护措施（如加防护罩等），防止钢筋断裂时飞出伤及人员和损坏临近设备。弯曲碰到断裂钢筋时，应立即切断电源，查明情况。

2. 当钢材冷弯过程中发生意外故障时，应卸下荷载，取下试样，待恢复后再做冷弯实验。

## 2.4　钢筋冲击韧性实验

衡量材料抗冲击能力的指标用冲击韧性来表示，冲击韧性通过冲击实验来测定。冲击实验是在一次冲击载荷作用下，显示试件缺口处的韧性或脆性的力学特性的实验过程。虽然实验中测定的冲击吸收功或冲击韧性不能直接用于工程计算，但它可以作为判断材料脆化趋势的一个定性指标，并且可作为检验材质热处理工艺的一个重要手段；这是因为它对材料的品质、宏观缺陷、显微组织十分敏感，而这点恰是静载实验所无法揭示的。

测定冲击韧性的实验方法有多种，简支梁式冲击弯曲实验是最常用的方法，另外还有低温夏比冲击实验法和高温夏比冲击实验法。由于冲击实验受到多种内在和外界因素的影响，要想正确反映材料的冲击韧性，必须使用标准的冲击实验方法和标准化、规范化的仪器设备。

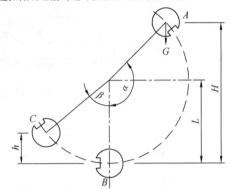

图 2-7　冲击实验原理图

### 2.4.1　实验原理

冲击实验是基于能量守恒原理，即冲击试样消耗的能量是摆锤实验前后的势能差。实验时，把试样放在图 2-7 的 $B$ 处，将摆锤举至高度为 $H$ 的 $A$ 处自由落下，冲断试样即可。

摆锤在 $A$ 处具有的势能：

$$E = mgH = mgL(1 - \cos\alpha) \tag{2-4}$$

冲断试样后，摆锤在 $C$ 处具有的势能：

$$E_1 = mgh = mgL(1 - \cos\beta) \tag{2-5}$$

势能差 $E - E_1$ 即为冲断试样所消耗的冲击功 $A_K$：

$$A_K = E - E_1 = mgL(\cos\beta - \cos\alpha) \tag{2-6}$$

式中　$mg$——摆锤重力；

　　　$L$——摆长（摆轴到摆锤重心的距离）；

　　　$\alpha$——冲断试样前摆锤扬起的最大角度；

　　　$\beta$——冲断试样后摆锤扬起的最大角度。

### 2.4.2　主要仪器设备

冲击实验机（图 2-8）和游标卡尺等。

### 2.4.3　试件制备

本实验采用 U 形缺口冲击试样，见图 2-9，试样缺口底部应光滑，没有与缺口轴线平行的明显划痕。加工缺口试样时，应严格控制其形状、尺寸精度以及表面粗糙度。如果冲击试样的类型和尺寸不同，得出的实验结果则不能直接比较和换算。

### 2.4.4　实验步骤

1. 测量试样的几何尺寸和缺口处的横截面尺寸。

2. 根据估计的材料冲击韧性大小，选择实验机的摆锤和表盘。

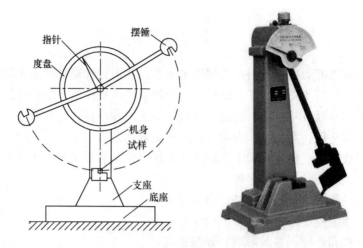

图 2-8　冲击实验机结构图与实物图

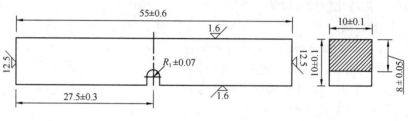

图 2-9　冲击试样示意图

3. 安装试样，如图 2-10 所示。

4. 将摆锤举起到高度为 $H$ 处并锁住，然后释放摆锤。冲断试样后，待摆锤扬起到最大高度再次回落时，立即刹车，使摆锤停住。

5. 记录表盘上所示的冲击功 $A_{KU}$ 值，取下试样，观察断口。

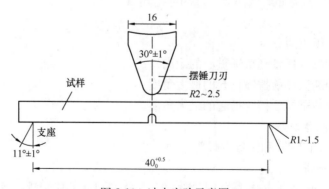

图 2-10　冲击实验示意图

### 2.4.5　计算与结果判定

冲击韧性值是反映材料抵抗冲击载荷的综合性能指标，它随着试样的绝对尺寸、缺口形状、实验温度等变化而不同。冲击韧性值 $\alpha_{KU}$ 按下式计算：

$$\alpha_{KU} = \frac{A_{KU}}{S_0} \tag{2-7}$$

式中　$\alpha_{KU}$——冲击韧性值（$J/cm^2$）；

　　　$A_{KU}$——U 形缺口试样的冲击吸收功（J）；

　　　$S_0$——试样缺口处断面面积（$cm^2$）。

比较分析两种材料抵抗冲击时的吸收功，观察破坏断口的形貌特征。

# 2.5 钢筋焊接接头实验

在实际工程中，经常出现钢筋连接的情况，而焊接是钢筋最常用的连接方式，接头的焊接质量，将直接影响钢筋的整体性能及其质量。实验时，首先要对钢筋焊接接头的外观质量进行检查，当接头外观质量检查合格时，才可进行钢筋焊接接头的力学性能实验。由于钢筋焊接接头力学性能的实验原理、方法和操作过程与钢筋的力学性能实验基本相同，所以本节只对钢筋焊接接头实验作一般性介绍。

## 2.5.1 钢筋焊接接头外观检查与质量要求

钢筋焊接接头种类与质量要求见表 2-13。

钢筋焊接接头种类与质量要求　　　　　　　　　　　　　表 2-13

| 接头种类 | 质 量 要 求 |
|---|---|
| 闪光对焊接头<br>电渣压力焊接头 | （1）闪光对焊接头处不得有横向裂纹，消除受压面的金属毛刺和镦粗部分，且与母材表面齐平；<br>（2）与电极接触处的钢筋表面不得有明显烧伤；<br>（3）接头处的弯折角应不大于 3°，接头处的轴线偏移不大于 0.1 倍钢筋直径且不大于 2mm |
| 电弧焊接头 | （1）焊缝表面应平整，不得有凹陷或焊瘤；<br>（2）焊接接头区域不得有裂纹 |
| 气压焊头 | （1）两钢筋轴线弯折角应不大于 3°；<br>（2）压焊面偏移应不大于 0.15 倍钢筋直径且不大于 4mm |

## 2.5.2 钢筋焊接接头力学性能实验

1. 实验方法

对外观检查合格的钢筋接头可进行力学性能实验，实验项目有抗拉强度及冷弯性能，具体实验方法同前所述的钢筋力学性能实验方法。

2. 结果判定

1）拉伸实验

钢筋闪光对焊接头、电弧焊接头、电渣压力焊接头、气压焊接头、箍筋闪光对焊接头、预埋件钢筋 T 形接头的拉伸实验，应从每一检验批接头中随机切取 3 个接头进行实验并应按下列规定对实验结果进行评定：

（1）符合下列条件之一，应评定该检验批接头拉伸实验合格：①3 个试件均断于钢筋母材，呈延性断裂，其抗拉强度大于或等于钢筋母材抗拉强度标准值；②2 个试件断于钢筋母材，呈延性断裂，其抗拉强度大于或等于钢筋母材抗拉强度标准值；③另一试件断于焊缝，呈脆性断裂，其抗拉强度大于或等于钢筋母材抗拉强度标准值。

注：试件断于热影响区，呈延性断裂，应视作与断于钢筋母材等同；试件断于热影响区，呈脆性断裂，应视作与断于焊缝等同。

（2）符合下列条件之一，应进行复验：① 2 个试件断于钢筋母材，呈延性断裂，其抗拉强度大于或等于钢筋母材抗拉强度标准值；另一试件断于焊缝，或热影响区，呈脆性断裂，其抗拉强度小于钢筋母材抗拉强度标准值。② 1 个试件断于钢筋母材，呈脆性断裂，其抗拉强度大于或等于钢筋母材抗拉强度标准值；另 2 个试件断于焊缝或热影响区，呈脆性断裂。③ 3 个试件均断于焊缝，呈脆性断裂，其抗拉强度均大于或等于钢筋母材抗拉强度标准值。

（3）当 3 个试件中有 1 个试件抗拉强度小于钢筋母材抗拉强度标准值，应评定该检验批接头拉伸实验不合格。

（4）复验时，应切取 6 个试件进行实验。实验结果：若有 4 个或 4 个以上试件断于钢筋母材，呈延性断裂，其抗拉强度大于或等于钢筋母材抗拉强度标准值；另 2 个或 2 个以下试件断于焊缝，呈脆性断裂，其抗拉强度大于或等于钢筋母材抗拉强度标准值，应评定该检验批接头拉伸实验复验合格。

（5）可焊接余热处理钢 RRB400W 焊接接头拉伸实验，其抗拉强度应符合同级别热轧带肋钢筋抗拉强度标准值 540MPa 的规定。

（6）预埋件钢筋 T 形接头拉伸实验，3 个试件的抗拉强度均大于或等于表 2-14 的规定值时，应评定该检验批接头拉伸实验合格。若有一个接头试件抗拉强度小于表 2-14 的规定值时，应进行复验。复验时，应切取 6 个试件进行实验。其抗拉强度均大于或等于表 2-14的规定值时，应评定该检验批接头拉伸实验复验合格。

预埋件钢筋 T 形接头抗拉强度规定值 　　　　表 2-14

| 钢筋牌号 | 抗拉强度规定值（MPa） |
| --- | --- |
| HPB300 | 400 |
| HRB335、HRBF335 | 435 |
| HRB400、HRBF400 | 520 |
| HRB500、HRBF500 | 610 |
| RRB400W | 520 |

2）弯曲实验

钢筋闪光对焊接头、气压焊接头进行弯曲实验时，应从每一个检验批接头中随机切取 3 个接头，焊缝应处于弯曲中心点，弯心直径和弯曲角度应符合表 2-15 的规定。

接头弯曲实验指标 　　　　表 2-15

| 钢筋牌号 | 弯心直径 | 弯曲角度（°） |
| --- | --- | --- |
| HPB300 | 2d | |
| HRB335、HRBF335 | 4d | |
| HRB400、HRBF400、RRB400W | 5d | 90 |
| HRB500、HRBF500 | 7d | |

注：1. d 为钢筋直径（mm）；

2. 直径大于 25mm 的钢筋焊接接头，弯心直径应增加 1 倍钢筋直径。

弯曲实验结果应按下列规定进行评定：

（1）当试件弯曲至 $90°$，有 2 个或 3 个试件外侧（含焊缝和热影响区）未发生宽度达到 0.5mm 的裂纹，应评定该检验批接头弯曲实验合格。

（2）当有 2 个试件发生宽度达到 0.5mm 的裂纹，应进行复验。

（3）当有 3 个试件发生宽度达到 0.5mm 的裂纹，应评定该检验批接头弯曲实验不合格。

（4）复验时，应切取 6 个试件进行实验，当不超过 2 个试件发生宽度达到 0.5 mm 的裂纹时，应评定该检验批接头弯曲实验复验合格。

## 复 习 思 考 题

2-1 钢筋拉伸和冷弯试件分别是怎样制作的？拉伸速度对实验结果有何影响？

2-2 怎样处理断口出现在标距外时的实验结果？

2-3 同一品种钢筋的屈服点和抗拉强度有何关系？工程设计时为何要以屈服点作为设计依据？

2-4 如何确定没有屈服现象或屈服现象不明显钢筋的屈服点？

2-5 冲击韧性值为什么只能用于相对比较，而不能用于定量换算？冲击试样为什么要开缺口？

# 钢 筋 实 验 报 告

组别_____    同组实验者_____
日期_____    指导教师_____

1. 实验目的
2. 实验记录与计算
1）拉伸实验

| 试件编号 | 公称直径(mm) | 原截面面积(mm²) | 标距长度(mm) | 屈服荷载(N) | 最大荷载(N) | 断后标距内长度(mm) | 屈服强度(MPa) | 抗拉强度(MPa) | 断口位置 |
|---|---|---|---|---|---|---|---|---|---|
| | | | | | | | | | |
| | | | | | | | | | |

注：钢筋种类_____，实验室温度_____，拉伸速度_____。

2）冷弯性能检查

| 试件编号 | 试件直径(mm) | 试件长度(mm) | 弯曲状况(弯心直径及角度) | 弯曲处侧面和外面情况 | 冷弯结果评定 |
|---|---|---|---|---|---|
| | | | | | |
| | | | | | |

3）冲击韧性实验

| 试件尺寸(cm) | 试件缺口形状 | 缺口处横截面面积(cm²) | 冲击吸收功(J) | 冲击韧性值(J/cm²) | 断口形貌特征 |
|---|---|---|---|---|---|
| | | | | | |
| | | | | | |

根据_____标准，该组钢筋符合_____级钢筋性能要求。

4）钢筋焊接接头实验

| 接头种类 | 试件编号 | 外观检查情况 | 抗拉强度（MPa） | | 冷弯性能 | | 结果判定 |
|---|---|---|---|---|---|---|---|
| | | | 焊接前 | 焊接后 | 焊接前 | 焊接后 | |
| | | | | | | | |
| | | | | | | | |
| | | | | | | | |

3. 分析与讨论

# 第3章 水 泥 实 验

## 3.1 概　　述

水泥是在土木工程中使用最广泛的水硬性胶凝材料，掌握水泥的实验方法，对深刻了解水泥的技术性能以及水泥混凝土、水泥砂浆等水泥制品的性能特点都具有重要意义。由于水泥的种类很多，技术性质也包括很多方面，本章重点介绍硅酸盐水泥的技术性质和实验方法，其他水泥的技术性能及其实验方法可参照本章学习。

### 3.1.1　水泥主要性能指标及要求

1. 细度。水泥的细度是指水泥颗粒的总体粗细程度。水泥细度的大小对水泥制品的经济技术性能有很大影响，水泥颗粒粒径一般在 0.007～0.2mm 之间。水泥颗粒越细，水化速度越快且较完全，产生的强度就越大，但成本较高，硬化收缩量较大。如果水泥颗粒过粗，则不利于水泥活性的发挥。水泥的细度可用比表面积法和筛析法进行检验。硅酸盐水泥的比表面积应大于 $300m^2/kg$，但不大于 $400m^2/kg$。普通硅酸盐水泥、矿渣硅酸盐水泥、火山灰硅酸盐水泥、粉煤灰硅酸盐水泥和复合硅酸盐水泥的细度用筛析法检验，其 $45\mu m$ 方孔筛筛余量不得超过 5.0%，当有特殊要求时，由买卖双方协商确定。

2. 凝结时间。水泥的凝结时间分为初凝和终凝。初凝是指水泥加水拌合起至标准稠度净浆开始失去可塑性所需的时间。终凝是指水泥加水拌合起至标准稠度净浆完全失去塑性并开始产生强度所需的时间。由于水泥初凝和终凝时间的长短对施工各环节具有较大影响，因此国标规定硅酸盐水泥的初凝时间不小于 45min，终凝时间不大于 390min。普通硅酸盐水泥、矿渣硅酸盐水泥、火山灰硅酸盐水泥、粉煤灰硅酸盐水泥和复合硅酸盐水泥的初凝时间不小于 45min，终凝时间不大于 600min。

3. 体积安定性。水泥的体积安定性是指水泥凝结硬化过程中体积变化的均匀性。体积变化不均匀，即水泥的体积安定性不良，会使水泥制品产生膨胀性裂缝，降低建筑工程质量，甚至造成工程事故。水泥在凝结硬化过程中，体积变化均匀，称为安定性合格。水泥的体积安定性用沸煮法或压蒸法检验必须合格，否则应按废品处理。

4. 强度。水泥的强度是水泥的最主要性能指标，水泥的强度等级按规定龄期的抗压强度和抗折强度来划分。硅酸盐水泥、普通硅酸盐水泥分为 42.5、42.5R、52.5、52.5R、62.5、62.5R 六个强度等级。火山灰质硅酸盐水泥、粉煤灰硅酸盐水泥、矿渣硅酸盐水泥分为 32.5、32.5R、42.5、42.5R、52.5、52.5R 六个强度等级。复合硅酸盐水泥分为 42.5、42.5R、52.5、52.5R 四个强度等级。通用硅酸盐水泥的强度等级应符合表 3-1 的要求。

凡细度、终凝时间中的任一项不符合国家标准规定或强度低于商品强度等级规定的指标时，该水泥为不合格品。凡初凝时间、安定性中的任一项不符合国家标准规定时，视为废品。

| 强度等级 | 抗压强度（MPa） | | 抗折强度（MPa） | |
| --- | --- | --- | --- | --- |
| | 3d | 28d | 3d | 28d |
| 32.5 | ≥12.0 | ≥32.5 | ≥3.0 | ≥5.5 |
| 32.5R | ≥17.0 | ≥32.5 | ≥4.0 | ≥5.5 |
| 42.5 | ≥17.0 | ≥42.5 | ≥4.0 | ≥6.5 |
| 42.5R | ≥22.0 | ≥42.5 | ≥45 | ≥6.5 |
| 52.5 | ≥22.0 | ≥52.5 | ≥4.0 | ≥7.0 |
| 52.5R | ≥27.0 | ≥52.5 | ≥5.0 | ≥7.0 |
| 62.5 | ≥27.0 | ≥62.5 | ≥5.0 | ≥8.0 |
| 62.5R | ≥32.0 | ≥62.5 | ≥5.5 | ≥8.0 |

### 3.1.2 水泥实验的一般规定

水泥实验取样应按照《水泥取样方法》GB/T 12573—2008 标准方法进行。水泥出厂前按同品种、同强度等级进行编号和取样，出厂编号根据年产量情况按表 3-2 规定进行。

**水泥实验取样规定** 表 3-2

| | | | |
| --- | --- | --- | --- |
| Ⅰ | 120 万 t 以上，不超过 1200t 为一编号 | Ⅳ | 10～30 万 t，不超过 400t 为一编号 |
| Ⅱ | 60～120 万 t，不超过 1000t 为一编号 | Ⅴ | 4～10 万 t，不超过 200t 为一编号 |
| Ⅲ | 30～60 万 t，不超过 600t 为一编号 | Ⅵ | 4 万 t 以下，不超过 200t 和三天产量为一编号 |

1. 取样应在有代表性的部位进行，并且不应在污染严重的环境中取样。一般在以下部位取样：①水泥输送管路中；②袋装水泥堆场；③散装水泥卸料处或水泥运输机具上。

2. 对袋装水泥取样时，每一个编号内随机抽取不少于 20 袋水泥，采用袋装水泥取样。将取样器沿对角线方向插入水泥包装袋中，用大拇指按住取样管气孔，小心抽出取样管。然后将所取样品放入洁净、干燥、不易污染的容器中，每次抽取的单样量尽量一致。

3. 对散装水泥料场取样，当取样深度不超过 2m 时，每一个编号内采用散装水泥取样器随机取样。通过转动取样器内管控制开关，在适当位置插入水泥一定深度，关闭后小心抽出。然后把抽取的样品放入洁净、干燥、不易污染的容器中，每次抽取的单样量尽量一致。

4. 取样量。袋装水泥：每 1～10 编号从一袋中至少取 6kg。散装水泥：每 1～10 编号 5min 内至少取 6kg。

5. 实验室温度应为 17～25℃，相对湿度不低于 50%；养护箱温度为 20±2℃，相对湿度不低于 90%；养护池水温为 20±1℃。水泥试样、标准砂、拌合水及仪器用具的温度应与实验室温度相同。实验用水须是洁净的淡水。

### 3.1.3 样品制备

1. 样品缩分

样品缩分是获得可靠性实验结果的重要环节。样品缩分可采用二分器，一次或多次将样品缩分到标准要求的规定量，每一编号所取水泥单样过 0.9mm 方孔筛后充分混匀，均分为实验样和封存样两种类型。存放样品的容器应加盖标有编号、取样时间、取样地点和取样人的密封印，样品不得混入杂物和结块。

2. 样品贮存

样品取得后应存放在密封的金属容器中并加封条。容器应洁净、干燥、防潮、密闭、不易破损、不与水泥发生反应。封存样应密封贮存，贮存期应符合相应水泥标准的规定。

### 3.1.4 保管水泥时应注意事项

水泥属水硬性胶凝材料，受潮后即产生水化作用，凝结成块状，严重时全部结块将不能使用，所以水泥在贮存、运输等过程中应保持干燥。不同品种、不同强度等级的水泥应分别贮存，不得混杂。施工用的水泥贮存期不能过长，由于空气中的水分和二氧化碳的作用，水泥强度将降低，在一般条件下三个月后的强度约降低10%～20%，时间越长，强度降低越多，所以规定大部分水泥的贮存期为三个月。超期使用时必须经过实验，并按重新实验的强度等级使用。

# 3.2 水泥密度实验

水泥的密度是指水泥单位体积所具有的质量，它是表征水泥基本物理状态和进行混凝土及砂浆配合比设计时的基础性资料之一。水泥密度的大小，主要取决于水泥熟料矿物的组成情况，也与存储时间和存储条件等因素有关。硅酸盐水泥的密度一般在 $3.05 \sim 3.20 \text{g/cm}^3$，在进行混凝土配合比设计时，通常取水泥的密度为 $3.10 \text{ g/cm}^3$。

水泥密度的实验原理是将水泥倒入装有一定量液体介质的李氏瓶内，并使液体介质充分浸透水泥颗粒。根据阿基米德定律，水泥的体积等于它所排开的液体体积，从而算出水泥单位体积的质量即为密度。为使被测的水泥不发生水化反应，液体介质常采用无水煤油。

本方法除适用于硅酸盐水泥的密度测量外，也适用于其他水泥品种的密度测量。

### 3.2.1 主要仪器设备

1. 李氏瓶：图 3-1，用优质玻璃制作，透明无条纹，应具有较强的抗化学侵蚀性，热滞后性要小，要有足够的厚度以确保良好的耐裂性。横截面形状为圆形，最高刻度标记与磨口玻璃塞最低点之间的间距至少为 10mm，瓶颈刻度由 0～1mL 和 18～24mL 两段刻度组成，且在 0～1mL、18～24mL 范围以 0.1mL 为分度值，容量误差不大于 0.05mL。

2. 恒温水槽：有足够大的容积，水温可稳定控制在 20±1℃，温度控制精度为±0.5℃。

3. 天平：称量 100～200g，感量 0.001g。

4. 温度计：量程 0～50℃，分度值不大于 0.1℃。

5. 烘箱：能使温度控制在 110±5℃。

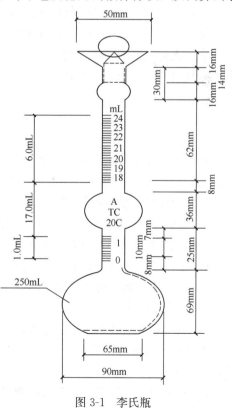

图 3-1 李氏瓶

### 3.2.2 实验步骤

1. 将水泥试样预先过 0.90mm 方孔筛，在 110±5℃温度下干燥 1h，取出后放在干燥器内冷却至室温，室温应控制在 20±1℃。

2. 将无水煤油注入李氏瓶中，到 0～1mL 之间刻度线后（以弯月面下部为准），盖上瓶塞放入恒温水槽内，使刻度部分浸入水中，水温控制在 20±1℃，恒温 30min，记下无水煤油的初始（第一次）读数（$V_1$）。

3. 从恒温水槽中取出李氏瓶，用滤纸将李氏瓶细长颈内没有煤油的部分擦干净。

4. 称取水泥试样 60g，精确至 0.01g。用牛角小匙通过漏斗将水泥样品缓慢装入李氏瓶中，切勿急速大量倾倒，以防止堵塞李氏瓶的咽喉部位，必要时可用细铁丝捅捣，但一定要轻捣，避免铁丝捅破李氏瓶。试样装入李氏瓶后应反复摇动，亦可用超声波震动，直至没有气泡排出，因为水泥颗粒之间空气泡的排净程度对实验结果有很大影响。再次将李氏瓶静置于恒温水槽中，恒温 30min 后，记下第二次读数（$V_2$）。在读出第一次读数和第二次读数时，恒温水槽的温度差应不大于 0.2℃。

### 3.2.3 计算与结果评定

水泥密度按下式计算：

$$\rho = \frac{m}{(V_2 - V_1)} \tag{3-1}$$

式中　$\rho$——水泥密度（g/cm³）；

　　　$m$——水泥质量（g）；

　　　$V_2$——李氏瓶第二次读数（mL）；

　　　$V_1$——李氏瓶第一次读数（mL）。

取两次测定值的算术平均值作为实验结果，结果精确至 0.01 g/cm³，两次测定值之差不得超过 0.02g/cm³。否则，应重新做实验，直至达到要求为止。

## 3.3　水泥细度检验

水泥的细度是指水泥颗粒的粗细程度，比表面积（即单位质量水泥颗粒的总表面积，mm²/g）也可表征水泥颗粒的粗细程度。水泥细度的大小决定水泥的成本、水化热、化学变形以及胶砂强度等经济技术性能指标。要求水泥颗粒具有一定的细度，主要是利于水泥活性的充分发挥。水泥颗粒的粒径一般在 7～200$\mu$m（0.007～0.2mm），水泥颗粒越细，其比表面积越大，水化速度就越快且较为完全，形成水泥石的强度就较高。水泥细度的检验方法有负压筛析法、水筛法和手工筛析法，如对检验结果有争议，应以负压筛析法为准。

### 3.3.1　负压筛析法检验水泥细度

1. 主要仪器设备

1）负压筛析仪（图 3-2），主要由筛座（图 3-3）、负压筛、负压源及收尘器等部件组成。筛析仪转速 30±2r/min，负压可调范围 4000～6000Pa，喷气嘴上口平面与筛网之间距离 2～8mm。

2）实验筛：实验筛由圆形筛框和筛网组成，有负压筛和水筛两种。负压筛附带透明筛盖，筛盖与筛上口应有良好的密封性，筛网平整并与筛框结合严密，不留缝隙，水泥颗粒不会嵌留在筛网和缝隙中，保证实验前后水泥试样质量的一致性。

3）天平：称量 100g，感量 0.01g。

图 3-2 水泥负压筛析仪

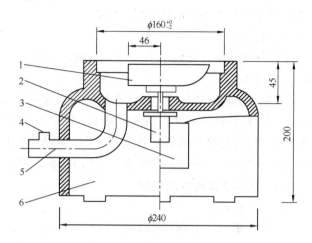

图 3-3 筛座构造图

1—喷气嘴；2—电机；3—控制板开口；4—负压表接口；

5—负压源及收尘器接口；6—外壳

2. 实验步骤

1）将水泥实验样品充分拌匀，过 0.9mm 的方孔筛，记录筛余物情况。

2）检查负压筛析仪控制系统，确保正常运行，调节负压在 4000～6000Pa 范围内。若工作负压小于 4000Pa，可能是由于吸尘器内存灰（水泥）过多所致，将吸尘器内的灰（水泥）清除干净后即可恢复正常。

3）称取水泥试样质量 25g，精确至 0.01g。将试样置于负压筛中，盖上筛盖并放在筛座上。

4）启动负压筛析仪，连续筛析 2min，一般情况下不要间断。在筛析过程中若有试样黏附于筛盖上，可轻轻敲击筛盖使试样落下。

5）筛析完毕，取下筛子，倒出筛余物，用天平称量筛余物的质量，精确至 0.01g。

3. 计算与结果评定

1）结果计算

以筛余物的质量克数除以水泥试样总质量的百分数作为实验结果。水泥试样筛余百分数按下式计算，精确至 0.1%：

$$F = \frac{R_S}{W} \times 100\% \tag{3-2}$$

式中　$F$——水泥试样的筛余百分数（%）；

　　　$R_S$——水泥筛余物的质量（g）；

　　　$W$——水泥试样质量（g）。

2）结果修正

在实验过程中实验筛的筛网会不断磨损，筛孔尺寸发生变化，因此，对筛析结果应进行修正。将实验结果乘以该实验筛标定后得到的有效修正系数，即为最终结果。如用 A 号实验筛对某水泥样的筛余值为 5.0%，而 A 号实验筛的修正系数为 1.10，则该水泥样的最终结果为 5.0％×1.10 ＝5.5％。合格评定时，每个样品应称取两个试样分别筛析，取筛余平均值为筛析结果。若两次筛余结果的绝对误差大于 0.5％，应再做一次实验，取两次相近结果的算术平均值作为最终结果。

3）结果评定

若水泥细度筛余百分数小于 10.0％，则该水泥属合格品；反之，该水泥属不合格品。

4．注意事项

1）实验筛必须保持洁净，使筛孔通畅。当筛孔被水泥堵塞影响筛余量时，可以用弱酸浸泡，用毛刷轻轻地刷洗，用淡水冲净、晾干后再使用。

2）如果筛析机的工作负压小于 4000Pa，应查明原因，及时清理吸尘器内的水泥，使筛析机负压恢复正常（4000～6000Pa 范围内）后，方可使用。

### 3.3.2 水筛法检验水泥细度

1．主要仪器设备

1）水筛及筛座：由边长为 0.080mm 的方孔铜丝筛网制成，筛框内径 125mm，高80mm，如图 3-4 所示。喷头直径 55mm，面上均匀分布 90 个孔，孔径 0.5～0.7mm，喷

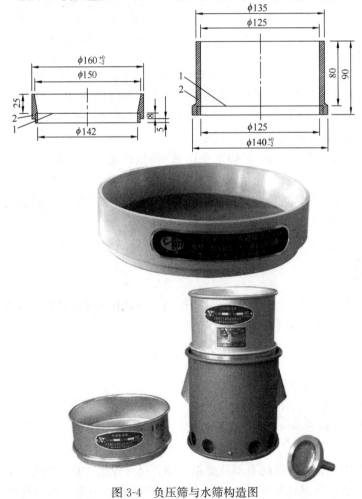

图 3-4　负压筛与水筛构造图

1—筛网；2—筛框

头安装高度离筛网 35～75mm 为宜，见图 3-5。

2）天平：称量 100g，感量 0.01g。

3）烘箱：温度控制在 110±5℃。

2. 实验步骤

1）称取水泥试样 50g，倒入水筛内，立即用洁净的自来水冲至大部分细粉过筛，再将筛子置于筛座上，用水压 0.03～0.07MPa 的喷头连续冲洗 3min。

2）将筛余物冲到筛的一边，用少量的水将其全部冲至蒸发皿内，沉淀后将水倒出。

3）将蒸发皿在烘箱中烘至恒重，称量筛余物的质量，精确至 0.01g。

3. 结果评定

以筛余物的质量克数除以水泥试样质量克数的百分数作为实验结果，以一次实验结果作为检验结果，评定标准同负压筛析法。

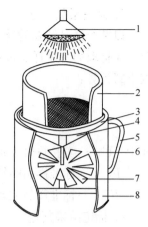

图 3-5　喷头与水筛装置图
1—喷头；2—筛网；3—筛框；
4—筛座；5—把手；6—出水口；
7—叶轮；8—外筒

### 3.3.3　手工筛析法检验水泥细度

手工筛析法对设备要求相对简单，但偶然误差较大，在没有负压筛析机和水筛的情况下，可用手工筛析法进行水泥细度检验。

1. 实验步骤

1）称取水泥试样 50g，精确至 0.01g，倒入手工筛内。

2）一只手持筛往复摇动，另一只手轻轻拍打，往复摇动和拍打过程应尽可能保持水平。拍打速度每分钟约 120 次，每 40 次向同一方向转动 60°，使试样均匀分布在筛网上，直至每分钟通过的试样量不超过 0.05g 为止。

3）用天平称量筛余物质量，精确至 0.01g。

2. 结果评定

以筛余物的质量克数除以水泥试样质量克数的百分数作为实验结果，以一次实验结果作为检验结果，评定标准同负压筛析法。

### 3.3.4　水泥实验筛的标定

水泥实验筛的精准度在很大程度上决定着水泥细度实验结果的准确度，就像用天平称量物质的重量一样，天平与砝码的精确度决定着称量结果的准确度。水泥实验筛经过多次使用以后，筛孔会有一定程度的堵塞和污染，筛孔形状和尺寸也会有不同程度的变形，因此实验筛必须在标定合格时才能确保实验结果的准确性。实验筛标定原理是用标准样品在实验筛上的测定值与标准样品的标准值的比值来反映实验筛筛孔的精确度。

1. 标定方法

首先对需标定的实验筛进行清洗、去污、干燥（水筛除外）。将标准样装入干燥洁净的密闭广口瓶中，盖上盖子摇动 2 min，消除结块。静置 2 min 后，用一根干燥洁净的搅拌棒搅匀样品。按照负压筛析法称量标准样品，精确至 0.01g。将标准样品倒进被标定实验筛，然后按负压筛析法、水筛法或手工筛析法进行筛析实验操作。每个实验筛的标定应称取两个标准样品连续进行，中间不得插做其他样品实验。

2. 修正系数计算

以两个样品结果的算术平均值为最终值，但当两个样品筛余结果的差值大于0.3%时，应称取第三个样品进行实验，并取接近的两个结果进行平均作为最终结果，修正系数按下式计算：

$$C = \frac{F_s}{F_t} \tag{3-3}$$

式中　$C$——实验筛修正系数；

　　　$F_s$——标准样品的筛余标准值（%）；

　　　$F_t$——标准样品在实验筛上的筛余值（%）。

3. 标定结果判定

当$C$值在0.80~1.20范围内时，$C$值可作为结果修正系数，实验筛合格，可继续使用。当$C$值超出0.80~1.20范围时，实验筛应予淘汰。

# 3.4　水泥标准稠度用水量和凝结时间实验

水泥净浆标准稠度是在测定水泥的凝结时间和体积安定性等性能时，对水泥净浆以标准法拌制并达到规定可塑性时的稠度。水泥净浆标准稠度用水量是指水泥净浆达到标准稠度时所需的用水量。水泥净浆标准稠度用水量的大小，主要由水泥熟料矿物成分、细度、混合料种类及掺加量等因素决定。如水泥熟料中的铝酸三钙（$3CaO \cdot Al_2O_3$）水化需水量最大，硅酸二钙（$2CaO \cdot SiO_2$）水化需水量最小。水泥细度越大，水化反应需要包裹其表面的用水量就越大。凝结时间可用试针沉入水泥标准稠度净浆至一定深度所需的时间来测定。由于水泥净浆标准稠度用水量的大小与凝结时间的长短，在很大程度上影响着水泥制品的技术经济性能，因此，掌握水泥净浆标准稠度用水量和凝结时间的实验方法具有重要意义。本实验适用于硅酸盐水泥、普通硅酸盐水泥、矿渣硅酸盐水泥、粉煤灰硅酸盐水泥、火山灰质硅酸盐水泥、复合硅酸盐水泥以及指定采用本方法的其他品种水泥。实验室温度为20±2℃，相对湿度应不低于50%，水泥试样、拌合水、仪器和用具的温度应与实验室一致。

### 3.4.1　主要仪器设备

1. 水泥净浆搅拌机（图3-6），主要由搅拌叶、搅拌锅和控制系统组成。搅拌叶在搅拌锅内可作旋转方向相反的公转和自转，在竖直方向可以调节。搅拌锅口内径130mm，深度95mm，可以升降并能通过卡槽灵活地从主机的底座上安上或卸下。控制系统具有自动和手动两种功能。通过减小搅拌翅和搅拌锅之间间隙，可以制备更加均匀的净浆。

2. 标准法维卡仪：主要由试杆、试针或试锥、试模等组成，如图3-7所示，根据测定项目，试杆可连接试针或试锥（图3-8）。

标准稠度试杆由有效长度为50±1mm、直径为$\phi$10±0.05mm的圆柱形耐腐蚀金属制成。初凝用试针由钢制成，其有效长度初凝针为50±1mm、终凝针为30±1mm，直径为$\phi$1.13±0.05mm。滑动部分的总质量为300±1g。与试杆、试针连接的滑动杆表面应光滑，能靠重力自由下落，不得有紧涩和旷动现象。

图 3-6　水泥净浆搅拌机（左）和标准稠度测定仪（右）

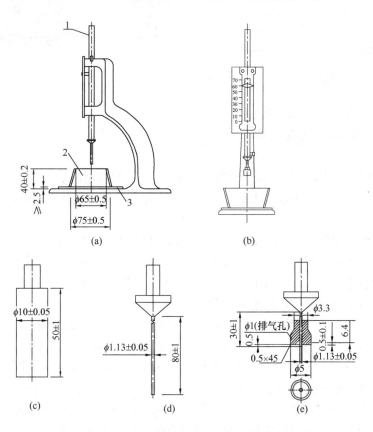

图 3-7　标准稠度测定仪主要部件构造图

（a）测定初凝时间用的立式试模侧视图；（b）测定终凝时间用的反转试模前视图；

（c）标准稠度试杆；（d）初凝用试针；（e）终凝用试针

1—滑动杆；2—试模；3—玻璃板

盛装水泥净浆的试模由耐腐蚀的、有足够硬度的金属制成。试模（图 3-9）为深 40±0.2 mm、顶内径 $\phi$65±0.5mm、底内径 $\phi$75±0.5mm 的截顶圆锥体。每个试模应配备一个边长或直径约 100mm、厚度 4~5mm 的平板玻璃底板或金属底板。

代用法维卡仪要符合 JC/T 727 要求。

3. 天平：称量不小于 1000g，感量 1g。

4. 量筒或滴定管：精度±0.5 mL。

5. 养护室或标准养护箱（图 3-10）：温度控制在 20±1℃，相对湿度大于 90％。

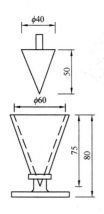

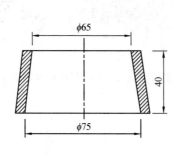

图 3-8　锥模与试锥构造图　　　图 3-9　圆模构造图　　　图 3-10　标准养护箱

6. 铲子、小刀、平板玻璃底板等。

### 3.4.2　标准稠度用水量实验

1. 标准法

1）检查水泥净浆搅拌机，调整稠度仪，确保水泥净浆搅拌机运行正常，并用湿布将搅拌锅和搅拌叶片擦湿。稠度仪上的金属棒滑动自由，并调整试杆接触玻璃板时的指针对准标尺零点。

2）称取水泥试样 500g。把称好的 500g 水泥试样倒入搅拌锅内，将搅拌锅放在锅座上，升至搅拌位。启动搅拌机，同时在 5~10s 内缓慢加入拌合水（当采用固定用水量方法时，加入拌合水 142.5mL，精确至 0.5mL；当采用调整用水量方法时，按经验加水）。先低速搅拌 120s，停 15s，再快速搅拌 120s，然后停机。

3）拌合结束后，立即取适量水泥浆一次性将其装入已置于玻璃底板上的试模中，浆体超过试模上端，用宽约 25mm 的直边刀轻轻拍打超出试模部分的浆体 5 次以排除浆体中的空隙。然后在试模上表面约 1/3 处，略倾斜于试模分别向外轻轻锯掉多余净浆，再从试模边沿轻抹顶部一次，使净浆表面光滑。在锯掉多余净浆和抹平的操作过程中，注意不要压实净浆，抹平为一刀抹平，最多不超过两刀。抹平后迅速将试模和底板移到稠度仪上，调整试杆使其与水泥净浆表面刚好接触，拧紧螺栓，然后突然放松，试杆垂直自由地沉入水泥净浆中。

4）在试杆停止沉入或释放试杆 30s 时，记录试杆距底板之间的距离。整个操作应在搅拌后 1.5min 内完成。以试杆沉入净浆并距底板 6±1mm 的水泥净浆为标准稠度净浆。其拌合水量为该水泥的标准稠度用水量（P），按水泥质量的百分比计。

## 2. 代用法

### 1）实验操作

水泥标准稠度用水量实验有调整水量和不变水量两种实验方法。采用调整水量方法时拌合水量按经验找水，采用不变水量方法时拌合水量用 142.5mL。对实验结果有争议时，应以调整水量方法的实验结果为准。实验前须使稠度仪的金属棒能自由滑动，试锥接触锥模顶面时指针对准标尺零点，搅拌机运行正常。

拌合结束后，立即将拌制好的水泥净浆装入锥模中，用宽约 25 mm 的直边刀在浆体表面轻轻插捣 5 次，再轻振 5 次，刮去多余的净浆。抹平后迅速放到试锥下面固定的位置上，将试锥降至净浆表面，拧紧螺栓 1~2s 后，突然放松，让试锥垂直自由地沉入水泥净浆中。到试锥停止下沉或释放试锥 30s 时记录试锥下沉深度。整个操作应在搅拌后 1.5 min 内完成。

### 2）结果计算

当采用调整水量方法测定时，以试锥下沉深度 30±1mm 时的净浆为标准稠度净浆，其拌合水量为该水泥的标准稠度用水量（P），按水泥质量的百分比计。如下沉深度超出范围，须另称试样，调整水量，重新实验，直至达到 30±1mm 为止。用不变水量方法测定时，根据下式（或仪器上对应标尺）计算得到标准稠度用水量 P。当试锥下沉深度小于 13 mm 时，应改用调整水量法测定：

$$P = 33.4 - 0.185S \qquad (3-4)$$

式中　$P$——标准稠度用水量（%）；

　　　$S$——试锥下沉深度（mm）。

### 3.4.3　凝结时间测定

水泥加水以后，水化反应即开始，随着拌合水的减少和水化产物的增多，水泥浆体开始并最终失去塑性，此过程所用的时间称为凝结时间。水泥的凝结时间直接反映了水泥的水化速度，同时根据凝结时间的长短，可间接评价水泥的其他技术性能，对指导工程施工也具有重要意义。显然，水泥的凝结时间并非越长越好，亦非越短越好，而应该有个阈限。所以，国家标准对不同水泥的凝结时间（包括初凝和终凝）做出了明确规定。

#### 1. 主要仪器设备

标准稠度仪：将试锥更换为试针，盛装净浆用的锥模换为圆模，如图 3-6（右）所示，其他仪器设备同标准稠度测定。

#### 2. 实验条件

实验室温度为 20±2℃，相对湿度不低于 50%；养护室温度为 20±1℃，相对湿度不低于 90%；水泥试样、拌合水、仪器和用具的温度应与实验室温度一致。

#### 3. 实验步骤

1）称取水泥试样 500g，按标准稠度用水量制备标准稠度水泥净浆，并一次装满试模，振动数次刮平，立即放入标准养护箱中。记录开始加水的时间作为凝结时间的起始时间。

2）初凝时间的测定。调整凝结时间测定仪，使试针（图 3-7d）接触玻璃板时的指针为零。试模在标准养护箱中养护至加水后 30min 时进行第一次测定。将试模放在试针下，调整试针与水泥净浆表面接触，拧紧螺栓，然后突然放松，试针垂直自由地沉入水泥净浆。观察试针停止下沉或释放 30s 时指针的读数。最初测定时应轻轻扶持金属棒，使其徐徐下降，以防试针撞弯，但结果以自由下落为准。在整个测试过程中试针贯入的位置至少要距圆模内壁 10mm。临近初凝时，每隔 5min 测定一次，当试针沉至距底板 4±1mm 时为水泥达到初凝状态。

3）终凝时间的测定。为了准确观察试针（图 3-7e）沉入的状况，在试针上安装一个环形附件。在完成水泥初凝时间测定后，立即将试模连同浆体以平移的方式从玻璃板取下，翻转 180°，直径大端向上、小端向下放在玻璃板上，再放入标准养护箱中继续养护，临近终凝时间时每隔 15min 测定一次。当试针沉入水泥净浆只有 0.5mm，即环形附件开始不能在水泥浆上留下痕迹时，为水泥达到终凝状态。

4. 注意事项

测定时应注意，在最初测定的操作时应轻轻扶持金属柱，使其徐徐下降，以防试针撞弯，但结果以自由下落为准。在整个测试过程中试针沉入的位置至少要距试模内壁 10mm。临近初凝时，每隔 5min（或更短时间）测定一次，临近终凝时每隔 15min（或更短时间）测定一次，达到初凝时应立即重复测一次，当两次结论相同时才能确定达到初凝状态，达到终凝时，需要在试体另外两个不同点测试，确认结论相同才能确定达到终凝状态。每次测定不能让试针落入原针孔，每次测试完毕须将试针擦净并将试模放回标准养护箱内，整个测试过程要防止试模受振。

5. 结果评定

由水泥全部加入水中至初凝状态的时间为水泥的初凝时间，用"min"表示；由水泥全部加入水中至终凝状态的时间为水泥的终凝时间，用"min"表示。根据实验测定值与国家标准对该水泥品种规定值的比较结果，判定该水泥凝结时间是否合格。

## 3.5　水泥安定性检验

水泥安定性是体积安定性的简称，其检验方法有饼法和雷氏法两种。饼法是观察试饼沸煮后外形变化情况来检验水泥体积安定性，雷氏法是测定试饼沸煮后的膨胀值，当对实验结果有争议时应以雷氏法为准。水泥安定性检验的工作原理是将水泥试饼在高温高湿沸煮的特殊条件下，在短时间内快速反映水泥体积安定性不良的诱因，如水泥矿物中的游离氧化钙。当游离氧化钙成分含量较大时，在高温高湿沸煮的条件下，水泥矿物中的游离氧化钙可水化生成氢氧化钙，使试饼体积增大发生膨胀或开裂。沸煮的作用在于加速游离氧化钙的水化，而水泥矿物中的游离氧化镁则在蒸压下才能加速水化。

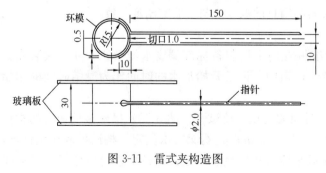

图 3-11　雷式夹构造图

### 3.5.1　主要仪器设备

1. 雷氏夹：由铜质材料制成，构造见图 3-11。使用前须校正，当用 300g 砝码校正时，两根针的针尖距离增加应在 17.5±2.5mm 范围内，即 $2x = 17.5 \pm 2.5$mm。去掉砝码后，针尖的距离能恢复至挂砝码前的状态

（图 3-12）。

2. 雷氏夹膨胀测定仪：标尺最小刻度为 0.5mm，如图 3-13 所示。

3. 沸煮箱：图 3-14，有效容积为 410mm×240mm×310mm，箅板与加热器之间的距离应大于 50mm，箱的内层由不易锈蚀的金属材料制成，能在 30±5min 内将箱内的实验用水由室温升至沸腾状态并保持 3h 以上，整个过程不需要补充水量。实验用水应是洁净的饮用水，如有争议时应以蒸馏水为准。

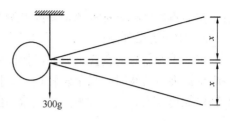

图 3-12　雷式夹校正图

4. 水泥净浆搅拌机：要求同前。

5. 天平、标准养护箱、小刀等。

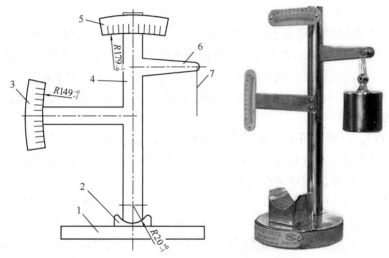

图 3-13　雷式夹膨胀测定仪结构图

1—底座；2—模子座；3—测弹性标尺；4—立柱；5—测膨胀值标尺；6—悬臂；7—悬丝

图 3-14　水泥沸煮箱

### 3.5.2　实验步骤

1. 当采用饼法检验时，每个样品需配备两块 100mm×100mm 的玻璃板。当采用雷氏法检验时，每个雷氏夹需配两个边长或直径约 80mm、厚度 4～5mm 的玻璃板。每种方法的试样均需成型两个试件，凡与水泥净浆接触的玻璃板和雷式夹表面均需涂上一层机油。

2. 以标准稠度用水量加水制成标准稠度水泥净浆，根据实验方法分别制作试饼和雷氏夹试件。

1）试饼制作

将制备好的标准稠度水泥净浆取出一部分分成两等份，使其呈球形，放在预先准备好的玻璃板上，轻轻振动玻璃板，用湿布擦过的小刀从边缘向中央抹动，做成直径 70～80mm、中心厚度约为 10mm 的边缘渐薄、表面光滑的试饼。然后将试件移至标准养护箱内养护24±2h。

2）雷氏夹试件制作

将预先准备好的雷氏夹放在已擦油的玻璃板上，并立即将已制好的标准稠度净浆一次装满雷氏夹。装浆时一只手轻轻扶持雷氏夹，另一只手用宽约25 mm的直边刀在浆体表面轻轻插捣3次，然后抹平，盖上涂油的玻璃板，接着立即将试件移至标准养护箱内养护24±2h。

3. 从养护箱内取出试件，脱去玻璃板取下试件，对试件进行初步检查和测量。

当采用饼法检验时，先检查试饼外形是否完整。如果发现试饼开裂、翘曲等现象，并确定没有外因的影响，该试饼即属不合格，就无必要进行沸煮实验了。如果试饼没有上述缺陷，将试饼放在沸煮箱的篦板上准备进行沸煮。当采用雷氏法检验时，先测量雷式夹指针尖的距离，精确至0.5mm。然后将试件放入沸煮箱的篦板上，指针朝上，试件之间互不交叉。

4. 调整好沸煮箱的水位与水温，接通电源，在30±5min之内加热至沸腾，并保持180±5min。注意，在整个沸煮过程中要确保沸煮箱内的水位没过试件，煮沸过程中不需添补实验用水，同时又能保证在30±5min内水升至沸腾。

5. 沸煮结束后放掉箱中的热水，打开箱盖，待试件冷却至室温时取出试件。

### 3.5.3 结果判定

1. 若为试饼，目测试饼未发现裂缝，用钢直尺检查也没有弯曲的试饼（使钢直尺和试饼底部紧靠以两者间不透光为不弯曲）为安定性合格；反之，为不合格。当两个试饼判别结果有矛盾时，该水泥的安定性为不合格。

2. 若为雷氏夹，用雷式夹膨胀测定仪测量试件雷式夹两指针尖的距离，精确至0.5mm。当两个试件沸煮后增加距离的平均值不大于5.0mm时，即认为水泥安定性合格；当两个试件煮后增加距离的平均值大于5.0mm时，应用同一样品立即重做一次实验，以复检结果为准。

3. 在安定性检验沸煮试件过程中，如加热至沸腾的时间及恒沸的时间达不到要求时，检测结果无效；在恒沸的过程中，当缺水而试件露出水面时，检测结果无效；如雷氏夹发生碰撞情况，检测结果也无效。

## 3.6　水泥胶砂强度实验

水泥的胶砂强度是水泥最重要的力学性能指标，抗压强度和抗折强度的大小是确定水泥强度等级的主要依据。水泥的强度主要取决于水泥矿物熟料成分、相对含量和细度，同时还与水灰比、骨料状况、试件制备方法、养护条件、测试方法和龄期等因素有关，所以测定水泥的强度应按规定制作试件和养护，并测定其规定龄期的抗折强度和抗压强度值。

### 3.6.1 主要仪器设备

1. 水泥胶砂搅拌机：图3-15，行星式搅拌机，搅拌叶片和搅拌锅做相反方向转动。

2. 试模：由三个水平可装拆的三联槽模组成，试模内腔尺寸为40mm×40mm×160mm，见图3-16，可同时成型三条长方体试件。成型操作时在试模上面加有一个壁高

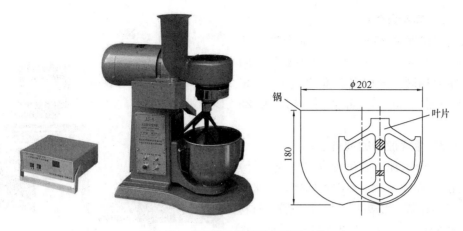

图 3-15 水泥胶砂搅拌机和搅拌叶片

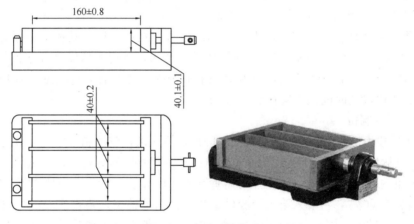

图 3-16 水泥试模构造图

20mm 的金属模套，为控制料层厚度和刮平胶砂表面，应配有两个播料器和一个金属刮平直尺。

3. 胶砂振实台：主要由可以跳动的台盘和促使台盘跳动的凸轮组成。台盘上有固定试模用的卡具，并连有两根起固定作用的臂。凸轮由电动机带动，通过控制器按照一定的要求转动，保证台盘平稳上升到一定高度后自由下落，其中心恰好与止动器撞击。卡具与模套连成一体，可沿与臂杆垂直方向向上转动不小于 100°。

4. 抗折强度实验机（图 3-17）：一般采用比值为 1：50 的专用电动抗折实验机，抗折夹具的加荷圆柱与支撑圆柱用硬质钢材制造，其直径均为 10±0.1mm，两个支撑圆柱中心距为 100±0.2mm。

5. 压力实验机（图 3-18）或万能实验机、天平、量筒、标准养护箱等。

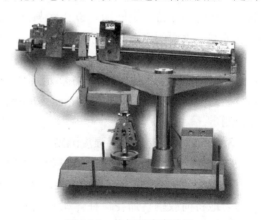

图 3-17 抗折强度实验机

43

### 3.6.2　实验条件

实验室温度为 20±2℃，相对湿度不低于 50%。水泥试样、标准砂、水及试模等的温度与室温相同。养护室温度 20±1℃，相对湿度不低于 90%，养护水温度为 20±1℃。

### 3.6.3　水泥胶砂的制备

1. 以一份水泥、三份标准砂（质量计）配料，用 0.5 的水灰比（水泥：标准砂：水＝1:3:0.5）拌制一组塑性胶砂。每锅胶砂材料需要量为水泥 450±2g，标准砂 1350±5g，水 225±1g。

图 3-18　压力实验机

2. 先把 225mL 水加入搅拌锅里，再加入 450g 水泥，把锅放在固定架上，上升到固定位置。然后立即开动机器，低速搅拌 30s 后，在第二个 30s 开始的同时均匀地将 1350g 砂子加入，再把机器转至高速搅拌 30s。停拌 90s，在第 1 个 15s 内用刮刀将叶片和锅壁上的胶砂，刮入锅中间，在高速下继续搅拌 60s。各个搅拌阶段的时间误差应在 ±1s 以内。

### 3.6.4　试件制备

1. 制作尺寸为 40mm×40mm×160mm 的棱柱体三条，胶砂制备后立即进行成型。将空试模和模套固定在振实台上，用勺子直接从搅拌锅里将胶砂分两层装入试模。装第一层时，每个槽里约放 300g 胶砂，用大播料器垂直架在模套顶部沿每个模槽来回一次将料层播平，接着振实 60 次，再装入第二层胶砂，用小播料器播平，再振实 60 次。移走模套，从振实台上取下试模，用一金属直尺以近似 90°的角度架在试模模顶的一端，然后沿试模长度方向以横向锯割动作慢慢向另一端移动，一次将超过试模部分的胶砂刮去，并用同一直尺将试件表面抹平。在试模上作标记或加字条标明试件编号。

2. 对于 24h 以上龄期的试样，应在成型后 20～24h 之间脱模。如因脱模对强度造成损害时，可以延迟至 24h 以后脱模，但应在实验报告中予以说明。

3. 将做好标记的试件立即水平或竖直放在 20±1℃水中养护，放置时应将刮平面朝上，并彼此间保持一定间距，以让水与试件的六个面都能接触。养护期间，试件之间的间隔或试件上表面的水深不得小于 5mm，并随时加水以保持恒定水位，不允许在养护期间完全换水。

4. 水泥胶砂试件应养护至各规定的龄期，试件龄期是从水泥加水搅拌开始起算，不同龄期的强度在 24h±15min、48h±30min、72h±45min、7d±2h 和超过 28d±8h 时间里进行测定。

### 3.6.5　水泥胶砂抗折强度测定

将试件一个侧面放在实验机支撑圆柱上，见图 3-19，受压面为试体成型时的两个侧面，面积为 40mm×40mm，试体长轴垂直于支撑圆柱，通过加荷圆柱以 50±10N/s 的速度均匀地将荷载垂直加在棱柱体相对侧面上，直至折断。保持两个半截棱柱体处于潮湿状态直至抗压实验。

44

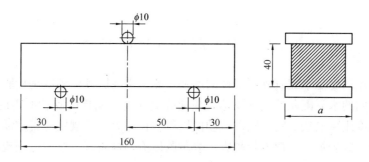

图 3-19　抗折强度测定示意图

试件的抗折强度按下式计算，精确至 0.1MPa：

$$R_{\mathrm{f}} = \frac{3FL}{2b^3} = 0.00234F \tag{3-5}$$

式中　$F$——折断时施加于棱柱体中部的荷载（N）；

　　　$L$——支撑圆柱体之间的距离，$L=100\mathrm{mm}$；

　　　$b$——棱柱体截面正方形的边长，$b=40\mathrm{mm}$。

以一组 3 个试件抗折强度平均值作为实验结果，当 3 个强度值中有超出平均值±10%时，应剔除后再取平均值作为抗折强度实验结果。

### 3.6.6　水泥胶砂抗压强度测定

抗折强度实验后的六个断块试件保持潮湿状态，并立即进行抗压实验。抗压实验须用抗压夹具进行，试体受压面为 40mm×40mm。将断块试件放入抗压夹具内，并以试件的侧面作为受压面。试件的底面紧靠夹具定位销，使夹具对准压力机压板中心。启动实验机，以 2.4±0.2kN/s 的速率均匀地加荷，直至试件破坏，记录最大抗压破坏荷载。

试件的抗压强度按下式计算，精确至 0.1MPa：

$$R_{\mathrm{c}} = \frac{F}{A} = 0.000625F \tag{3-6}$$

式中　$F$——试件破坏时的最大抗压荷载（N）；

　　　$A$——试件受压部分面积（40mm×40mm＝1600mm²）。

以一组 3 个棱柱体上得到的 6 个抗压强度测定值的算术平均值作为实验结果，精确至0.1MPa。如果 6 个测定值中有一个超出平均值的±10%，应剔除这个结果，以剩下 5 个的平均值作为结果。如果 5 个测定值中还有超过平均值±10%的，则此组实验结果作废。

### 3.6.7　注意事项

1. 当水泥和水已加在一起，发生停电或设备出现故障时，该胶砂拌合料应作废，不能再进行随后的任何操作和实验。

2. 当搅拌好的胶砂拌合料装入试模时，振实台不能正常振动，该胶砂拌合料作废，也不能再进行随后的任何操作和实验。

3. 在进行力学性能测试实验时，发生停电或设备出现故障，所施加的荷载远未达到破坏荷载时，则卸下荷载，记下荷载值，保存样品，待恢复后继续实验，但不能超过规定的龄期。如施加的荷载已接近破坏荷载，则试件作废，检测结果无效。如施加的荷载已达到或超过破坏荷载（试件破裂，度盘已退针），其检测结果有效。

4. 在检测过程中，如温度、湿度等实验条件不能满足要求，检测结果无效。

## 3.7 水泥胶砂流动度实验

水泥胶砂流动度是水泥胶砂可塑性的反映，测定水泥胶砂流动度是检验水泥需水性的一种方法。不同的水泥配制的胶砂要达到相同的流动度，调拌的胶砂所需的用水量不同。水泥胶砂流动度用跳桌法测定，胶砂流动度以胶砂在跳桌上按规定进行跳动实验后，底部扩散直径的毫米数表示。扩散直径越大，表示胶砂流动性越好。胶砂达到规定流动度所需的水量较大时，则认为该水泥需水性较大；反之，需水性较小。

图 3-20　水泥胶砂流动度测定仪（跳桌）

### 3.7.1　主要仪器设备

1. 水泥胶砂流动度测定仪（简称电动跳桌）：如图 3-20 所示，主要由铸铁机架和跳动部分组成，跳动部分主要由圆盘桌面和推杆构成。机架孔周围环状精磨，机架孔的轴线与圆盘上表面垂直，当圆盘下落和机架接触时，接触面应保持光滑，并与圆盘上表面成平行状态，同时在 360°范围内完全接触。

2. 水泥胶砂搅拌机：技术要求同前。

3. 试模：用金属材料制成，由截锥圆模和模套组成。内表面应光滑，高度 60±0.5mm；上口内径 70±0.5mm；下口内径 100±0.5mm；下口外径 120mm；壁厚大于 5mm。

4. 捣棒：金属材料制成，直径为 20±0.5mm，长度约 200mm。捣棒底面与侧面成直角，下部光滑，上部手柄带滚花。

5. 卡尺：量程不小于 300mm，分度值不大于 0.5mm。

6. 小刀：刀口平直，长度大于 80mm。

7. 天平：量程不小于 1000g，分度值不大于 1g。

### 3.7.2　流动度的测定

1. 如跳桌在 24h 内未被使用，先空跳一个周期 25 次，以检验各部位是否正常。

2. 试样制备按水泥胶砂强度实验的有关规定进行。在拌合胶砂的同时，用潮湿棉布擦拭测定仪跳桌台面、截锥圆模、模套的内壁和圆柱捣棒，并把它们置于跳桌台面中心，盖上湿布。

3. 将拌好的水泥胶砂迅速地分两层装入试模内，第一层装至截锥圆模高的三分之二，用小刀在垂直两个方向各划 5 次，再用捣棒自边缘至中心均匀捣压 15 次，如图 3-21 所示。接着装第二层胶砂，装至高出截锥圆模约 20mm，同样用小刀划 10 次，再用捣棒自边缘至中心均匀捣压 10 次，如图 3-22 所示。

4. 捣压完毕，取下模套，用小刀由中间向边缘分两次将高出截锥圆模的胶砂刮去并抹平，擦去落在桌面上的胶砂。

5. 将截锥圆模垂直向上轻轻提起，立刻开动跳桌，即以每秒一次的频率，在 25±1s 内完成 25 次跳动。

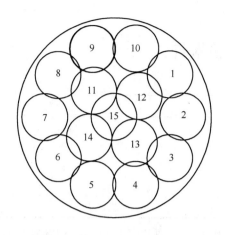

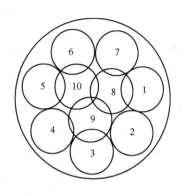

图 3-21　第一层捣压过程示意图　　　　图 3-22　第二层捣压过程示意图

### 3.7.3　注意事项

1. 捣压后的胶砂应略高于试模。捣压深度，第一层捣至胶砂高度的二分之一，第二层捣至不超过已捣实的底层表面。装胶砂与捣压时用手扶稳截锥圆模，不使其移动。

2. 流动度实验，从胶砂加水开始到测量扩散直径结束，应在 6min 内完成。

### 3.7.4　结果评定

跳动完毕用卡尺测量水泥胶砂底部的扩散直径，取相互垂直的两直径的平均值作为该水量条件下的水泥胶砂流动度（mm），取整数。

### 复 习 思 考 题

3-1　测定水泥密度时，硫酸溶液能否代替无水煤油？为什么？

3-2　水筛法和干筛法何者更能客观反映水泥的细度指标？

3-3　影响水泥标准稠度用水量测定准确性的主要因素有哪些？

3-4　水泥凝结时间的工程意义如何？水泥初凝时间为什么不能过短，终凝时间为什么不能过长？

3-5　工程中如何处理体积安定性不良的水泥？国标规定用什么方法测定水泥的体积安定性？加水煮沸的作用是什么？

3-6　测定水泥胶砂强度时为什么要使用标准砂？

3-7　确定水泥强度等级时，对所测的强度数值应作如何处理？

# 水泥实验报告

组别＿＿＿＿＿＿＿＿＿＿＿＿　　同组实验者＿＿＿＿＿＿＿＿＿＿＿＿

日期＿＿＿＿＿＿＿＿＿＿＿＿　　指导教师＿＿＿＿＿＿＿＿＿＿＿＿

1. 实验目的
2. 实验记录与计算

1）水泥密度实验

| 测试次数 | 试样质量 (g) | 装水泥前 李氏瓶读数 (mL) | 装水泥后 李氏瓶读数 (mL) | 水泥试样 体积 (cm³) | 水泥密度（g/cm³） | |
|---|---|---|---|---|---|---|
| | | | | | 测试值 | 平均值 |
| 1 | | | | | | |
| 2 | | | | | | |

2）水泥细度实验

| 水泥品种 | 检验方法 | 试样质量 (g) | 筛余物质量 (g) | 筛余百分率 (%) | 结果判定 |
|---|---|---|---|---|---|
| | 干筛法 | | | | |
| | 水筛法 | | | | |

3）标准稠度用水量测定（固定用水量法）

| 测试次数 | 水泥质量 (g) | 拌合用水量 (cm³) | 试锥下沉 深度 $S$（mm） | 标准稠度用水量 $P$（%） $P=33.4-0.185S$ | 标准稠度用水量 平均值 |
|---|---|---|---|---|---|
| 1 | | | | | |
| 2 | | | | | |

4）水泥净浆凝结时间测定

| 水泥品种及强度等级 | | 备　　注 |
|---|---|---|
| 试样质量（g） | 水泥（400g）和标准稠度用水（114cm³） | |
| 标准稠度用水量（%） | | |
| 加水时刻 | 时　　　　分 | |
| 初凝到达时间 | 时　　　　分 | |
| 终凝到达时间 | 时　　　　分 | |
| 初凝时间（min） | | |
| 终凝时间（min） | | |

根据＿＿＿＿＿＿＿＿＿＿标准，该品种水泥的凝结时间＿＿＿＿＿＿＿（合格与否）。

## 5）体积安定性实验

| 试样质量（g） | 养护龄期（d） | 标准稠度用水量 $P$（%） | 沸煮时间（min） |
|---|---|---|---|
| | | | |

| 检验记录 | | 结果评定 |
|---|---|---|
| 第一块试饼 | 第二块试饼 | |
| | | |

## 6）水泥胶砂强度实验
### （1）水泥基本状况

| 水泥品种 | 原注强度等级 | 生产单位 | 出厂日期 |
|---|---|---|---|
| | | | |

### （2）试件制备

| 成型三条试件所需材料 | 水泥 $C$（g） | 标准砂 $S$（g） | 水 $W$（cm³） | 水灰比 $W/C$ |
|---|---|---|---|---|
| | | | | |

### （3）养护及测试条件

| 养护温度（℃） | 养护湿度（%） | 测强时龄期（d） | 加荷速度 | | 实验室温度（℃） |
|---|---|---|---|---|---|
| | | | 抗折实验 | 抗压实验 | |
| | | | | | |

### （4）测试记录与计算
#### ① 抗折强度测定

| 试件编号 | 破坏荷载（N） | $b$（mm） | $h$（mm） | $L$（mm） | 抗折强度（MPa） | 抗折强度平均值（MPa） |
|---|---|---|---|---|---|---|
| 1 | | | | | | |
| 2 | | | | | | |
| 3 | | | | | | |

#### ② 抗压强度测定

| 试件编号 | 破坏荷载（N） | 受压面积（mm²） | 抗压强度（MPa） | 抗压强度平均值（MPa） |
|---|---|---|---|---|
| 1－① | | | | |
| 1－② | | | | |
| 2－① | | | | |
| 2－② | | | | |
| 3－① | | | | |
| 3－② | | | | |

根据＿＿＿＿＿＿＿＿标准，该水泥的强度等级为＿＿＿＿＿＿＿＿。

## 3. 分析与讨论

# 第4章 骨 料 实 验

## 4.1 概 述

骨料是混凝土和建筑砂浆的主要组成材料,在混凝土和砂浆中主要起骨架作用,并可减少混凝土因水泥硬化而产生的体积收缩。骨料约占混凝土体积的 65%~85%,其技术性能在一定程度上决定着混凝土的技术性和经济性。因此,掌握混凝土用骨料的基本知识和实验技能,对于合理配制、调控混凝土与建筑砂浆的技术经济性能具有重要意义。本章主要介绍普通混凝土用砂和碎石或卵石骨料的技术性能要求及实验方法。由于粗、细两种骨料在实验原理和实验方法方面有很多相同之处,因此,在学习本章内容时要采用对比的方法。

### 4.1.1 骨料类别及表观状况

混凝土和建筑砂浆用骨料包括细骨料和粗骨料两类。细骨料是指粒径小于 4.75mm 的颗粒,即建筑工程中的各种用砂,按产源不同可将细骨料分为天然砂和人工砂。天然砂是岩石经风化而形成的大小和矿物组成不同的颗粒混合物,包括河砂、山砂和淡化海砂。按照砂的细度模数大小可将砂分为粗、中、细等不同规格,粗砂的细度模数为 3.7~3.1;中砂的细度模数为 3.0~2.3;细砂的细度模数为 2.2~1.6;特细砂的细度模数为 1.5~0.7。砂的种类及其表观状况如表 4-1 所示。

**细骨料种类与表观状况**　　　　　　　　　　　表 4-1

| 细骨料种类 | | 细骨料表观状况 |
|---|---|---|
| 天然砂 | 河砂 | 较洁净,产源广,质量较好,使用最广 |
| | 海砂 | 常含有贝壳等有机物,盐分含量较大 |
| | 山砂 | 含泥量较高,有机杂质较多 |
| 人工砂 | | 由岩石轧碎而成,比较洁净,富有棱角,比表面积较大,但常含有较多的片状颗粒,成本较高 |

粗骨料是指粒径大于 4.75mm 的岩石颗粒,包括天然卵石和人工碎石。按粒径尺寸粗骨料可分为单粒级和连续粒级,工程中根据需要也可以采用不同单粒级的卵石、碎石混合成特殊粒级的粗骨料。粗骨料的种类与表观状况如表 4-2 所示。

**粗骨料种类与表观状况**　　　　　　　　　　　表 4-2

| 粗骨料种类 | | 粗骨料表观状况 |
|---|---|---|
| 天然卵石 | 河卵石 | 表面光滑,少棱角,较洁净,常具有天然级配 |
| | 海卵石 | 盐分、贝壳等有机物含量较大 |
| | 山卵石 | 黏土含量较高,使用前须清洗 |
| 人工碎石 | | 同人工砂 |

粗、细骨料按照技术要求分为Ⅰ、Ⅱ、Ⅲ类。其中Ⅰ类骨料宜用于强度等级大于C60的混凝土；Ⅱ类骨料宜用于强度等级C30~C60及有抗冻、抗渗或其他要求的混凝土；Ⅲ类骨料宜用于强度等级小于C30的混凝土和建筑砂浆。

### 4.1.2 砂的质量要求

混凝土和砂浆用砂应该选用杂质含量少、质地坚固、洁净无污染且级配良好的砂。由于在工程建设中，混凝土和砂浆用砂主要是天然砂，在自然条件下很难完全满足上述要求，因此，国家标准对砂的质量提出了基本的共性要求。

1. 砂的粗细程度和颗粒级配

为使配制的混凝土或砂浆具有良好的技术经济性能，砂的粗细程度和颗粒级配应同时考虑，仅用其中一个指标来评定砂的质量是不全面的。砂的粗细程度和颗粒级配常用筛分析的方法来测定。砂的粗细程度用细度模数来表示，细度模数值一般在 3.7~0.7 之间。如果细度模数过大（砂过粗），所配制混凝土或砂浆拌合物的和易性就不易控制，且内摩擦力较大，振捣成型时较为困难。如果细度模数过小（砂过细），所配制混凝土或砂浆的用水量就要增加，强度就会降低。

砂的颗粒级配用级配区来表示，砂的颗粒级配应符合表 4-3 的规定，砂的级配类别应符合表 4-4 的规定。对于砂浆用砂，4.75 mm 筛孔的累计筛余量应为 0。砂的实际颗粒级配除 4.75 mm 和 600μm 筛档外，可以略有超出，但各级累计筛余超出值总和应不大于 5%。

砂的颗粒级配及分区　　　　　　　　　　　　　　　　表 4-3

| 砂的分类 | 天然砂 | | | 机制砂 | | |
|---|---|---|---|---|---|---|
| 级配区 | 1区 | 2区 | 3区 | 1区 | 2区 | 3区 |
| 方筛孔 | 累计筛余（%） | | | | | |
| 4.75mm | 10~0 | 10~0 | 10~0 | 10~0 | 10~0 | 10~0 |
| 2.36mm | 35~5 | 25~0 | 15~0 | 35~5 | 25~0 | 15~0 |
| 1.18mm | 65~35 | 50~10 | 25~0 | 65~35 | 50~10 | 25~0 |
| 600μm | 85~71 | 70~41 | 40~16 | 85~71 | 70~41 | 40~16 |
| 300μm | 95~80 | 92~70 | 85~55 | 95~80 | 92~70 | 85~55 |
| 150μm | 100~90 | 100~90 | 100~90 | 97~85 | 94~80 | 94~75 |

级配类别　　　　　　　　　　　　　　　　表 4-4

| 类　别 | Ⅰ | Ⅱ | Ⅲ |
|---|---|---|---|
| 级配区 | 2区 | 1、2、3区 | |

2. 砂的含泥量及泥块含量

如果砂中含泥量及泥块含量较大，就会妨碍与水泥浆的黏结，从而降低混凝土或砂浆的强度，同时用水量也要增加，并加大混凝土或砂浆的收缩，降低混凝土和砂浆的抗冻性与抗渗性。砂的含泥量及泥块含量应符合表 4-5 的规定。

砂中含泥量及泥块含量限值　　　　　　　　　　　　　　　　表 4-5

| 项　　目 | 指　标 | | |
|---|---|---|---|
| | Ⅰ类 | Ⅱ类 | Ⅲ类 |
| 含泥量（按质量计）（%） | ≤1.0 | ≤3.0 | ≤5.0 |
| 泥块含量（按质量计）（%） | 0 | ≤1.0 | ≤2.0 |

机制砂亚甲蓝（MB）值（用于判定机制砂中粒径小于 $75\mu m$ 颗粒的吸附性能的指标）不大于 1.4 或快速法实验合格时，石粉含量和泥块含量应符合表 4-6 的规定；机制砂 MB 值大于 1.4 或快速法实验不合格时，石粉含量和泥块含量应符合表 4-7 的规定。

**石粉含量和泥块含量**（MB 值不大于 1.4 或快速法实验合格） 表 4-6

| 类别 | Ⅰ | Ⅱ | Ⅲ |
|---|---|---|---|
| MB 值 | ≤0.5 | ≤1.0 | ≤1.4 或合格 |
| 石粉含量（按质量计）（%） | ≤10.0 | | |
| 泥块含量（按质量计）（%） | 0 | ≤1.0 | ≤2.0 |

注：此指标根据使用地区和用途，经实验验证，可由供需双方协商确定。

**石粉含量和泥块含量**（MB 值大于 1.4 或快速法实验不合格） 表 4-7

| 项目 | 指标 | | |
|---|---|---|---|
| | Ⅰ类 | Ⅱ类 | Ⅲ类 |
| 石粉含量（按质量计）（%） | ≤1.0 | ≤3.0 | ≤5.0 |
| 泥块含量（按质量计）（%） | 0 | ≤1.0 | ≤2.0 |

砂中如含有云母、轻物质、有机物、硫化物及硫酸盐、氯化物、贝壳，其限量应符合表 4-8 的规定。砂的表观密度不小于 $2500kg/m^3$；松散堆积密度不小于 $1400kg/m^3$；空隙率不大于 44%。经碱集料反应实验后，试件应无裂缝、酥裂、胶体外溢等现象，在规定的实验龄期膨胀率应小于 0.10%。

**有害物质限量** 表 4-8

| 类别 | Ⅰ | Ⅱ | Ⅲ |
|---|---|---|---|
| 云母（按质量计）（%） | ≤1.0 | ≤2.0 | |
| 轻物质（按质量计）（%） | ≤1.0 | | |
| 有机物 | 合格 | | |
| 硫化物及硫酸盐（按 $SO_3$ 质量计）（%） | ≤0.5 | | |
| 氯化物（以氯离子质量计）（%） | ≤0.01 | ≤0.02 | ≤0.06 |
| 贝壳（按质量计）（%） | ≤3.0 | ≤5.0 | ≤8.0 |

注：该指标仅适用于海砂，其他砂种不作要求。

3. 砂的坚固性指标

由于砂在混凝土中起着骨架和填充作用，所以砂自身应该具有足够的坚固性，以保证混凝土材料或构件在使用过程中的整体性，尤其不能出现砂骨料的先期破坏，或者使其质量造成过大的损失。对于天然砂的坚固性指标测定，常采用硫酸钠溶液法进行实验，经过 5 次循环后其质量损失应符合表 4-9 的规定。对于人工砂的坚固性指标测定，常采用压碎指标法进行实验，砂的压碎指标值应符合表 4-10 的规定。

**砂的坚固性指标** 表 4-9

| 项目 | 指标 | | |
|---|---|---|---|
| | Ⅰ类 | Ⅱ类 | Ⅲ类 |
| 质量损失率（%） | ≤8 | ≤8 | ≤0 |

| 项目 | 指标 | | |
|---|---|---|---|
| | Ⅰ类 | Ⅱ类 | Ⅲ类 |
| 单级最大压碎指标（％） | ≤20 | ≤25 | ≤30 |

### 4.1.3 卵石与碎石的质量要求

1. 最大粒径和颗粒级配

最大粒径是指粗骨料公称粒级的上限。当粗骨料粒径增大时，其比表面积随之减小，在保证混凝土和砂浆和易性的前提下，水泥浆与砂浆的用量相应减少，混凝土和砂浆则具有良好的经济技术性能。因此，粗骨料最大粒径在一定条件下应尽可能选用较大值，但是如果粒径过大，将会带来搅拌和运输时的不便。《混凝土质量控制标准》GB 50164—2011规定，对于混凝土结构，最大公称粒径不得超过构件截面最小尺寸的1/4，同时不得大于钢筋间最小净距的3/4；对于混凝土实心板，骨料的最大公称粒径不宜大于板厚的1/3，且不得大于40mm；对于大体积混凝土，粗骨料最大公称粒径不宜小于31.5mm。

粗骨料的颗粒级配对混凝土技术经济性能的影响原理与细骨料基本相同。级配良好的粗骨料不但节约水泥，降低工程成本，而且可以改善混凝土的和易性，提高混凝土工程的质量。颗粒级配对高强度混凝土的影响尤为明显。《建筑用卵石、碎石》GB/T 14685—2011对卵石与碎石的级配要求如表4-11所示。

碎石或卵石的颗粒级配范围　　　　　　　　　　表 4-11

| 级配情况 | 公称粒级（mm） | 累计筛余（％） | | | | | | | | | | | |
|---|---|---|---|---|---|---|---|---|---|---|---|---|---|
| | | 方孔筛（mm） | | | | | | | | | | | |
| | | 2.36 | 4.75 | 9.50 | 16.0 | 19.0 | 26.5 | 31.5 | 37.5 | 53.0 | 63.0 | 75.0 | 90 |
| 连续粒级 | 5～16 | 95～100 | 85～100 | 30～60 | 0～10 | 0 | | | | | | | |
| | 5～20 | 95～100 | 90～100 | 40～80 | — | 0～10 | 0 | | | | | | |
| | 5～25 | 95～100 | 90～100 | — | 30～70 | — | 0～5 | 0 | | | | | |
| | 5～31.5 | 95～100 | 90～100 | 70～90 | — | 15～45 | — | 0～5 | 0 | | | | |
| | 5～40 | — | 95～100 | 70～90 | — | 30～65 | — | — | 0～5 | 0 | | | |
| 单粒粒级 | 5～10 | 95～100 | 80～100 | 0～15 | 0 | | | | | | | | |
| | 10～16 | | 95～100 | 80～100 | 0～15 | | | | | | | | |
| | 10～20 | | 95～100 | 85～100 | — | 0～15 | 0 | | | | | | |
| | 16～25 | | | 95～100 | 55～70 | 25～40 | 0～10 | | | | | | |
| | 16～31.5 | | 95～100 | | 85～100 | — | — | 0～10 | 0 | | | | |
| | 20～40 | | | 95～100 | — | 80～100 | — | — | 0～10 | 0 | | | |
| | 40～80 | | | | | 95～100 | — | — | 70～100 | — | 30～60 | 0～10 | 0 |

粗骨料的颗粒级配评定常采用筛分析实验方法，其分计筛余百分率和累计筛余百分率的计算方法与细骨料相同，但使用的分析筛规格、数量和筛孔尺寸不同。

2. 含泥量及泥块含量

粗骨料中也常含有泥土、细屑、硫酸盐等杂质，其危害同细骨料。粗骨料中硫化物、硫酸盐含量及卵石中有机物等有害物质含量，应符合表4-12的规定；粗骨料中的含泥量和泥块含量，应符合表4-13的规定。对有抗冻、抗渗或特殊要求的混凝土，所用碎石或卵石的含泥量均应不大于1.0％。当含泥属于非黏土质的石粉时，含泥量可由0.5％、1.0％、2.0％，分别提高到1.0％、1.5％、3.0％。对有抗冻、抗渗和其他特殊要求及强度等级不大于C30的混凝土，所用碎石或卵石的泥块含量应不大于0.50％。

卵石或碎石中的有害物质含量 表 4-12

| 类别 | Ⅰ | Ⅱ | Ⅲ |
|---|---|---|---|
| 有机物 | 合格 | 合格 | 合格 |
| 硫化物及硫酸盐（按 SO₃，质量计）（%） | ≤0.5 | ≤1.0 | ≤1.0 |

卵石或碎石中的含泥量及泥块含量 表 4-13

| 类别 | Ⅰ | Ⅱ | Ⅲ |
|---|---|---|---|
| 含泥量（按质量计）（%） | ≤0.5 | ≤1.0 | ≤1.5 |
| 泥块含量（按质量计）（%） | 0 | ≤0.2 | ≤0.5 |

3. 颗粒形状与表面特征

碎石具有多棱角、多凹凸、表面粗糙等特征，与水泥砂浆的黏结性较好，所配制的混凝土强度也较高，但混凝土拌合物的流动性较差。卵石形状规则、表面光滑，与水泥砂浆的黏结性较差，在水灰比相同条件下，所配制的混凝土强度较低，但混凝土拌合物的流动性较好。粗骨料中的针、片状颗粒也会影响混凝土的强度，如果含量较高，就会降低混凝土的强度。对于泵送混凝土，粗骨料中的针、片状颗粒及含量还会影响混凝土的泵送性。因此，国家标准对碎石或卵石中针、片状颗粒含量进行了规定，如表 4-14 所示。

针、片状颗粒含量 表 4-14

| 类别 | Ⅰ | Ⅱ | Ⅲ |
|---|---|---|---|
| 针、片状颗粒总含量（按质量计）（%） | ≤5 | ≤10 | ≤15 |

4. 粗骨料的强度

粗骨料在混凝土中占有很大的比例，为了保证混凝土的强度要求，粗骨料本身必须质地致密且有足够的强度。粗骨料的强度一般用其岩石立方体强度和压碎指标两种方法来表示。碎石的强度用岩石的抗压强度和压碎指标值表示，岩石的抗压强度应比所配制的混凝土强度至少高出 20%。工程中可采用压碎指标值进行质量控制，压碎指标值应符合表 4-15 的规定。

压碎指标值 表 4-15

| 类别 | Ⅰ | Ⅱ | Ⅲ |
|---|---|---|---|
| 碎石压碎指标（%） | ≤10 | ≤20 | ≤30 |
| 卵石压碎指标（%） | ≤12 | ≤14 | ≤16 |

5. 粗骨料的坚固性

对粗骨料提出一定的坚固性要求，其意义与细骨料相同。粗骨料的坚固性也采用硫酸钠溶液法进行检验，样品在饱和溶液中经 5 次循环浸渍后，其重量损失应符合表 4-16 的规定。

碎石或卵石的坚固性指标 表 4-16

| 类别 | Ⅰ | Ⅱ | Ⅲ |
|---|---|---|---|
| 质量损失（%） | ≤5 | ≤8 | ≤12 |

6. 粗骨料的表观密度、连续级配松散堆积空隙率、吸水率

粗骨料的表观密度不小于 $2600kg/m^3$，连续级配松散堆积空隙率应符合表 4-17 的规定，吸水率应符合表 4-18 的规定。经碱集料反应实验后，试件应无裂缝、酥裂、胶体外溢等现象，在规定的实验龄期膨胀率应小于 $0.10\%$。

连续级配松散堆积空隙率 　　　　　　　　　　表 4-17

| 类别 | Ⅰ类 | Ⅱ类 | Ⅲ类 |
|---|---|---|---|
| 空隙率（%） | ≤43 | ≤45 | ≤47 |

吸水率 　　　　　　　　　　表 4-18

| 类别 | Ⅰ | Ⅱ | Ⅲ |
|---|---|---|---|
| 吸水率（%） | ≤1.0 | ≤2.0 | ≤2.0 |

### 4.1.4　实验取样与缩分

1. 取样方法

在料堆上取样时，取样部位应均匀分布。取砂样前先将取样部位表面铲除，然后从不同部位抽取大致相等的砂样共 8 份，组成一组砂样品。粗骨料取样是从各部位抽取大致相等的石子 15 份（在料堆的顶部、中部和底部，各由均匀分布的五个不同部位取得）组成一组石子样品。从皮带运输机上取样时，用接料器在皮带运输机机尾的出料处定时抽取大致等量的砂 4 份，组成一组砂样品。在皮带运输机机尾的出料处用接料器定时抽取 8 份石子，组成一组石子样品。从火车、汽车、货船上取样时，从不同部位和深度抽取大致相等的砂 8 份，组成一组砂样品。从不同部位和深度抽取大致相同的石子 16 份，组成一组石子样品。当样品检验不合格时，应重新取样。对不合格的项目，应加倍复验，若仍不能满足标准要求，应按不合格处理。

进行单项目实验时，最少取样数量应符合表 4-19、表 4-20 的规定；当需要做几个项目实验时，如确能保证试样经一项实验后不致影响另一项实验的结果，可用同一试样进行几个不同项目的实验。骨料的有机物含量、坚固性、压碎指标值及碱集料反应等检验项目，应根据实验要求的粒级及数量进行取样。

砂单项实验取样数量 　　　　　　　　　　表 4-19

| 序号 | 实验项目 | 最少取样数量（kg） | 序号 | 实验项目 | | 最少取样数量（kg） |
|---|---|---|---|---|---|---|
| 1 | 颗粒级配 | 4.4 | 9 | 坚固性 | 天然砂 | 8.0 |
| 2 | 含泥量 | 4.4 | | | 人工砂 | 20.0 |
| 3 | 石粉含量 | 6.0 | 10 | 表观密度 | | 2.6 |
| 4 | 泥块含量 | 20.0 | 11 | 松散堆积密度与空隙率 | | 5.0 |
| 5 | 云母含量 | 0.6 | 12 | 碱集料反应 | | 20.0 |
| 6 | 轻物质含量 | 3.2 | 13 | 贝壳含量 | | 9.6 |
| 7 | 硫化物与硫酸盐含量 | 0.6 | 14 | 放射性 | | 6.0 |
| 8 | 氯化物含量 | 4.4 | 15 | 饱和面干吸水率 | | 4.4 |

碎石或卵石实验项目所需最少取样数量（kg）　　　　　　表 4-20

| 序号 | 实验项目 | 最大粒径（mm） | | | | | | | |
|---|---|---|---|---|---|---|---|---|---|
| | | 9.5 | 16.0 | 19.0 | 26.5 | 31.5 | 37.5 | 63.0 | 75.0 |
| 1 | 颗粒级配 | 9.5 | 16.0 | 19.0 | 25.0 | 31.5 | 37.5 | 63.0 | 80.0 |
| 2 | 含泥量 | 8.0 | 8.0 | 24.0 | 24.0 | 40.0 | 4 0.0 | 80.0 | 80.0 |
| 3 | 泥块含量 | 8.0 | 8.0 | 24.0 | 24.0 | 40.0 | 40.0 | 80.0 | 80.0 |
| 4 | 针、片状颗粒含量 | 1.2 | 4.0 | 8.0 | 12.0 | 20.0 | 40.0 | 40.0 | 40.0 |
| 5 | 有机物含量 | 按实验要求的粒级和数量取样 | | | | | | | |
| 6 | 硫酸盐和硫化物含量 | | | | | | | | |
| 7 | 坚固性 | | | | | | | | |
| 8 | 岩石抗压强度 | 随机选取完整石块锯切或钻取成实验用样品 | | | | | | | |
| 9 | 压碎指标 | 按实验要求的粒级和数量取样 | | | | | | | |
| 10 | 表观密度 | 8.0 | 8.0 | 8.0 | 8.0 | 12.0 | 16.0 | 24.0 | 24.0 |
| 11 | 堆积密度与空隙率 | 40.0 | 40.0 | 40.0 | 40.0 | 80.0 | 80.0 | 120.0 | 120.0 |
| 12 | 吸水率 | 2.0 | 4.0 | 8.0 | 12.0 | 20.0 | 40.0 | 40.0 | 40.0 |
| 13 | 碱集料反应 | 20.0 | 20.0 | 20.0 | 20.0 | 20.0 | 20.0 | 20.0 | 20.0 |
| 14 | 放射性 | 6.0 | | | | | | | |
| 15 | 含水率 | 按实验要求的粒级和数量取样 | | | | | | | |

取样后，应妥善包装、保管试样，避免细料散失和污染，同时附上卡片标明样品名称、编号、取样时间、产地、规格、样品所代表验收批的重量或体积数，以及要求检验的项目和取样方法。

2. 细骨料砂样品的缩分

1) 分料器法：将样品在潮湿状态下拌合均匀，然后通过分料器，取接料斗中的其中一份再次通过分料器。重复上述过程，直至把样品缩分到实验所需量为止。

2) 人工四分法：将所取样品置于平板上，在潮湿状态下拌合均匀，并堆成厚度约为20mm 的圆饼，然后沿互相垂直的两条直径把圆饼分成大致相等的四份，取其中对角线的两份重新拌匀，再堆成圆饼。重复上述过程，直至把样品缩分到实验所需量为止。

细骨料的堆积密度和人工砂坚固性检验项目所用的试样可不经缩分，拌匀后直接进行实验。

3. 粗骨料卵石与碎石的样品缩分

将每组样品置于平板上，在自然状态下拌混均匀，并堆成锥体，然后沿互相垂直的两条直径把锥体分成大致相等的四份，取其对角的两份重新拌匀，再堆成锥体。重复上述过程，缩分至略多于进行实验所必需的量为止。

碎石、卵石的含水率及堆积密度检验项目所用的试样可不经缩分，拌匀后直接进行实验。

## 4.2 骨料筛分析实验

对骨料进行筛分析实验，主要是为了计算砂的细度模数和评定砂、碎石或卵石的颗粒级配。由于粗、细骨料的筛分析实验原理相同，实验方法相似，所以本节主要介绍细骨料的筛分析实验过程，粗骨料的筛分析实验可参照细骨料的筛分析实验进行。

### 4.2.1 主要仪器设备

1. 鼓风烘箱：图 4-1，能使温度控制在 105±5℃。

2. 称砂天平：称量 1000g，感量 1g。称粗骨料天平：称量 10kg，感量 1g。

3. 砂样筛：方孔，孔径为 9.5mm、4.75mm、2.36mm、1.18mm、0.60mm、0.30mm、0.15mm 的方孔筛各一只，附有筛底和筛盖。

4. 石样筛：方孔，孔径为 90mm、75.0mm、63.0mm、53.0mm、37.5mm、31.5mm、26.5mm、19.0mm、16.0mm、9.5mm、4.75mm、2.36mm 的方孔筛各一只，附有底盘和筛盖，筛框直径为 300mm，见图 4-2。

5. 摇筛机（图 4-3）、搪瓷盘、毛刷等。

图 4-1　鼓风烘箱　　　图 4-2　标准石子筛和砂样筛　　　图 4-3　摇筛机

### 4.2.2 试样制备

细骨料的试样制备首先按照前述的缩分方法，将试样缩分至约 1100g，然后放在烘箱中于 105±5℃下烘干至恒重❶，待冷却至室温后，筛除大于 9.5mm 的颗粒并计算其筛余百分率，分成大致相等的两份备用。碎石或卵石试样的制备，同样先按照前述的缩分方法，将样品缩分至略重于表 4-21 所规定的试样所需量，然后烘干或风干后备用。

碎石或卵石筛分析所需试样的最少质量　　　　　　　　表 4-21

| 最大公称粒径（mm） | 9.5 | 16.0 | 19.0 | 26.5 | 31.5 | 37.5 | 63.0 | 75.0 |
|---|---|---|---|---|---|---|---|---|
| 试样质量不少于（kg） | 1.9 | 3.2 | 3.8 | 5.0 | 6.3 | 7.5 | 12.6 | 16.0 |

### 4.2.3 砂的筛分析实验步骤

1. 称取烘干砂试样 500g，将试样倒入按孔径大小顺序从上到下组合的套筛（附筛底）上，然后把套筛置于摇筛机上并固定。

2. 启动摇筛机，摇筛 10min 后停机取下套筛，按筛孔大小顺序再逐个手筛，筛至每分钟通过量小于试样总质量的 0.1% 时为止。通过的试样并入下一号筛中，与下一号筛中试样一起过筛。按此顺序逐个进行，直至各号筛全部筛完。试样在各个筛号的筛余量按下述方式处理。对粗骨料当筛余颗粒的粒径大于 19.0mm 时，在筛分过程中，允许用手指拨动颗粒。

---

❶ 恒重指试样在烘干 3h 以上的情况下，其前后质量之差不大于该项实验所要求的称量精度（下同）。

1）质量仲裁时，砂试样在各筛上的筛余量不得超过下式计算量：

$$m_x = \frac{A\sqrt{d}}{300} \tag{4-1}$$

2）生产控制检验时，砂试样在各筛上的筛余量不得超过下式计算量：

$$m_x = \frac{A\sqrt{d}}{200} \tag{4-2}$$

式中 $m_x$——在某一个筛上的筛余量（g）；

$\quad A$——筛面面积（$mm^2$）；

$\quad d$——筛孔尺寸（mm）。

如果砂试样在各筛上的筛余量超过上述计算量，应将该筛余试样分成两份，再次进行筛分，并以筛余量之和作为该号筛的筛余量。

3. 称量各号筛中的筛余量，精确至1g。

### 4.2.4 结果计算

1. 计算分计筛余百分率

各号筛上的筛余量与试样总质量之比称为分计筛余百分率，分别记为：$a_1$、$a_2$、$a_3$、$a_4$、$a_5$、$a_6$，精确至0.1%：

$$a_n = \frac{m_x}{M} \times 100\% \tag{4-3}$$

式中 $a_n$——各号筛的分计筛余百分率（%）；

$\quad m_x$——各号筛的筛余量（g）；

$\quad M$——试样总质量（g）。

2. 计算累计筛余百分率

该号筛的筛余百分率加上该号筛以上各筛余百分率之和称为累计筛余百分率，精确至1%，分别记为 $A_1$、$A_2$、$A_3$、$A_4$、$A_5$、$A_6$，则：

$$
\begin{aligned}
A_1 &= a_1 \\
A_2 &= a_1 + a_2 \\
A_3 &= a_1 + a_2 + a_3 \\
A_4 &= a_1 + a_2 + a_3 + a_4 \\
A_5 &= a_1 + a_2 + a_3 + a_4 + a_5 \\
A_6 &= a_1 + a_2 + a_3 + a_4 + a_5 + a_6
\end{aligned} \tag{4-4}
$$

累计筛余百分率的最终值取两次测试结果的算术平均值作为实验结果，精确至1%。筛分后，如果每号筛的筛余量与筛底的剩余量之和同原试样质量之差超过1%时，须重新进行实验。

3. 计算砂的细度模数：

$$\mu_f = \frac{(A_2 + A_3 + A_4 + A_5 + A_6) - 5A_1}{100 - A_1} \tag{4-5}$$

式中 $\quad\quad\quad \mu_f$——细度模数，精确至0.01；

$A_1$、$A_2$、$A_3$、$A_4$、$A_5$、$A_6$——分别为 4.75mm、2.36mm、1.18mm、0.60mm、0.30mm 及 0.15mm 筛号的累计筛余百分率。

细度模数取两次测试结果的算术平均值作为实验结果，如两次实验的细度模数之差超过 0.2 时，须重新做实验。

4. 根据各筛号的累计筛余百分率，绘制筛分曲线，评定砂的颗粒级配区情况。

### 4.2.5 结果判定

1. 根据细度模数的计算值，判定被测砂试样是否属于粗、中、细砂三级中的相应一级。

2. 颗粒级配按实际测得的各筛累计筛余百分率与规定的砂粒级配区进行比较，判定被测砂试样是否属于Ⅰ、Ⅱ、Ⅲ三个级配区中相应的一个区。

### 4.2.6 注意事项

当发生停电，试样仍放置于烘箱时，恢复正常后可继续烘干至恒重。当摇筛机因停电或发生故障时，机筛可改用手筛。

## 4.3 骨料含泥量实验

混凝土和砂浆用骨料要求洁净和无黏土杂质，但在工程实际中，天然的骨料难免会含有一定程度的泥土杂质，即便是人工骨料，在运输和存放过程中，也会因黏土造成污染。如果骨料的含泥量超限，将会严重影响工程质量，甚至造成工程事故。因此，国家标准对骨料中的含泥量有明确规定，当骨料的含泥量检验合格时，方可用于混凝土或砂浆工程。

### 4.3.1 砂的含泥量实验

1. 主要仪器设备

1) 鼓风烘箱：能使温度控制在 105±5℃。

2) 天平：称量 1000g，感量 0.1g。

3) 方孔筛：孔径为 0.075mm、1.18mm 的筛各一只。

4) 容器：淘洗试样时能保持试样不溅出（深度大于 250mm）。

5) 搪瓷盘、毛刷等。

2. 试样制备

将试样缩分至约 1100g，放入烘箱中在 105±5℃下烘干至恒重，待冷却至室温后，分成大致相等的两份备用。

3. 实验步骤

1) 称取试样 500g，精确至 0.1g，将试样倒入淘洗容器中，注入清水，使水面高于试样约 150mm，充分搅拌均匀后，浸泡 2h。然后用手在水中淘洗试样，使尘屑、淤泥和黏土与砂粒分离，把浑水缓缓倒入 1.18mm 及 0.075mm 的套筛（1.18mm 筛放在上面），滤去小于 0.075mm 的颗粒。实验前筛子的两面应先用水润湿，在整个过程中要防止砂粒流失。

2) 再向容器中注入清水，重复上述过程，直到容器内的水清澈为止。

3) 用水淋洗剩余在筛上的细粒，并将 0.075mm 筛放在水中（使水面略高出筛中砂粒的上表面）来回摇动，洗掉小于 0.075mm 的颗粒。然后将两只筛的筛余颗粒和清洗容器中已经洗净的试样一并倒入搪瓷盘，放在烘箱中在 105±5℃下烘干至恒重，待冷却至室温后，称其质量，精确至 0.1g。

4. 计算与结果评定

砂的含泥量按下式计算，精确至0.1%：

$$Q_a = \frac{G_0 - G_1}{G_0} \times 100\%$$  (4-6)

式中　$Q_a$——砂的含泥量（%）；

　　　$G_0$——实验前烘干试样的质量（g）；

　　　$G_1$——实验后烘干试样的质量（g）。

砂的含泥量检验取两个试样测试结果的算术平均值作为测定值。对照规范标准规定，判定实验结果是否合格。

### 4.3.2　碎石或卵石的含泥量实验

1. 主要仪器设备

1）天平：称量10kg，感量1g。

2）烘箱：能使温度控制在105±5℃。

3）实验筛：孔径为1.18mm及0.075mm筛各一个。

4）容器：要求淘洗试样时，保持试样不溅出。

5）搪瓷盘、毛刷等。

2. 试样制备

实验前，用四分法将试样缩分至略大于规定的量，如表4-22所示，此时一定要注意防止细粉流失。然后将试样置于温度为105±5℃的烘箱内烘干至恒重，冷却至室温后分成大致相等的两份备用。

碎石或卵石含泥量实验所需试样最少质量　　　　　　　　表4-22

| 最大粒径（mm） | 9.5 | 16.0 | 19.0 | 26.5 | 31.5 | 37.5 | 63.0 | 75.0 |
|---|---|---|---|---|---|---|---|---|
| 试样量不少于（kg） | 2.0 | 2.0 | 6.0 | 6.0 | 10.0 | 10.0 | 20.0 | 20.0 |

3. 实验步骤

1）称取试样一份，精确至1g，装入容器中摊平，并注入洁净水或饮用水，使水面高出石子表面150mm。充分搅拌后，浸泡2h，然后用手在水中淘洗颗粒，使尘屑、淤泥和黏土与石子分离，并使之悬浮或溶解于水。缓缓地将浑浊液倒入1.18mm及0.075mm的套筛（1.18mm筛放置在上面）上，滤去小于0.075mm的颗粒。实验前筛子的两面应先用水湿润，在整个实验过程中应避免大于0.075mm的颗粒流失。

2）再次加水于容器中，重复上述过程，直至洗出的水清澈为止。

3）用水冲洗剩留在筛上的细粒，并将0.075mm筛子放在水中（使水面略高出筛内颗粒）来回摇动，以充分洗除小于0.075mm的颗粒，然后将两只筛上剩留的颗粒和筒中已洗净的试样一并装入搪瓷盘中。置于温度为105±5℃的烘箱中烘干至恒重，取出冷却至室温后，称取试样的质量，精确至1g。

4. 计算与结果判定

碎石或卵石的含泥量按下式计算，精确至0.1%：

$$Q_a = \frac{G_1 - G_2}{G_1} \times 100\%$$  (4-7)

式中　$Q_a$——碎石或卵石的含泥量（%）；

　　　$G_1$——实验前碎石或卵石试样的干质量（g）；

　　　$G_2$——实验后碎石或卵石试样的干质量（g）。

以两个试样测试结果的算术平均值作为测定值，当两次结果的差值超过0.2%时，应重新取样进行实验。对照规范标准规定，判定实验结果是否合格。

# 4.4　骨料中泥块含量实验

骨料尤其是天然骨料不但含有泥土颗粒杂质，而且因产源状况还常含有泥块状杂质，其危害不亚于含泥量超限时对工程质量的影响。因此，国家标准对骨料中的泥块含量也作出了明确规定，当骨料中泥块含量在规定范围之内时，骨料泥块含量检验合格，可用于混凝土或砂浆工程。否则，判定骨料泥块含量检验不合格，不能直接用于混凝土或砂浆工程。

### 4.4.1　砂中泥块含量实验

1. 主要仪器设备

1）鼓风烘箱：能使温度控制在105±5℃。

2）天平：称量1000g，感量0.1g。

3）方孔筛：孔径为0.60mm及1.18mm的筛各一只。

4）容器：淘洗试样时能保持试样不溅出，深度大于250mm。

5）搪瓷盘、毛刷等。

2. 试样制备

实验前，将试样缩分至约5000g，放入烘箱中在105±5℃下烘干至恒重，待冷却至室温后，筛除小于1.18mm的颗粒后，分成大致相等的两份备用。

3. 实验步骤

1）称取烘干试样200g，精确至0.1g。

2）将试样倒入淘洗容器中，注入洁净的清水，使水面高出试样面约150mm，充分搅拌均匀后浸泡24h。然后用手在水中碾碎泥块，再把试样放在0.60mm筛上，用水淘洗，直至目测容器内的水清澈为止。

3）把保留下来的试样小心地从筛中取出，装入浅盘后放入烘箱，在105±5℃下烘干至恒重，待冷却到室温后称其质量，精确至0.1g。

4. 计算与结果评定

砂的泥块含量按下式计算，精确至0.1%：

$$Q_b = \frac{G_1 - G_2}{G_1} \times 100\%$$ （4-8）

式中　$Q_b$——砂的泥块含量（%）；

　　　$G_1$——1.18mm筛余砂试样的干质量（g）；

　　　$G_2$——实验后试样的干质量（g）。

砂的泥块含量取两次测试结果的算术平均值作为测定值。对照规范标准规定，判定实验结果是否合格。

#### 4.4.2 碎石或卵石中泥块含量实验

1. 主要仪器设备

1）鼓风烘箱：能使温度控制在 105±5℃。

2）天平：称量 10kg，感量 1g。

3）方孔筛：孔径为 2.36mm 及 4.75mm 筛各一只。

4）容器：淘洗试样时能保持试样不溅出。

5）搪瓷盘、毛刷等。

2. 试样制备

实验前，将样品用四分法缩分至略大于标准规定的 2 倍数量，缩分时应防止所含黏土块被压碎。缩分后的试样在 105±5℃烘箱内烘至恒重，冷却至室温后，筛除小于 4.75mm 的颗粒，分成大致相等的两份备用。

3. 实验步骤

1）先筛去 4.75mm 以下的颗粒，然后称重。

2）根据试样的最大粒径，按规定数量称取试样一份，精确到 1g。将试样倒入淘洗容器中，注入清水，使水面高于试样上表面，充分搅拌均匀后，浸泡 24h。然后用手在水中碾碎泥块，再把试样放在 2.36mm 筛上，用水淘洗，直至容器内的水目测清澈为止。

3）保留下来的试样小心地从筛中取出，装入搪瓷盘后，放在干燥箱中于 105±5℃下烘干至恒量，待冷却至室温后，称出其质量，精确到 1g。

4. 计算与结果判定

碎石和卵石的泥块含量按下式计算，精确至 0.01%：

$$Q_b = \frac{G_1 - G_2}{G_1} \times 100 \%$$  (4-9)

式中　$Q_b$——碎石和卵石的泥块含量（%）；

$G_1$——4.75mm 筛筛余试样的质量（g）；

$G_2$——实验后烘干试样的量（g）。

以两个试样测试结果的算术平均值作为测定值，当两次结果的差值超过 0.2%时，应重新取样进行实验。对照规范标准规定，判定泥块含量实验结果是否合格。

# 4.5 骨料坚固性实验

骨料常因表面风化等原因使其坚固性不足或质量损失过多，从而造成不同程度的工程事故。基于骨料在混凝土和砂浆中的骨架与填充作用，骨料本身应具有足够的坚固性，即要求骨料比水泥石应有更高的强度和质量完整性。因此，国家标准对骨料的坚固性作出了明确规定，坚固性检验合格的骨料，才能用于混凝土和砂浆工程。

#### 4.5.1 砂的坚固性实验

1. 主要仪器设备

1）鼓风烘箱：能使温度控制在 105±5℃。

2）天平：称量 1000g，感量 0.1g。

3）三脚网篮：用金属丝制成，网篮直径和高均为 70mm，网的孔径应不大于所盛试样中最小粒径的一半。

4）方孔筛：孔径 0.15mm、0.30mm、0.60mm、1.18mm、2.36mm、4.75mm 及 9.5mm 实验筛各一个。

5）容器：瓷缸，容积不小于 10L。

6）比重计、玻璃棒、搪瓷盘、毛刷等。

7）10％氯化钡溶液、硫酸钠饱和溶液。

2. 硫酸钠溶液的配制及试样制备

在水温为 30℃左右的 1L 水中加入无水硫酸钠 350g 或结晶硫酸钠 750g，同时用玻璃棒搅拌，使其溶解并达到饱和。然后冷却至 20~25℃，并在此温度下静置 48h，即为实验溶液，其密度应为 1.151~1.174 g/cm³。

3. 实验步骤

1）将试样缩分至约 2000g。把试样倒入容器中，用水浸泡、淋洗干净后，放在烘箱中于 105±5℃下烘干至恒重，待冷却至室温后，筛除大于 4.75mm 及小于 0.30mm 的颗粒，然后筛分成 0.30~0.60mm、0.60~1.18mm、1.18~2.36mm 和 2.36~4.75mm 四个粒级备用。

2）称取每个粒级试样各 100g，精确至 0.1g。将不同粒级的试样分别装入网篮，并浸入盛有硫酸钠溶液的容器中，溶液的体积应不小于试样总体积的 5 倍。网篮浸入溶液时，应上下升降 25 次，以排除试样的气泡。然后静置于该容器中，网篮底面应距离容器底面约 30mm，网篮之间距离应不小于 30mm，液面至少高于试样表面 30mm，溶液温度应保持在 20~25℃。

3）浸泡 20h 后，把装试样的网篮从溶液中取出，放在烘箱中于 105±5℃烘 4h，至此完成第一次实验循环。待试样冷却至 20~25℃后，再按上述方法进行第二次循环。从第二次循环开始，浸泡与烘干时间均为 4h，共循环 5 次。

4）最后一次循环结束后，用清洁的温水淋洗试样，直至淋洗试样后的水加入少量氯化钡溶液不出现白色浑浊为止。洗过的试样放在烘箱中于 105±5℃下烘干至恒重。待冷却至室温后，用孔径为试样粒级下限的筛过筛，称出各粒级试样实验后的筛余量，精确至 0.1g。

4. 计算与结果评定

1）各粒级试样质量损失百分率按下式计算，精确至 0.1％：

$$P_i = \frac{G_1 - G_2}{G_1} \times 100 \%$$ （4-10）

式中 $P_i$ ——各粒级试样质量损失百分率（％）；

　　　$G_1$ ——各粒级试样实验前的质量（g）；

　　　$G_2$ ——各粒级试样实验后的筛余量（g）。

2）试样的总质量损失百分率 $P$ 按下式计算，精确至 1％：

$$P = \frac{\alpha_1 P_{j1} + \alpha_2 P_{j2} + \alpha_3 P_{j3} + \alpha_4 P_{j4}}{\alpha_1 + \alpha_2 + \alpha_3 + \alpha_4}$$ （4-11）

式中 $\alpha_1$、$\alpha_2$、$\alpha_3$、$\alpha_4$——分别为各粒级质量占试样（原试样中筛除了大于 4.75mm 颗粒及小于 0.3mm 的颗粒）总质量的百分率（％）；

$P_{j1}$、$P_{j2}$、$P_{j3}$、$P_{j4}$——各粒级的分计质量损失百分率（％）。

将计算出的总质量损失百分率与规范规定的数值进行比较，判定砂的坚固性是否合格。

### 4.5.2 压碎指标法测定砂的坚固性实验

1. 主要仪器设备

1）鼓风烘箱：能使温度控制在 $105 \pm 5℃$。

2）天平：称量 10kg，感量为 1g。

3）压力实验机：量程 50～1000kN。

4）受压钢模：由圆筒、底盘和加压块组成，其尺寸如图 4-4 所示。

5）方孔筛：孔径为 4.75mm、2.36mm、1.18mm、0.6mm 及 0.3mm 筛各一只。

6）搪瓷盘、小勺、毛刷等。

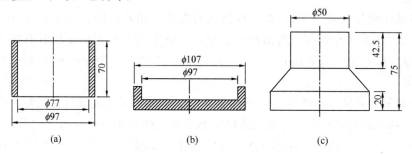

图 4-4　受压钢模示意图

(a) 圆筒；(b) 底盘；(c) 加压块

2. 实验步骤

1）按本章前述的取样方法取样，将试样放在烘箱中于 $105 \pm 5℃$ 下烘干至恒量，待冷却至室温后，筛除大于 4.75mm 及小于 0.3mm 的骨料颗粒，然后按颗粒级配实验分成 0.3～0.6mm、0.6～1.18mm、1.18～2.36mm 及 2.36～4.75mm 四个粒级，每级 1000g 备用。

2）称取单粒级试样 330g，精确至 1g。将试样倒入已组装成的受压钢模内，使试样距底盘面的高度约为 50mm。整平钢模内试样的表面，将加压块放入圆筒内并转动一周使之与试样均匀接触。

3）将装好试样的受压钢模置于压力机的支承板上，对准压板中心后开动机器，以每秒钟 500N 的速度加荷。加荷至 25kN 时稳荷 5s 后，以同样速度卸荷。

4）取下受压模，移去加压块，倒出压过的试样，然后用该粒级的下限筛（如粒级为 4.75～2.36mm 时，则其下限筛指孔径为 2.36mm 的筛）进行筛分，称出试样的筛余量和通过量，均精确至 1g。

3. 计算与结果评定

第 $i$ 单级砂样的压碎指标按下式计算，精确至 1%：

$$Y_i = \frac{G_2}{G_1 + G_2} \times 100\ \%$$ (4-12)

式中　$Y_i$——第 $i$ 单粒级压碎指标值（％）；

　　　$G_1$——试样筛余量（g）；

$G_2$——试样通过量（g）。

第 $i$ 单粒级压碎指标值取三次测试结果的算术平均值作为测定值，精确至 1％，取最大单粒级压碎指标值作为其压碎指标值。

### 4.5.3 硫酸钠饱和溶液法间接判断碎石或卵石的坚固性实验

1. 主要仪器设备与试剂

1）烘箱：能使温度控制在 105±5℃。

2）天平：称量 10kg，感量 1g。

3）方孔筛：根据试样粒级，同筛分析实验用筛。

4）容器：搪瓷盆或瓷盆，容积不小于 50L。

5）三脚网篮：网篮的外径为 100mm，高为 150mm，孔径 2～3mm，由铜丝制成。检验 40～80mm 的颗粒时，应采用外径和高均为 150mm 的网篮。

6）试剂：10％氯化钡溶液、硫酸钠溶液。

7）比重计、搪瓷盘、毛刷等。

2. 硫酸钠溶液和试样的制备

1）硫酸钠溶液的配制：取一定数量的蒸馏水（多少取决于试样及容器的大小），水温 30℃左右，每 1L 蒸馏水加入无水硫酸钠（$Na_2SO_4$）350g，或结晶硫酸钠（$Na_2SO_4 \cdot H_2O$）750g，用玻璃棒搅拌，使其溶解并饱和，然后冷却至 20～25℃，在此温度下静置 48h，即为实验溶液，其密度应为 1.151～1.174g/$m^3$。

2）试样的制备：将试样按表 4-23 的规定分级，并分别淋洗干净，放入 105±5℃ 烘箱内烘干至恒重，待冷却至室温后，筛除小于 4.75mm 的颗粒，然后按 4.2 节规定进行筛分后备用。

**粗骨料坚固性实验所需的各粒级试样量** 表 4-23

| 石子粒级（mm） | 4.75～9.5 | 9.5～19.0 | 19.0～37.5 | 37.5～63.0 | 63.0～75.0 |
|---|---|---|---|---|---|
| 试样质量（g） | 500 | 1000 | 1500 | 3000 | 3000 |

3. 实验步骤

1）根据试样的最大粒径，称取按表 4-23 规定数量的试样一份，精确至 1g。将不同粒级的试样分别装入网篮，并浸入盛有硫酸钠溶液的容器中，溶液的体积应不小于试样总体积的 5 倍。网篮浸入溶液时，应上下升降 25 次，以排除试样的气泡，然后静置于该容器中，网篮底面应距离容器底面约 30mm，网篮之间距离应不小于 30mm，液面至少高于试样表面 30mm，溶液温度应保持在 20～25℃。

2）浸泡 20h 后，把装试样的网篮从溶液中取出，放在干燥箱中于 105±5℃ 烘 4h，至此，完成了第一次实验循环。待试样冷却至 20～25℃ 后，再按上述方法进行第二次循环。从第二次循环开始，浸泡与烘干时间均为 4h，共循环 5 次。

3）最后一次循环后，用清洁的温水淋洗试样，直至淋洗试样后的水加入少量氯化钡溶液不出现白色浑浊为止，洗过的试样放在干燥箱中于 105±5℃ 下烘干至恒量。待冷却至室温后，用孔径为试样粒级下限的筛过筛，称出各粒级试样实验后的筛余量，精确至 0.1g。

4）对粒径大于 20mm 的试样部分，应在试样前后记录其颗粒数量，并作外观检查，描述颗粒的裂缝、开裂、剥落、掉边和掉角等情况所占颗粒数量，作为分析其坚固性时的补充依据。

4. 结果计算

1）试样中某粒级颗粒的分计质量损失百分率 $P_i$ 按下式计算，精确至 0.1%：

$$P_i = \frac{G_1 - G_2}{G_1} \times 100\% \tag{4-13}$$

式中  $P_i$——各粒级试样质量损失百分率（%）；

$G_1$——各粒级试样实验前的质量（g）；

$G_2$——各粒级试样实验后的筛余量（g）。

2）试样的总质量损失百分率 $P$ 按下式计算，精确至 1%：

$$P = \frac{\alpha_1 P_{j1} + \alpha_2 P_{j2} + \alpha_3 P_{j3} + \alpha_4 P_{j4} + \alpha_5 P_{j5}}{\alpha_1 + \alpha_2 + \alpha_3 + \alpha_4 + \alpha_5} \tag{4-14}$$

式中  $\alpha_1$、$\alpha_2$、$\alpha_3$、$\alpha_4$、$\alpha_5$——分别为各粒级质量占试样（原试样中筛除了小于 4.75mm 颗粒）总质量的百分率（%）；

$P_{j1}$、$P_{j2}$、$P_{j3}$、$P_{j4}$、$P_{j5}$——各粒级的分计质量损失百分率（%）。

### 4.5.4　压碎指标法间接判断卵石或碎石的坚固性实验

1. 主要仪器设备

1）压力实验机：荷载量程 300kN，示值相对误差 2%。

2）压碎指标值测定仪：如图 4-5、图 4-6 所示。

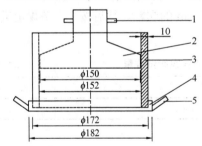

图 4-5　压碎值测定仪　　　　　　　图 4-6　石子压碎仪
1—把手；2—加压头；3—圆模；4—底盘；5—手把

3）秤或天平：称量 10kg，感量 1g。

4）方孔筛：孔径分别为 2.36mm、9.50mm 和 19.0mm 的筛各一只。

5）垫棒：$\phi$10mm，长 500mm 圆钢。

2. 试样制备

按规定取样，风干后筛除大于 19.0mm 及小于 9.50mm 的颗粒，并去除针、片状颗粒，分为大致相等的三份备用。当试样中粒径在 9.50～19.0mm 之间的颗粒不足时，允许将粒径大于 19.0mm 的颗粒破碎成粒径在 9.50～19.0mm 之间的颗粒用作压碎指标实验。

3. 实验步骤

1）称取试样 3000g，精确至 1g。将试样分两层装入圆模（置于底盘上）内，每装完一层试样后，在底盘下面垫放一直径为 10mm 的圆钢，将筒按住，左右交替颠击地面各 25 下，两层颠实后，平整模内试样表面，盖上压头。当圆模装不下 3000g 试样时，以装至距圆模上口 10mm 为准。

2）把装有试样的圆模置于压力实验机上，开动压力实验机，按 1kN/s 速度均匀加荷至 200kN 并稳荷 5s，然后卸荷。取下加压头，倒出试样，用孔径 2.36mm 的筛筛除被压碎的细粒，称出留在筛上的试样质量，精确至 1g。

4. 计算与结果判定

碎石或卵石的压碎指标值按下列计算，精确至 0.1%：

$$Q_a = \frac{G_1 - G_2}{G_1} \times 100\%$$ (4-15)

式中　$Q_a$——碎石或卵石的压碎指标值（%）；

　　　$G_1$——试样的质量（g）；

　　　$G_2$——压碎实验后筛余的试样质量（g）。

以三次测试结果的算术平均值作为压碎指标测定值，对照规范标准的规定，判定试样是否合格。

# 4.6　骨料表观密度实验

骨料的表观密度是骨料基本的物理状态指标和进行混凝土与砂浆配合比设计的必要参数。掌握骨料表观密度实验方法，可进一步了解和评价骨料的其他技术性能。

## 4.6.1　砂的表观密度实验

1. 主要仪器设备

1）鼓风烘箱：能使温度控制在 105±5℃。

2）天平：称量 1000g，感量 1g。

3）容量瓶：500mL。

4）干燥器、搪瓷盘、滴管、毛刷等。

2. 试样制备

实验前，将试样缩分至约 650g，放在烘箱中于 105±5℃下烘干至恒重，待冷却至室温后，分成大致相等的两份备用。

3. 实验步骤

1）称取烘干试样 300g（$m_0$），精确至 1g。将试样装入容量瓶，注入冷开水至接近 500mL 的刻度处，用手旋转摇动容量瓶，使砂样充分摇动，排除气泡，塞紧瓶盖，静置 24h。

2）用滴管小心加水至容量瓶 500mL 刻度处，塞紧瓶塞，擦干瓶外水分，称其质量（$m_1$），精确至 1g。

3）倒出瓶内水和试样，洗净容量瓶，再向容量瓶内注入与前述步骤水温相差不超过 2℃的冷开水至 500mL 刻度处，塞紧瓶塞，擦干瓶外水分，称其质量（$m_2$），精确至 1g。

4. 计算与结果评定

砂的表观密度按下式计算，精确至 10kg/m³：

$$\rho_0 = \left(\frac{m_0}{m_0 + m_2 - m_1} - a_t\right) \times 1000 \qquad (4\text{-}16)$$

式中 $\rho_0$ ——砂的表观密度（kg/m³）；

$m_0$ ——烘干砂试样质量（g）；

$m_1$ ——试样、水及容量瓶的总质量（g）；

$m_2$ ——水及容量瓶的总质量（g）；

$a_t$ ——考虑水温对密度影响的修正系数，见表4-24。

不同水温对砂、碎石和卵石的表观密度修正系数　　　　表 4-24

| 水温（℃） | 15 | 16 | 17 | 18 | 19 | 20 | 21 | 22 | 23 | 24 | 25 |
|---|---|---|---|---|---|---|---|---|---|---|---|
| $a_t$ | 0.002 | 0.003 | 0.003 | 0.004 | 0.004 | 0.005 | 0.005 | 0.006 | 0.006 | 0.007 | 0.008 |

取两次测试结果的算术平均值作为测定值，精确至10kg/m³。如两次实验结果之差大于20kg/m³，须重新取样进行实验。

5. 注意事项

1）实验前应预先制备冷开水，实验过程中应测量和控制水的温度，实验在15～25℃的温度范围内进行。从试样加水静置的最后2h起直至实验结束，其温度相差不应超过2℃。

2）当气温高于25℃或低于15℃时，应在具有制冷制热的空调间中实验。

3）若在烘干试样时发生停电，试样仍放置于烘箱，待来电时继续烘干到恒重。

### 4.6.2 卵石或碎石的表观密度实验

1. 主要仪器设备

1）烘箱：能使温度控制在105±5℃。

2）台秤：称量20kg，感量20g。

3）广口瓶：1000mL，磨口，并带玻璃片。

4）实验筛：筛孔公称直径为5.00mm方孔筛一只。

5）毛巾、刷子等。

2. 试样制备

实验前，筛去样品中5.00mm以下的颗粒，用四分法缩分至不少于2kg，洗干净后分成两份备用。

3. 实验步骤

1）按表4-25规定的数量称取烘干试样。

碎石或卵石表观密度实验所需的试样最少质量　　　　表 4-25

| 最大粒径（mm） | 10.0 | 16.0 | 20.0 | 31.5 | 40.0 | 63.0 | 80.0 |
|---|---|---|---|---|---|---|---|
| 试样最少质量（kg） | 2 | 2 | 2 | 3 | 4 | 6 | 6 |

2）将试样浸水饱和，然后装入广口瓶中。装试样时，广口瓶应倾斜放置，注入饮用水，用玻璃片覆盖瓶口，用上下左右摇晃的方法排除气泡。

3）气泡排尽后，向瓶中添加饮用水直至水面凸出瓶口边缘。用玻璃片沿瓶口迅速滑行，使其紧贴瓶口水面。擦干瓶外水分后，称取试样水、瓶和玻璃片的总质量（$m_1$）。

4）将瓶中的试样倒入浅盘，放在105±5℃的烘箱中烘干至恒重。取出，放在带盖的容器中冷却至室温后称其质量（$m_0$）。

5）将瓶洗净，重新注入饮用水，用玻璃片紧贴瓶口水面，擦干瓶外水分后称其质量（$m_2$）。

4. 注意事项

1）实验时各项称重应在15～25℃的温度范围内进行。

2）从试样加水静置的最后2h起直至实验结果，其温度相差应不超过2℃。

5. 计算与结果判定

碎石或卵石的表观密度按下式计算，精确至10kg/m³：

$$\rho_0 = \left( \frac{m_0}{m_0 + m_2 - m_1} - a_t \right) \times 1000 \tag{4-17}$$

式中　$m_0$——烘干试样质量（g）；

$m_1$——试样、水、瓶和玻璃片的总质量（g）；

$m_2$——水、瓶和玻璃片的总质量（g）；

$a_t$——考虑水温对密度影响的修正系数，见表4-24。

以两次测试结果的算术平均值作为测定值，两次结果之差应小于20kg/m³。否则，应重新取样进行实验。对颗粒材质不均匀的试样，如两次实验结果之差值超过20kg/m³，可取四次测定结果的算术平均值作为测定值。

## 4.7　骨料堆积密度与空隙率实验

骨料的堆积密度是指骨料在堆积状态下单位体积所具有的质量，由于骨料在堆积状态下，骨料颗粒之间存在着空隙，空隙体积占骨料堆积体积的比率称为骨料的空隙率。了解骨料的堆积密度、空隙率及其实验方法，可为计算混凝土中的砂浆用量和砂浆中的水泥净浆用量提供依据。本节主要介绍砂的堆积密度与空隙率实验方法，碎石或卵石粗骨料的堆积密度实验和空隙率计算，可参照砂的堆积密度实验和空隙率计算方法进行。

### 4.7.1　主要仪器设备

1. 鼓风烘箱：能使温度控制在105±5℃。

2. 天平：称量10kg，感量1g。

3. 容量筒：圆柱形金属筒，内径108mm，净高109mm，壁厚2mm，筒底厚约5mm，容积为1L。

4. 方孔筛：孔径为4.75mm的筛一只。

5. 垫棒：直径10mm、长500mm的圆钢。

6. 直尺、漏斗（图4-7）或料勺、搪瓷盘、毛刷等。

### 4.7.2　试样制备

用搪瓷盘装取试样约3L，放在烘箱中于105±5℃下烘干至恒重，待冷却至室温后，筛除大于4.75mm的颗粒，分成大致相等的两份备用。

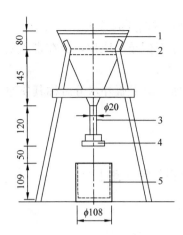

图4-7 标准漏斗构造

1—漏斗；2—筛；3—管子；
4—活动门；5—金属量筒

### 4.7.3 实验步骤

1. 松散堆积密度实验步骤

取试样一份，用漏斗或料勺将试样从容量筒中心上方50mm处徐徐倒入，让试样以自由落体落下，当容量筒上部试样呈堆体，且容量筒四周溢满时，即停止加料。然后用直尺沿筒口中心线向两边刮平，称出试样和容量筒的总质量（$m_2$），精确至1g。

2. 紧密堆积密度实验步骤

取试样一份，分两次装入容量筒。装完第一层后，在筒底垫放一根直径为10mm的圆钢，将筒按住，左右交替击打地面各25次，然后装入第二层，装满后用同样的方法颠实（但筒底所垫钢筋的方向应与第一层时的方向垂直）后，再加试样直至超过筒口，用直尺沿筒口中心线向两边刮平，称量试样和容量筒的总质量（$m_2$），精确至1g。

### 4.7.4 注意事项

对首次使用的容量筒应校正其容积的准确度，即将温度为20±2℃的饮用水装满容量筒，用一玻璃板沿筒口推移，使其紧贴水面，擦干筒外壁水分，然后称出其质量，精确至1g。容量筒容积按下式计算，精确至1mL：

$$V = G_2 - G_1 \tag{4-18}$$

式中　$G_2$——容量筒、玻璃板和水的总质量（g）；

　　　$G_1$——容量筒和玻璃板质量（g）；

　　　$V$——容量筒的容积（mL）。

### 4.7.5 计算与结果评定

1. 砂的松散或紧密堆积密度按下式计算，精确至10kg/m³：

$$\rho_1 = \frac{m_2 - m_1}{V} \times 1000 \tag{4-19}$$

式中　$\rho_1$——砂的松散或紧密堆积密度（kg/m³）；

　　　$m_2$——容量筒和试样的总质量（g）；

　　　$m_1$——容量筒的质量（g）；

　　　$V$——容量筒的容积（L）。

2. 砂的空隙率按下式计算，精确至1%：

$$V_0 = \left(1 - \frac{\rho_1}{\rho_2}\right) \times 100\% \tag{4-20}$$

式中　$V_0$——砂样的空隙率（%）；

　　　$\rho_1$——砂样的松散或紧密堆积密度（kg/m³）；

　　　$\rho_2$——砂样的表观密度（kg/m³）。

堆积密度取两次测试结果的算术平均值作为测定值，精确至10 kg/m³；空隙率取两次实验结果的算术平均值，精确至1%。

## 4.8 粗骨料中针、片状颗粒总含量实验

在碎石粗骨料当中，常含有针状和片状的岩石颗粒，当这种针、片状颗粒含量过多时，将使混凝土的强度降低，对于泵送混凝土拌合物，会使混凝土拌合物的泵送性能变差。所以，国家标准对粗骨料中的针、片状颗粒的含量给予明确的规定。

### 4.8.1 主要仪器设备

1. 针状规准仪和片状规准仪：图 4-8～图 4-10。

图 4-8 针状规准仪和片状规准仪

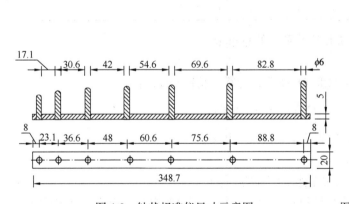

图 4-9 针状规准仪尺寸示意图

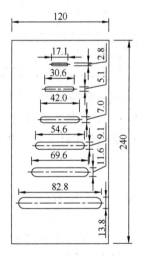

图 4-10 片状规准仪尺寸示意图

2. 天平：称量 10kg，感量 1g。

3. 方孔筛：孔径分别为 4.75mm、9.50mm、16.0mm、26.5mm、31.5mm 及 37.5mm 的筛各一个。

4. 游标卡尺等。

### 4.8.2 试样制备

实验前，将试样在室内风干至表面干燥，并用四分法缩分至规定的数量，然后筛分成

表 4-26 所规定的粒级备用。根据试样的最大粒径，称取按表 4-26 的规定数量试样一份，精确到 1g。然后按表 4-27 规定的粒级进行筛分。

**粗骨料针、片状实验所需试样最少质量**　　　表 4-26

| 最大粒径（mm） | 9.5 | 16.0 | 19.0 | 26.5 | 31.5 | 37.5 | 63.0 | 75.0 |
|---|---|---|---|---|---|---|---|---|
| 试样最少重量（kg） | 0.3 | 1.0 | 2.0 | 3.0 | 5.0 | 10.0 | 10.0 | 10.0 |

**粗骨料针、片状实验的粒级划分及相应的规准仪孔宽或间距**　　　表 4-27

| 粒级（mm） | 4.75～9.50 | 9.50～16.0 | 16.0～19.0 | 19.0～26.5 | 26.5～31.5 | 31.5～37.5 |
|---|---|---|---|---|---|---|
| 片状规准仪上相对应的孔宽（mm） | 2.8 | 5.1 | 7.0 | 9.1 | 11.6 | 13.8 |
| 针状规准仪上相对应的间距（mm） | 17.1 | 30.6 | 42.0 | 54.6 | 69.6 | 82.8 |

### 4.8.3　实验步骤

1. 按表 4-27 所规定的粒级，用规准仪逐粒对试样进行鉴定。凡颗粒长度大于针状规准仪上相应间距者，为针状颗料；厚度小于片状规准仪上相应孔宽者，为片状颗粒。称出其总质量，精确至 1g。

2. 对公称粒径大于 37.5mm 的碎石或卵石，可用卡尺鉴定其针、片状颗粒，卡尺卡口的设定宽度应符合表 4-28 的规定。

**大于 37.5mm 粒级颗粒卡尺卡口的设定宽度**　　　表 4-28

| 粒级（mm） | 37.5～53.0 | 53.0～63.0 | 63.0～75.0 | 75.0～90 |
|---|---|---|---|---|
| 检验片状颗粒的卡尺卡口设定宽度（mm） | 18.1 | 23.2 | 27.6 | 33.0 |
| 检验针状颗粒的卡尺卡口设定宽度（mm） | 108.6 | 139.2 | 165.6 | 198.0 |

3. 称量由各粒级挑出的针状和片状颗粒的总重量。

### 4.8.4　计算与结果判定

碎石或卵石中针、片状颗粒含量 $Q_c$ 按下式计算，精确至 1％：

$$Q_c = \frac{G_2}{G_1} \times 100\%　　　　　　　(4-21)$$

式中　$Q_c$——针、片状颗粒含量（％）；

　　　$G_1$——试样总质量（g）；

　　　$G_2$——试样中所含针、片状颗粒的总质量（g）。

根据实验计算所得的针、片状颗粒总含量实验结果，对照规范规定值，判定试样是否合格。

## 4.9　粗骨料含水率实验

骨料在自然环境中都有一定的含水率，并随环境状况的不同而变化，骨料含水率是换算混凝土施工配合比时的重要参数。本节主要介绍粗骨料含水率的实验方法，细骨料砂的含水率实验可参考本方法进行。

### 4.9.1 主要仪器设备

1. 烘箱：能使温度控制在 105±5℃。
2. 秤：称量 10kg，感量 1g。
3. 容器：如浅盘等。

### 4.9.2 实验步骤

1. 取质量约等于表 4-20 所要求的试样，分成两份备用。
2. 将试样置于干净的容器中，称取试样和容器的共重（$m_1$），在 105±5℃的烘箱中烘干至恒重。
3. 取出试样，冷却后称取试样和容器的共重（$m_2$），并称取容器质量（$m_3$）。

### 4.9.3 计算与结果判定

粗骨料含水率 $w_{wc}$ 按下式计算，精确至 0.1%：

$$w_{wc} = \frac{m_1 - m_2}{m_2 - m_3} \times 100\%  \tag{4-22}$$

式中　　$w_{wc}$——含水率（%）；

$m_1$——烘干前试样与容器共重（g）；

$m_2$——烘干后试样与容器共重（g）；

$m_3$——容器质量（g）。

以两次测试结果的算术平均值作为测定值。

复 习 思 考 题

4-1　在进行砂的质量检验时，主要考虑哪几个方面的内容？

4-2　试样缩分有何意义？如何对砂试样进行缩分？

4-3　在进行堆积密度实验时，为什么对装料高度有一定限制？

4-4　混凝土工程在选用细骨料时，如何考虑砂的细度模数和级配？

4-5　筛分析实验中，当某一筛样上的分计筛余量超过 200g 时，应如何处理？

4-6　在建筑工程中，应尽可能使用哪种砂，为什么？

4-7　骨料含水率和坚固性实验有何意义？

4-8　粗、细骨料的筛分析实验有何不同之处？

# 骨 料 实 验 报 告

## （以细骨料为例）

组别＿＿＿＿＿＿＿＿＿　　　同组实验者＿＿＿＿＿＿＿＿＿＿

日期＿＿＿＿＿＿＿＿＿　　　指导教师＿＿＿＿＿＿＿＿＿＿

1. 实验目的

2. 实验记录与计算

1）砂的表观密度测定

| 测试次数 | 干砂质量<br>（g） | 瓶＋水＋砂质量<br>（g） | 瓶＋水的质量<br>（g） | 表观密度<br>（g/cm³） | 表观密度平均值<br>（g/cm³） |
|---|---|---|---|---|---|
| 1 | | | | | |
| 2 | | | | | |

2）砂的堆积密度测定与空隙率计算

| 测试次数 | 容积升体积<br>（L） | 容积升质量<br>（kg） | 容积升＋砂的质量<br>（kg） | 砂质量<br>（kg） | 堆积密度<br>（kg/cm³） | 堆积密度平均值<br>（kg/cm³） | 空隙率<br>（％） |
|---|---|---|---|---|---|---|---|
| 1 | | | | | | | |
| 2 | | | | | | | |

3）砂的筛分析实验

| 筛孔尺寸<br>（mm） | 分计筛余 | | 累计筛余<br>百分率 $A_i$<br>（％） | 细度模数计算 |
|---|---|---|---|---|
| | 筛余量 $m_i$<br>（g） | 百分率 $a_i$<br>（％） | | |
| 9.50 | | | | |
| 4.75 | | | | |
| 2.36 | | | | $\mu_f = \dfrac{(A_2 + \cdots\cdots + A_6) - 5A_1}{100 - A_1}$ |
| 1.18 | | | | |
| 0.60 | | | | $=$ |
| 0.30 | | | | |
| 0.15 | | | | |
| ＜0.15 | | | | |
| Σ | | | | |

| 结果评定<br>（画√） | 砂型 | | | | | 级配区 | | | |
|---|---|---|---|---|---|---|---|---|---|
| | 特粗砂 | 粗砂 | 中砂 | 细砂 | 特细砂 | Ⅰ区 | Ⅱ区 | Ⅲ区 | 其他 |
| | | | | | | | | | |

绘制砂的级配曲线（需绘出Ⅰ、Ⅱ、Ⅲ级配区的标准范围）

74

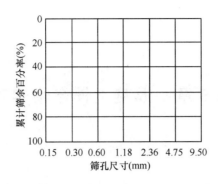

### 4）砂的含泥量和泥块含量实验

| 实验编号 | 含泥量测定 | | | | 泥块含量测定 | | | |
|---|---|---|---|---|---|---|---|---|
| | 实验前试样质量（g） | 实验后试样质量（g） | 含泥量（%） | 含泥量平均值（%） | 实验前试样质量（g） | 实验后试样质量（g） | 泥块含量（%） | 泥块含量平均值（%） |
| 1 | | | | | | | | |
| 2 | | | | | | | | |

### 5）砂的坚固性实验（压碎指标法）

| 粒级 | 测试编号 | 筛余量（g） | 通过量（g） | 压碎指标（%） | 压碎指标最大值（%） | 结果判定 |
|---|---|---|---|---|---|---|
| 0.3～0.6mm | | | | | | |
| | | | | | | |
| 0.6～0.18mm | | | | | | |
| | | | | | | |
| 1.18～2.36mm | | | | | | |
| | | | | | | |
| 2.36～4.75mm | | | | | | |
| | | | | | | |

## 3. 分析与讨论

# 第5章 混凝土拌合物实验

## 5.1 概 述

由胶凝材料、骨料和拌合水按一定比例与方法所配制的混合性材料，在凝结硬化之前称为混凝土拌合物，硬化之后称为混凝土。表观密度为 $2000\sim2800kg/m^3$ 的混凝土称为普通混凝土，简称混凝土。本章主要介绍普通混凝土拌合物的有关实验原理和方法。

### 5.1.1 混凝土拌合物和易性内涵

和易性是指混凝土拌合物易于拌合、运输、浇灌、振实、成型等各项施工操作，并能获得质量均匀、成型密实的性能。显然，混凝土拌合物和易性是一个综合性的性能指标，包括三方面的含义，即流动性、黏聚性和保水性。流动性是指混凝土拌合物在自重或机械振捣作用下，能够产生流动并均匀密实地填充模板的性能；黏聚性是指混凝土拌合物在施工过程中各组成材料之间具有一定的黏聚力，不致产生分层和离析现象的性能；保水性是指混凝土拌合物在施工过程中具有一定的保水性能，不致产生严重的泌水现象的性能。流动性的大小，反映混凝土拌合物的稀稠程度，直接影响着混凝土的浇筑施工的难易和施工质量；黏聚性不良的混凝土拌合物，不但难以获得组分均匀的混凝土，而且混凝土的强度也难以保证；保水性较差的混凝土拌合物，将有一部分水分泌出，水化反应的完全程度会降低，水分从内部到表面将留下泌水通道，使得混凝土的密实度不高，从而降低混凝土的强度和耐久性。

鉴于混凝土拌合物和易性内涵的多向性、综合性和复杂性，很难用单一指标与方法对混凝土拌合物的和易性作出全面的表达和评定。目前，采用坍落度法和维勃稠度法来定量测量混凝土拌合物的流动性；用直观经验的定性方法来评定混凝土拌合物的黏聚性和保水性。

混凝土拌合物的性能除了和易性以外，还有表观密度、凝结时间等，其物理意义和质量标准应符合有关规定。

### 5.1.2 混凝土拌合物制备

混凝土拌合物的拌合制备可采用人工拌合法与机械搅拌法两种方法的任意一种。

1. 人工拌合法

1）按照事先确定的混凝土配合比，计算各组成材料的用量，称量后备用。

2）将面积为 1.5m×2m 的拌板和拌铲润湿，先把砂倒在拌板上，后加入水泥，用拌铲将其从拌板的一端翻拌到另一端。如此重复，直至砂和水泥充分混合（从表观上看颜色均匀）。然后再加入粗骨料，同样翻拌到均匀为止。

3）将以上混合均匀的干料堆成中间留有凹槽的锅形状，把称量好的拌合水先倒入凹槽中一半，然后仔细翻拌，再缓慢加入另一半拌合水，继续翻拌，直至拌合均匀。根据拌合量的大小，从加水开始计算，拌合时间应符合表 5-1 的规定。

| | 混凝土不同拌合量所需的拌合时间 | 表 5-1 |
|---|---|---|

| 混凝土拌合物体积（L） | 拌合时间（min） | 备注 |
|---|---|---|
| <30 | 4～5 | 混凝土拌合完成后，根据实验项目要求，应立即进行测试或成型试件，从加水开始计算，全部时间须在 30min 内完成 |
| 30～50 | 5～9 | |
| 31～75 | 9～12 | |

2. 机械拌合法

1）按照事先确定的混凝土配合比，计算各组成材料的用量，称量后备用。

2）为了保证实验结果的准确性，在正式拌合开始前，一般要预拌一次（刷膛）。预拌选用的配合比与正式拌合的配合比相同，刷膛后的混凝土拌合物要全部倒出，刮净多余的砂浆。

3）正式拌合。启动混凝土搅拌机，向搅拌机料槽内依次加入粗骨料、细骨料和水泥，进行干拌，使其均匀后再缓慢加入拌合水，全部加水时间不超过 2min，加水结束后，再继续拌合 2min。

4）关闭搅拌机并切断电源，将混凝土拌合物从搅拌机中倒出，堆放在拌板上，再人工拌合 2min 即可进行项目测试或成型试件。从加水开始计算，所有操作用时须在 30min 内完成。

### 5.1.3 实验取样

1. 混凝土拌合物实验用料应根据不同要求，从同一混凝土拌合物的取样，应在同一盘混凝土或同一车混凝土中取样。取样量应多于实验所需量的 1.5 倍，且不宜小于 20L。混凝土拌合物的取样要具有代表性，宜采用多次采样的方法，宜在同一盘混凝土或同一车混凝土的约 1/4 处、1/2 处和 3/4 处之间分别取样，然后人工搅拌均匀。从第一次取样到最后一次取样不宜超过 15min。

2. 在实验室拌制混凝土拌合物进行实验时，所用骨料应提前运入室内，拌合时实验室的温度应保持在 20±5℃，所用材料的温度应与实验室的温度保持一致。当需要模拟施工条件下所用混凝土时，原材料的温度宜与施工现场保持一致。

3. 拌制混凝土拌合物的材料用量以质量计，骨料的称量精度为 ±0.5%，水泥、水和外加剂的称量精度均为 ±0.2%。

4. 从试样制备完毕到开始做各项性能实验的时间不宜超过 5min。同一组混凝土拌合物的取样应从同一盘混凝土或同一车混凝土中取样，取样量应多于实验所需量的 1.5 倍，且不宜小于 20L。

## 5.2 混凝土拌合物稠度实验

不同工程条件下的混凝土拌合物稠稀程度有不同的要求，且相差较大。测定混凝土拌合物稠度的方法有坍落度法和维勃稠度法。两种测试方法的使用条件、测试原理和表征方法都各不相同，不能并行使用。坍落度法所用设备简单，主要用于骨料最大公称粒径不大于 40mm、坍落度不小于 10mm 的塑性混凝土拌合物的稠度测定；维勃稠度法则使用专用的维勃稠度测定仪，主要用于干硬性混凝土拌合物的稠度测定。

### 5.2.1 坍落度法测定混凝土拌合物稠度

混凝土拌合物坍落度是和易性技术性能的定量化指标，其大小反映了混凝土拌合物的稠稀程度，据此，可直接表明混凝土拌合物流动性的好坏及工程施工的难易程度。工程中对混凝土坍落度值的选择依据是建筑结构的种类、构件截面尺寸大小、配筋的疏密、拌合物输送方式以及施工振实方法等，混凝土浇筑时的坍落度值按表5-2选用。本实验适用于骨料最大粒径不大于40mm，混凝土拌合物坍落度值不小于10mm的混凝土拌合物稠度测定，因为当混凝土拌合物坍落度值较小（小于10mm）时，此方法的测量相对误差较大，实验结果的可靠性较低。

混凝土类型及浇筑时的坍落度选择 表 5-2

| 结 构 种 类 | 坍落度值（mm） |
|---|---|
| 基础或地面垫层，无配筋的挡土墙、基础等大体积结构或配筋稀疏的结构 | 10～30 |
| 梁、板和大中型截面的柱子等 | 30～50 |
| 配筋密列的结构，如薄壁、斗仓、细柱等 | 50～70 |
| 配筋特密的结构 | 70～90 |

1. 主要仪器设备

1）坍落度筒：图5-1，由薄钢板或其他金属制成的圆台形筒，底面和顶面互相平行并与锥体的轴线垂直，底部直径200±2mm，顶部直径100±2mm，高度300±2mm，筒壁厚度不小于1.5mm，在筒外2/3高度处安有两个手把，筒外下端安有两个脚踏板。

2）振捣棒：图5-1，直径16mm，长600mm，端部磨圆。

3）小铲、直尺、拌板、镘刀等。

图 5-1 坍落度筒及捣棒

2. 实验步骤与结果判定

1）首先润湿坍落度筒及其用具，并把筒放在不吸水的刚性水平底板上，然后用脚踩住两边的脚踏板，使其在装料时保持固定位置。

2）把混凝土拌合物试样用小铲分三层均匀装入坍落度筒内，使捣实后每层高度为筒高的三分之一左右。用捣棒对每层试样沿螺旋方向由外向中心插捣25次，且在截面上均匀分布。插捣底层时，捣棒应贯穿整个深度，插捣第二层和顶层时，应插透本层至下一层的表面，清除筒边底板上的混凝土拌合物。顶层捣实后，刮去多余的混凝土拌合物，并用抹刀抹平。浇灌顶层时，应使混凝土拌合物高出筒口，在插捣过程中，当混凝土拌合物沉落到低于筒口时，应随时添加混凝土拌合物。

3）清除筒边和底板上的混凝土拌合物后，垂直平稳地提起坍落度筒，提离过程应在 3～7s 内完成。从开始装料到提筒的整个过程应不间断进行，并在 150s 内完成。提起筒后，量测筒高与坍落后混凝土拌合物试体最高点之间的差值，即为坍落度

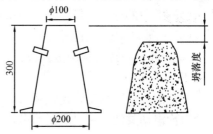

图 5-2  坍落度测量示意图

值，如图 5-2 所示。混凝土拌合物坍落度值测量应精确至 1mm，结果应修约至 5mm。

坍落度筒提离后，如果发现混凝土拌合物试体崩塌或一边出现剪切破坏现象，应重新取样进行测试。若第二次仍出现上述现象，应予记录说明。当混凝土拌合物的坍落度大于 220mm 时，用钢尺测量混凝土扩展后最终的最大直径和最小直径，在这两个直径之差小于 50mm 条件下，用算术平均值作为坍落扩展度值，否则此次实验无效。对坍落度值不大于 50mm 或干硬性混凝土，应采用维勃稠度法进行实验。

4）观察并评价混凝土拌合物试体的黏聚性和保水性

（1）用捣棒轻轻敲打已坍落的混凝土拌合物，如果锥体逐渐整体性下沉，则表示混凝土拌合物黏聚性良好；如果锥体倒坍、部分崩裂或出现离析等现象，则表示混凝土拌合物黏聚性不好。

（2）保水性用混凝土拌合物中稀浆的析出程度来评定，坍落度筒提起后如有较多的浆液从底部析出，锥体也因浆液流失而局部骨料外露，则表明此混凝土拌合物的保水性能不好。如坍落度筒提起后无稀浆或仅有少量稀浆自底部析出，则表示此混凝土拌合物保水性良好。

### 5.2.2  维勃稠度法测定混凝土拌合物稠度

当混凝土拌合物的坍落度值较小时，由于测量工具和测量方法的局限性，用坍落度法测量混凝土拌合物的稠度会有较大的测量误差，因此需要用维勃稠度法进行测量。本方法适用于骨料最大粒径不大于 40mm，维勃稠度在 5～30s 之间的混凝土拌合物稠度测定。坍落度值小于 50mm 的混凝土拌合物、干硬性混凝土拌合物和维勃稠度大于 30s 的特干硬性混凝土拌合物的稠度可采用增实因数法来测定其稠度。

1. 主要仪器设备

1）维勃稠度仪：由容器、坍落度筒、圆盘、旋转架和振动台等部件组成，其构造见图 5-3，实物（照片）见图 5-4。

（1）容器：由钢板材料制成，内径 240±3mm，高 200±2mm，壁厚 3mm，底厚 7.5mm，两侧设有手柄，底部可固定在振动台上，固定时应牢固可靠，容器的内壁与底面应垂直，其垂直度误差不大于 1.0mm，容器的内表面应光滑、平整、无凹凸、无刻痕。

（2）坍落度筒：除两侧无脚踏板外，其余的要求均与坍落度实验中的坍落度筒相同。

（3）圆盘：直径 230±2mm，厚度 10±2mm，圆盘要求平整透明，可视性良好，平面度误差不大于 0.30mm。

（4）旋转架：旋转架安装在支柱上，用十字凹槽或其他可靠方法固定方向，旋转架的一侧安装有套筒、测杆、荷重块和圆盘等。另一侧安设漏斗，测杆穿过套筒垂直滑动，并

用螺栓固定位置。

（5）滑动部分由测杆、圆盘及荷重块组成，总质量为2750±50g。

（6）当旋转架转动到漏斗就位后，漏斗的轴线与容器的轴线应重合，同轴度误差不应大于3.0mm；当转动到圆盘就位后，测杆的轴线与容器的轴线应重合，其同轴度误差不应大于2.0mm。

（7）测杆与圆盘工作面应垂直，垂直度误差不大于1.0mm。测杆表面应光滑、平直，在套筒内滑动灵活，并具有最小分度为1.0mm的刻度标尺，可测读混凝土拌合物的坍落度。当圆盘置于坍落度筒上端时，刻度标尺应在零刻度线上。

（8）振动台：台面长380±5mm、宽260±5mm，支承在4个减振弹簧上。振动台应定向垂直振动，频率为50±3Hz，在装有空容器时，台面各点的振幅0.5±0.5mm，水平振幅应小于0.15mm。

2）秒表、小铲、拌板、镘刀等。

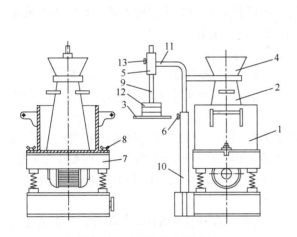 

图5-3　维勃稠度仪构造图
1—容器；2—坍落度筒；3—圆盘；4—漏斗；5—套筒；
6—定位器；7—振动台；8—固定螺栓；9—测杆；
10—支柱；11—旋转架；12—荷重块；13—测杆螺栓

图5-4　维勃稠度仪实物图

2. 实验步骤与结果

1）把维勃稠度仪放置在坚实的水平面上，用湿布把容器、坍落度筒、喂料斗内壁及其他用具润湿无明水。

2）将喂料斗提到坍落度筒上方扣紧，校正容器位置，使其中心与喂料中心重合，然后拧紧固定螺栓。

3）把混凝土拌合物试样用小铲分三层均匀装入筒内，使捣实后每层高度为筒高的三分之一左右。每层用捣棒插捣25次，插捣应沿螺旋方向由外向中心进行，各次插捣应在截面上均匀分布。插捣筒边混凝土拌合物时，捣棒可以稍稍倾斜。插捣底层时，捣棒应贯穿整个深度，插捣第二层和顶层时，捣棒应插透本层并至下一层表面。浇灌顶层时，混凝土拌合物应灌至高出筒口。在插捣过程中，如混凝土拌合物沉落到低于筒口时，应随时添加试样。顶层插捣完成后，刮去多余的混凝土拌合物，并用抹刀抹平。

4）转离喂料斗，垂直提起坍落度筒。此时应注意不能使混凝土拌合物试体产生横向扭动。

5）把透明圆盘转到混凝土拌合物圆台体顶面，放松测杆螺钉，降下圆盘，使其轻轻接触到混凝土拌合物顶面。

6）拧紧定位螺栓，检查测杆螺栓是否已经完全放松。

7）在开启振动台的同时用秒表计时，当振动到透明圆盘的底面被水泥浆布满的瞬间停止计时，并关闭振动台。由秒表读出的时间即为该混凝土拌合物的维勃稠度值，精确至1s。

混凝土拌合物流动性按维勃稠度大小，可分为超干硬性（≥31s）、特干硬性（30～21s）、干硬性（20～11s）和半干硬性（10～5s）四级。

## 5.3  混凝土拌合物表观密度实验

本方法适用于混凝土拌合物捣实后的表观密度测定。

### 5.3.1  主要仪器设备

1. 容量筒：对骨料最大粒径不大于40mm的混凝土拌合物采用容积为5L的容量筒；对骨料最大粒径大于40mm的混凝土拌合物，容量筒的内径与筒高均应大于骨料最大粒径的4倍。

图5-5  混凝土振动台

2. 台秤：称量100kg，感量50g。

3. 振动台：如图5-5所示，频率为50±3Hz。

4. 捣棒：直径16mm，长600mm，端部磨圆。

### 5.3.2  实验步骤

1. 测试前，用湿布把容量筒擦净，称出筒重$m_1$，精确至10g。

2. 根据混凝土拌合物的稠度确定混凝土拌合物的装料及捣实方法。坍落度不大于90mm的混凝土拌合物用振动台振实；坍落度大于90mm的混凝土拌合物用捣棒捣实。

1）当使用5L容量筒并采用捣棒捣实时，混凝土拌合物应分两次装入，每层插捣次数25次。当使用大于5L容量筒时，每层拌合物的高度应不大于100mm，每次插捣次数按每100cm² 截面上不少于12次计算。每一层捣完后，用橡皮锤轻轻沿容器外壁敲打5～10次，进行振实，直至混凝土拌合物表面插孔消失并不见大气泡为止。

2）当采用振动台振实时，应一次将混凝土拌合物装到高出容量筒口，在振动过程中随时添加混凝土拌合物，振至表面出浆为止。

3. 用刮尺刮去多余的混凝土拌合物并将容量筒外壁擦净，称出混凝土拌合物与筒的质量$m_2$，精确至10g。

### 5.3.3  结果计算

混凝土拌合物的表观密度按下式计算，精确至10kg/m³：

$$\rho_{0c} = \frac{m_2 - m_1}{V} \times 1000 \tag{5-1}$$

式中 $\rho_{0c}$——混凝土拌合物表观密度（kg/m³）；

$m_1$——容量筒质量（kg）；

$m_2$——容量筒及试样总重（kg）；

$V$——容量筒容积（L）。

# 5.4 混凝土拌合物凝结时间实验

本方法适用于从混凝土拌合物中筛出的砂浆用贯入阻力法来确定坍落度值不为零的混凝土拌合物凝结时间的测定。

### 5.4.1 主要仪器设备

1. 贯入阻力仪：如图 5-6 所示，由加荷装置（最大测量值不小于1000N，精度为±10N）、测针（长 100mm，承压面积为 100mm²、50mm² 和 20mm² 的三种测针，在距贯入端25mm 处刻有一圈标记）、砂浆试样筒（刚性不透水的金属圆筒并配有盖子，上口径 160mm，下口径 150mm，净高 150mm）、标准筛（筛孔为 5mm 的金属圆孔筛）等组成。

2. 振动台：频率为 50±3Hz，空载时振幅为 0.5±0.1mm。

3. 捣棒：直径 16mm、长 600mm 的钢棒，端部应磨平。

图 5-6 混凝土拌合物贯入阻力仪

### 5.4.2 实验步骤

1. 从混凝土拌合物试样中，用实验筛筛出砂浆，将其一次性装入三个试样筒中，做三个平行实验。坍落度不大于 90mm 混凝土拌合物，用振动台振实；坍落度大于 90mm 的混凝土拌合物，宜用捣棒人工捣实。用振动台振实砂浆时，振动应持续到表面出浆为止，不得过振；用捣棒人工捣实时，应沿螺旋方向由外向中心均匀插捣 25 次，然后用橡皮锤轻轻敲打筒壁，直至插捣孔消失为止。振实或插捣后，砂浆表面应低于砂浆试样筒口约 10mm，然后加盖。

2. 砂浆试样制备完成并编号后，将其置于 20±2℃的环境中待试，并在以后的整个测试过程中，环境温度应始终保持 20±2℃。现场同条件测试时，应与现场条件保持一致。在整个测试过程中，除在吸取泌水或进行贯入实验外，试样筒应始终加盖。

3. 凝结时间测定从水泥与水接触瞬间开始计时，每隔 0.5h 测试一次，在临近初、终凝时可增加测试次数。

4. 在每次测试前 2min，将一片 20±5mm 厚的垫块垫入筒底一侧使其倾斜，用吸管吸去表面的泌水，吸水后平稳地复原。

5. 测试时将砂浆试样筒置于贯入阻力仪上，使测钉端部与砂浆表面接触，然后在 10±2s 内均匀地使测针贯入砂浆 25±2mm 深度，记录贯入压力，精确至 10N，记录测试时间，精确至 1min，记录环境温度，精确至 0.5℃。

6. 各测点的间距应大于测针直径的两倍且不小于 15mm，测点与试样筒壁的距离不应小于 25mm。

7. 贯入阻力测试在 0.2～28MPa 之间至少应进行 6 次测试，直至贯入阻力大于 28MPa 为止。

8. 在测试过程中应根据砂浆凝结状况，适时更换测针，更换测针宜按表 5-3 选用。

测针选用规定表 表 5-3

| 贯入阻力（MPa） | 0.2～3.5 | 3.5～20 | 20～28 |
|---|---|---|---|
| 测针面积（mm²） | 100 | 50 | 20 |

### 5.4.3 贯入阻力计算与初凝、终凝时间的确定

1. 贯入阻力按下式计算：

$$f_{PR} = \frac{P}{A} \tag{5-2}$$

式中　$f_{PR}$——贯入阻力（MPa），精确至 0.1MPa；

　　$P$——贯入压力（N）；

　　$A$——测针面积（mm²）。

2. 凝结时间通过线性回归方法确定

将贯入阻力 $f_{PR}$ 和时间取自然对数 $\ln(f_{PR})$、$\ln(t)$，然后把 $\ln(f_{PR})$ 当作自变量，$\ln(t)$ 当作因变量进行线性回归得回归方程式：

$$\ln(t) = A + B\ln(f_{PR}) \tag{5-3}$$

式中　$t$——时间（min）；

　　$f_{PR}$——贯入阻力（MPa）；

　　$A$、$B$——线性回归系数。

根据上式，得到贯入阻力 3.5MPa 时为初凝时间 $t_s$；贯入阻力为 28MPa 时为终凝时间 $t_e$：

$$t_s = e^{[A + B\ln(3.5)]} \tag{5-4}$$

$$t_e = e^{[A + B\ln(28)]} \tag{5-5}$$

式中　$t_s$——初凝时间（min）；

　　$t_e$——终凝时间（min）；

　　$A$、$B$——线性回归系数。

取三次初凝、终凝时间的算术平均值作为此次实验的初凝和终凝时间。如果三个测值的最大值或最小值中有一个与中间值之差超过中间值的 10%，则以中间值为实验结果；如两个都超出 10% 时，则此次实验无效。

凝结时间也可用绘图拟合方法确定。即以贯入阻力为纵坐标，经过的时间为横坐标（精确至 1min），绘制出贯入阻力与时间之间的关系曲线，以 3.5MPa 和 28MPa 划两条平行于横坐标的直线，分别与曲线相交的两个交点的横坐标即为混凝土拌合物的初凝和终凝时间。

## 5.5　混凝土拌合物泌水实验

本方法适用于粗骨料最大公称粒径不大于 40mm 的混凝土拌合物的泌水测定。

### 5.5.1　主要仪器设备

1. 试样筒：容积为 5L 的容量筒并配有盖子。

2. 台秤：称量为 50kg，感量 50g。电子天平的最大量程应为 20kg，感量不应大于 1g。

3. 量筒：容量为 10mL、50mL、100mL 的量筒及吸管。量筒应为容量 100mL、分度值 1mL，并应带塞。

4. 振动台：台面尺寸 1m²、0.8m² 或 0.5m²，振动频率 2860 次/min，振幅 0.3～0.6mm。

5. 捣棒等。

### 5.5.2　实验步骤

1. 用湿布湿润试样筒内壁后立即称重，记录试样筒的质量，再将混凝土拌合物试样装入试样筒。混凝土拌合物的装料及捣实方法有两种：

1）振动台振实法：将试样一次装入试样筒内，开启振动台，振动持续到表面出浆为止，且避免过振，并使混凝土拌合物表面低于试样筒的筒口 30±3mm，用抹刀抹平。抹平后立即计时并称量，记录试样筒与试样的总质量。

2）捣棒捣实法：采用捣棒捣实时，混凝土拌合物应分两层装入，每层的插捣次数为 25 次，捣棒由边缘向中心均匀地插捣，插捣底层时捣棒应贯穿整个深度，插捣第二层时，捣棒应插透本层至下一层的表面。每一层捣完后用橡皮锤轻轻沿容量筒外壁敲打 5～10 次，进行振实，直至拌合物表面插捣孔消失并不见大气泡为止，并使混凝土拌合物表面低于试样筒筒口 30±3mm，用抹刀抹平。抹平后立即计时并称量，记录试样筒与试样的总质量。

2. 在吸取混凝土拌合物表面泌水的整个过程中，应使试样筒保持水平，不受振动。除了吸水操作外，应始终盖好盖子，室温保持在 20±2℃。

3. 从计时开始后 60min 内，每隔 10min 吸取 1 次试样表面渗出的水。60min 后，每隔 30min 吸 1 次水，直至不再泌水为止。为了便于吸水，每次吸水前 2min，将一片 35±5mm 厚的垫块垫入筒底一侧使其倾斜，吸水后平稳地复原。吸出的水放入量筒中，记录每次吸水的水量并计算累计吸水量，精确至 1mL。

### 5.5.3　计算与结果评定

泌水量和泌水率的计算及结果判定按下列方法进行。

1. 泌水量按下式计算，精确至 0.01mL/mm²：

$$B_w = \frac{V}{A} \tag{5-6}$$

式中　$B_w$ ——泌水量（mL/mm²）；

　　　$V$ ——最后一次吸水后的泌水累计（mL）；

　　　$A$ ——试样外露的表面面积（mm²）。

泌水量取三个试样测值的平均值作为实验结果。三个测值中的最大值或最小值，如果有一个与中间值之差超过中间值的 15%，则以中间值为实验结果；如果最大值和最小值与中间值之差均超过中间值的 15% 时，则此次实验无效。

2. 泌水率按下式计算，精确至 1%：

$$B = \frac{V_w}{(V_0/m_0)m} \times 100 = \frac{V_w m_0}{V_0(m_1 - m')} \times 100 \% \tag{5-7}$$

式中　$B$——泌水率（％）；

　　　$V_W$——泌水总量（mL）；

　　　$m$——试样质量（g）；

　　　$V_0$——混凝土拌合物总用水量（mL）；

　　　$m_0$——混凝土拌合物总质量（g）；

　　　$m_1$——试样筒及试样总质量（g）；

　　　$m'$——试样筒质量（g）。

泌水率取三个试样测值的平均值作为实验结果。三个测值中的最大值或最小值，如果有一个与中间值之差超过中间值的15％，则以中间值为实验结果；如果最大值和最小值与中间值之差均超过中间值的15％时，则此次实验无效。

### 5.5.4　压力泌水实验简介

**1. 主要仪器设备**

压力泌水仪：如图5-7所示，主要部件包括压力表（最大量程6MPa，最小分度值不大于0.1MPa）、缸体（内径125±0.02mm，内高200±0.2mm）、工作活塞（压强3.2MPa）、筛网（孔径0.315mm）等。

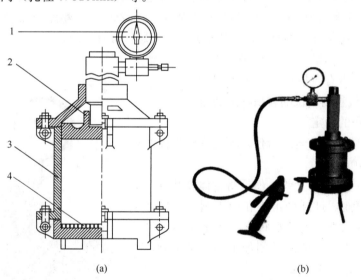

(a)　　　　　　　　　　　　　　　　　　(b)

图5-7　压力泌水仪

1—压力表；2—工作活塞；3—缸体；4—筛网

**2. 实验步骤**

1）将混凝土拌合物分两层装入压力泌水仪的缸体容器内，每层的插捣次数为25次。捣棒由边缘向中心均匀地插捣，插捣底层时捣棒应贯穿整个深度，插捣第二层时，捣棒应插透本层至下一层的表面。每一层捣完后用橡皮锤轻轻沿容器外壁敲打5～10次，进行振实，直至拌合物表面插捣孔消失并不见大气泡为止，并使拌合物表面低于容器口以下约30±3mm处，用抹刀将表面抹平。

2）将容器外表擦干净，压力泌水仪安装完毕后，应立即给混凝土拌合物试样施加压力至3.2MPa，并打开泌水阀门同时开始计时，保持恒压，泌出的水接入150mL量筒里。加压至10s时读取泌水量$V_{10}$，加压至140s时读取泌水量$V_{140}$。

3. 结果计算

压力泌水率按下式计算，精确至1%：

$$B_V = \frac{V_{10}}{V_{140}} \times 100\%$$ (5-8)

式中 $B_V$——压力泌水率（%）；

$V_{10}$——加压至10s时的泌水量（mL）；

$V_{140}$——加压至140s的泌水量（mL）。

# 5.6 混凝土拌合物含气量实验

### 5.6.1 主要仪器设备

1. 含气量测定仪：由容器及盖体两部分组成，如图5-8所示。容器及盖体之间设置密封垫圈，用螺栓连接，连接处不得有空气存留，保证密闭。容器由硬质、不易被水泥浆腐蚀的金属制成，其内表面粗糙度应不大于3.21μm，内径与深度相等，容积为7L。盖体由与容器相同的材料制成，盖体部分应包括有气室、水找平室、加水阀、排水阀、操作阀、进气阀、排气阀及压力表，压力表的量程为0~0.25MPa，精度为0.01MPa；

2. 振动台：应符合《混凝土试验用振动台》JG/T 245—2009。

3. 电子天平：称量50kg，感量小于10g。

4. 橡皮锤：带有质量约250g的橡皮锤头。

### 5.6.2 含气量测定仪的容积标定与率定

1. 容器容积的标定

1）擦净容器，安装含气量仪，测定含气量仪的总质量，精确至10g。

2）向容器内注水至上缘，然后将盖体安装好，关闭操作阀和排气阀，打开排水阀和加水阀，通过加水阀，向容器内注入水。当排水阀流出的水流不含气泡时，在注水的状态下，同时关闭加水阀和排水阀，再测定其总质量，精确至50g。

3）容器的容积按下式计算，精确至0.01L：

$$V = \frac{m_2 - m_1}{\rho_w} \times 1000$$ (5-9)

式中 $V$——含气量仪的容积（L）；

$m_1$——干燥含气量仪的总质量（kg）；

$m_2$——水、含气量仪的总质量（kg）；

$\rho_w$——容器内水的密度（kg/m³）。

2. 含气量测定仪的率定

图5-8 混凝土拌合物含气量测定仪

1）按混凝土拌合物含气量实验步骤，测得含气量为零时的压力值。

2）开启排气阀，压力示值器示值回零，关闭操作阀和排气阀，打开排水阀，在排水阀口用量筒接水。用气泵缓缓地向气室内打气，当排出的水恰好是含气量仪体积的1%

时，再测得含气量为1%时的压力值。

3）如此继续，测取含气量分别为2%、3%、4%、5%、6%、7%、8%、9%、10%时的压力值。

4）以上实验均应进行两次，各次所测压力值均应精确至0.01MPa。

5）对以上的各次实验均应进行检验，其相对误差应小于0.2%，否则应重新率定。

6）据此，检验以上含气量为0、1%、……、10%（共11次）的测量结果，绘制含气量与气体压力之间的关系曲线。

### 5.6.3 测试前准备

在进行拌合物含气量测定之前，应先按下列步骤测定拌合物所用骨料的含气量。

1. 按下式计算每个试样中粗、细骨料的质量：

$$m_g = \frac{V}{1000} \times m'_g$$

$$m_s = \frac{V}{1000} \times m'_s$$

(5-10)

式中 $m_g$、$m_s$——分别为每个试样中的粗、细骨料质量（kg）；

$m'_g$、$m'_s$——分别为每立方米混凝土拌合物中粗、细骨料质量（kg）；

$V$——含气量测定仪容器的容积（L）。

2. 在容器中先注入1/3高度的水，然后把质量为$m_g$、$m_s$的粗、细骨料称好、拌匀，慢慢倒入容器。水面每升高25mm，轻轻插捣10次，并略予搅动，以排除夹杂进去的空气。加料过程中应始终保持水面高出骨料的顶面，骨料全部加入后，浸泡约5min，再用橡皮锤轻敲容器外壁，排净气泡，除去水面泡沫，加水至满，擦净容器上口边缘，装好密封圈，加盖拧紧螺栓。

3. 关闭操作阀和排气阀，打开排水阀和加水阀，通过加水阀向容器内注水。当排水阀流出的水流不含气泡时，在注水的状态下同时关闭加水阀和排水阀。

4. 关闭排气阀，用气泵向气室内注入空气，使气室内的压力略大于0.1MPa，待压力表显示值稳定，微开排气阀，调整压力至0.1MPa，然后关紧排气阀。

5. 开启操作阀，使气室里的压缩空气进入容器，待压力表显示值稳定后记录示值$P_{g1}$，然后开启排气阀，压力仪表的示值应回零。

6. 重复以上第4步和第5步的实验步骤，对容器内的试样再检测一次记录表值$P_{g2}$。

7. 若$P_{g1}$和$P_{g2}$的相对误差小于0.2%，则取$P_{g1}$和$P_{g2}$的算术平均值，按压力与含气量关系曲线查得骨料的含气量（精确0.1%）；若不满足，则应进行第三次实验，测得压力值$P_{g3}$（MPa）。当$P_{g3}$与$P_{g1}$、$P_{g2}$中较接近一个值的相对误差不大于0.2%时，则取此二值的算术平均值；当仍大于0.2%时，则此次实验无效，应重做实验。

### 5.6.4 实验步骤

1. 用湿布擦净容器和盖的内表面，装入混凝土拌合物试样。

2. 采用手工或机械方法捣实。当拌合物坍落度大于90mm时，宜采用手工插捣；当拌合物坍落度不大于90mm时，宜采用机械振捣。用捣棒捣实时，应将混凝土拌合物分三层装入，每层捣实后高度约为1/3容器高度。每层装料后由边缘向中心均匀插捣25次，捣棒应插透本层高度，再用木锤沿容器外壁重击5~10次，使插捣留下的插孔填满。最后一层装料时应避免过满，表面出浆即止，不得过度振捣。若使用插入式振动器捣实，应避免振动器触及容器内壁和底面。在施工现场测定混凝土拌合物含气量时，应采用与施工振动频率相同的机械方法捣实。

3. 捣实完毕后立即用刮尺刮平，表面如有凹陷应予填平抹光。如需同时测定拌合物表观密度，可在此时称量和计算，然后在正对操作阀孔的混凝土拌合物表面贴一小片塑料薄膜，擦净容器上口边缘，装好密封垫圈，加盖并拧紧螺栓。

4. 关闭操作阀和排气阀，打开排水阀和加水阀，通过加水阀向容器内注水。当排水阀流出的水流不含气泡时，在注水的状态下同时关闭加水阀和排水阀。

5. 然后开启进气阀，用气泵注入空气至气室内压力略大于 0.1MPa，待压力示值仪表示值稳定后，微微开启排气阀，调整压力至 0.1MPa，关闭排气阀。

6. 开启操作阀，待压力示值稳定后，测得压力值 $P_{01}$。

7. 开启排气阀，压力仪示值回零。重复上述 5 至 6 的步骤，对容器内试样再测一次压力值 $P_{02}$。

8. 若 $P_{01}$ 和 $P_{02}$ 的相对误差小于 0.2%，则取 $P_{01}$ 和 $P_{02}$ 的算术平均值，按压力与含气量关系曲线查得含气量 $A_0$（精确至 0.1%）；若不满足，则应进行第三次实验，测得压力值 $P_{03}$（MPa）。

当 $P_{03}$ 与 $P_{01}$、$P_{02}$ 中较接近一个值的相对误差不大于 0.2% 时，则取此二值的算术平均值查得 $A_0$；当仍大于 0.2%，此次实验无效。

### 5.6.5  结果计算

混凝土拌合物含气量按下式计算，精确至 0.1%：

$$A = \overline{A} - A_g \tag{5-11}$$

式中　$A$——混凝土拌合物含气量（%）；

　　　$\overline{A}$——两次含气量测定的平均值（%）；

　　　$A_g$——骨料含气量（%）。

## 5.7　混凝土拌合物配合比分析实验

本方法适用于水洗分析法测定普通混凝土拌合物中的四大组分（水泥、水、砂、石）含量，不适用于骨料含泥量波动较大以及用特细砂、山砂和机制砂配制的混凝土拌合物。

### 5.7.1  主要仪器设备

1. 广口瓶：容积为 2000mL 的玻璃瓶，并配有玻璃盖板。
2. 台秤：称量 50kg、感量 50g 和称量 10kg、感量 5g 的台秤各一台。
3. 托盘天平：称量 5kg，感量 5g。
4. 试样筒：容积为 5L 和 10L 的容量筒并配有玻璃盖板。金属制成的圆筒，两旁装有提手。对骨料最大粒径不大于 40mm 的拌合物采用容积为 5L 的容量筒，其内径与内高均为 186±2mm，筒壁厚为 3mm。骨料最大粒径大于 40mm 时，容量筒的内径与内高均应大于骨料最大粒径的 4 倍。容量筒上缘及内壁应光滑平整，顶面与底面应平行并与圆柱体的轴垂直。

容量筒容积应予以标定，标定方法可采用一块能覆盖住容量筒顶面的玻璃板，先称出玻璃板和空筒的质量,然后向容量筒中灌入清水,当水接近上口时,一边不断加水,一边把玻璃板沿筒口徐徐推入盖严,应注意使玻璃板下不带入任何气泡。然后擦净玻璃板面及筒壁外的水分,将容量筒连同玻璃板放在台秤上称其质量。两次质量之差(kg)即为容量筒的容积 L。

5. 标准筛:孔径为 5mm、0.16mm 的标准筛各一个。

**5.7.2 混凝土拌合物原材料表观密度的测定**

水泥、粗骨料、细骨料的表观密度,按前述有关方法进行测定。其中对细骨料需进行系数修正,方法为:向广口瓶中注水至筒口,再一边加水一边徐徐推进玻璃板,玻璃板下不要带有任何气泡,如玻璃板下有气泡,必须排除。盖严后擦净板面和广口瓶壁的余水。测定广口瓶、玻璃板和水的总质量,取具有代表性的两个细骨料试样(每个试样的质量为2kg,精确至 5g),分别倒入盛水的广口瓶中,充分搅拌、排气后浸泡约半小时。然后向广口瓶中注水至筒口,再一边加水一边徐徐推进玻璃板,盖严后擦净板面和瓶壁的余水,称广口瓶、玻璃板、水和细骨料的总质量,细骨料在水中的质量则为:

$$m_{ys} = m_{ks} - m_p \tag{5-12}$$

式中　$m_{ys}$——细骨料在水中的质量(g);

　　　$m_{ks}$——细骨料和广口瓶、水及玻璃板的总质量(g);

　　　$m_p$——广口瓶、玻璃板和水的总质量(g)。

然后用 0.16mm 的标准筛将细骨料过筛,用以上同样的方法测得大于 0.16mm 细骨料在水中的质量:

$$m_{ys1} = m_{ks1} - m_p \tag{5-13}$$

式中　$m_{ys1}$——大于 0.16mm 的细骨料在水中的质量(g);

　　　$m_{ks1}$——大于 0.16mm 的细骨料和广口瓶、水及玻璃板的总质量(g);

　　　$m_p$——广口瓶、玻璃板和水的总质量(g)。

因此,细骨料的修正系数为:

$$C_s = \frac{m_{ys}}{m_{ys1}} \tag{5-14}$$

式中　$C_s$——细骨料修正系数,精确至 0.01;

　　　$m_{ys}$——细骨料在水中的质量(g);

　　　$m_{ys1}$——大于 0.16mm 的细骨料在的水中的质量(g)。

**5.7.3 混凝土拌合物的取样规定**

1. 当混凝土中粗骨料的最大粒径不大于 40mm 时,混凝土拌合物的取样量不小于20L;当混凝土中粗骨料最大粒径大于 40mm 时,混凝土拌合物的取样量不小于 40L。

2. 进行混凝土配合比分析,当混凝土中粗骨料最大粒径不大于 40mm 时,每份取12kg 试样;当混凝土中粗骨料的最大粒径大于 40mm 时,每份取 15kg 试样。

**5.7.4 混凝土配合比实验步骤**

1. 整个实验过程的环境温度应在 15~25℃ 之间,从最后加水至实验结束,温差不应超过 2℃。

2. 称取质量为 $m_0$ 的混凝土拌合物试样,精确至 50g,按下式计算混凝土拌合物试样的体积:

$$V = \frac{m_0}{\rho} \tag{5-15}$$

式中 $V$ ——试样的体积（L）；

$m_0$ ——试样的质量（g）；

$\rho$ ——混凝土拌合物的表观密度（g/cm³），计算应精确至1g/cm³。

3. 把试样全部移到5mm筛上，水洗过筛。水洗时，要用水将筛上粗骨料仔细冲洗干净，粗骨料上不得粘有砂浆，筛下面应备有不透水的底盘，以收集全部冲洗过筛的砂浆与水的混合物。

4. 将全部冲洗过筛的砂浆与水的混合物全部移到试样筒中，加水至试样筒2/3高度，用棒搅拌，以排除其中的空气。如水面上有不能破裂的气泡，可以加入少量的异丙醇试剂以消除气泡，让试样静止10min，以使固体物质沉积于容器底部。加水至满，再一边加水一边徐徐推进玻璃板，注意玻璃板下不得带有任何气泡，盖严后应擦净板面和筒壁的余水，称出砂浆与水的混合物和试样筒、水及玻璃板的总质量。按下式计算砂浆在水中的质量，精确至1g：

$$m'_m = m_k - m_D \tag{5-16}$$

式中 $m'_m$ ——砂浆在水中的质量（g）；

$m_k$ ——砂浆与水的混合物和试样筒、水及玻璃板的总质量（g）；

$m_D$ ——试样筒、玻璃板和水的总质量（g）。

5. 将试样筒中的砂浆与水的混合物在0.16mm筛上冲洗，然后在0.16mm筛上洗净的细骨料全部移至广口瓶中，加水至满。再一边加水一边徐徐推进玻璃板，注意玻璃板下不得带有任何气泡，盖严后应擦净板面和瓶壁的余水，称出细骨料试样、试样筒、水及玻璃板总质量。按下式计算细骨料在水中的质量，精确至1g：

$$m'_s = C_s(m_{cs} - m_p) \tag{5-17}$$

式中 $m'_s$ ——细骨料在水中的质量（g）；

$C_s$ ——细骨料修正系数；

$m_{cs}$ ——细骨料试样、广口瓶、水及玻璃板总质量（g）；

$m_p$ ——广口瓶、玻璃板和水的总质量（g）。

### 5.7.5 混凝土拌合物中四种组分的结果计算

1. 混凝土拌合物试样中四种组分的质量按下式计算，精确至1g：

1）水泥的质量 $m_c$

$$m_c = (m'_m - m'_s) \times \frac{\rho_c}{\rho_c - 1} \tag{5-18}$$

式中 $m_c$ ——试样中的水泥质量（g）；

$m'_m$ ——砂浆在水中的质量（g）；

$m'_s$ ——细骨料在水中的质量（g）；

$\rho_c$ ——水泥的表观密度（g/cm³）。

2）细骨料的质量 $m_s$

$$m_s = m'_s \times \frac{\rho_s}{\rho_s - 1} \tag{5-19}$$

式中    $m_s$ ——试样中细骨料的质量（g）；

      $m'_s$ ——细骨料在水中的质量（g）；

      $\rho_s$ ——饱和面干状态下细骨料的表观密度（g/cm³）。

3）粗骨料的质量 $m_g$

把试样全部移到 5mm 筛上，水洗过筛。水洗时，用水将筛上粗骨料仔细冲洗干净，不得粘有砂浆，筛下备有不透水的底盘，以收集全部冲洗过筛的砂浆与水的混合物，称量洗净的粗骨料试样在饱和面干状态下的质量 $m_g$。

4）水的质量 $m_w$

$$m_w = m_0 - (m_g + m_s + m_c) \qquad (5\text{-}20)$$

式中    $m_w$ ——试样中水的质量（g）；

      $m_0$ ——拌合物试样质量（g）；

$m_g$、$m_s$、$m_c$ ——分别为试样中粗骨料、细骨料和水泥的质量（g）。

2. 混凝土拌合物中四种组分（水泥、水、粗骨料、细骨料）的单位用量，分别按下式计算：

$$C = \frac{m_c}{V} \times 1000 \qquad (5\text{-}21)$$

$$W = \frac{m_w}{V} \times 1000 \qquad (5\text{-}22)$$

$$G = \frac{m_g}{V} \times 1000 \qquad (5\text{-}23)$$

$$S = \frac{m_s}{V} \times 1000 \qquad (5\text{-}24)$$

式中    $C$、$W$、$G$、$S$ ——分别为水泥、水、粗骨料、细骨料的单位用量（kg/m³）；

$m_c$、$m_w$、$m_g$、$m_s$ ——分别为试样中水泥、水、粗骨料、细骨料的质量（g）；

      $V$ ——混凝土拌合物试样体积（L）。

3. 以两个试样实验结果的算术平均值作为测定值，两次实验结果差值的绝对值应符合下列规定：水泥不大于 6kg/m³；水不大于 4kg/m³；砂不大于 20kg/m³；石不大于 30kg/m³，否则，此次实验无效。

## 复习思考题

5-1  混凝土拌合物和易性包括哪些方面？目前可以进行定量测量的内容是什么？

5-2  当混凝土拌合物坍落度太大或太小时应如何调整？调整时应注意什么事项？

5-3  坍落度法和维勃稠度法的使用条件分别是什么？

5-4  用贯入阻力仪测定混凝土拌合物凝结时间的实验原理是什么？

5-5  泌水和压力泌水实验的工程意义分别是什么？

5-6  进行混凝土拌合物含气量实验时，为什么要对含气量测定仪的容积进行标定和率定？

# 混凝土拌合物实验报告

组别_____ 同组实验者 _____

日期_____ 指导教师 _____

1. 实验目的

2. 实验记录与计算

1）试拌材料状况

| 水泥 | 品种 | | 出厂日期 | |
|---|---|---|---|---|
| | 强度等级 | | 密度（g/cm³） | |
| 细骨料 | 细度模数 | | 堆积密度（g/cm³） | |
| | 级配情况 | | 空隙率（%） | |
| | 表观密度（g/cm³） | | 含水率（%） | |
| 粗骨料 | 最大粒径（mm） | | 堆积密度（g/cm³） | |
| | 级配情况 | | 空隙率（%） | |
| | 表观密度（g/cm³） | | 含水率（%） | |
| 拌合水 | | | | |

2）混凝土拌合物表观密度测定

| 测试次数 | 容量筒容积（L） | 容量筒质量（kg） | 容量筒＋混凝土总质量（kg） | 拌合物质量（kg） | 表观密度（kg/L） | |
|---|---|---|---|---|---|---|
| | | | | | 测试值 | 平均值 |
| 1 | | | | | | |
| 2 | | | | | | |

3）混凝土拌合物和易性实验

| 流动性测量（坍落度法或维勃稠度法） | | 黏聚性评价 | 保水性评价 | 和易性综合评价 |
|---|---|---|---|---|
| 坍落度值（mm） | 维勃稠度值（s） | | | |
| | | | | |

4）混凝土拌合物凝结时间测定

| 测试编号 | 贯入压力（N） | 测针面积（mm²） | 贯入阻力（MPa） | 初凝时间（min） | | 终凝时间（min） | | 结果判定 |
|---|---|---|---|---|---|---|---|---|
| | | | | 测试值 | 平均值 | 测试值 | 平均值 | |
| 1 | | | | | | | | |
| 2 | | | | | | | | |
| 3 | | | | | | | | |

5）混凝土拌合物泌水实验

| 试样编号 | 第一次泌水（mL） | 累计泌水（mL） | 试样外露表面积（mm²） | 泌水量（mL） 测值 | 泌水量（mL） 平均值 | 试样质量（g） | 拌合物总用水量（mL） | 拌合物总质量（g） | 泌水率（%） 测值 | 泌水率（%） 平均值 |
|---|---|---|---|---|---|---|---|---|---|---|
| 1 | | | | | | | | | | |
| 2 | | | | | | | | | | |
| 3 | | | | | | | | | | |

3. 分析与讨论

# 第6章 混凝土力学性能实验

## 6.1 概 述

混凝土的强度虽然可以通过理论分析和公式计算进行评价，但是由于混凝土材料是按一定方法和工艺，通过多种材料配制而成的，其中有很多不确定因素。因此，对混凝土进行强度实验仍是客观评价混凝土力学性能的重要方法。混凝土凝结硬化后产生的力学强度是混凝土最主要的性能指标，本章主要介绍普通混凝土抗压强度、抗折强度、劈裂抗拉强度、弹性模量等力学性能的实验原理与实验方法。

### 6.1.1 实验项目与试件形状尺寸

由混凝土强度理论分析可知，混凝土的强度虽然主要取决于水泥强度等级、水灰比和骨料的性质等因素。但在实验时，试件的形状与尺寸因素对实验测试结果也有一定影响，例如进行抗压强度测定时，由于实验机承压板的环箍效应，对不同尺寸混凝土受压试件的影响程度不同，实验测量值就不同。因此，混凝土强度实验规定了试件的标准尺寸，若采用非标准尺寸试件，其测量结果应进行尺寸系数换算。混凝土的强度实验项目及试件尺寸见表6-1。

混凝土强度实验项目与试件尺寸 表6-1

| 实验项目 | 试件的形状与尺寸 | |
|---|---|---|
| | 标准试件 | 非标准试件 |
| 抗压强度 劈裂抗拉强度 | 边长为150mm的立方体，特殊情况下可采用$\phi$150mm×300mm的圆柱体标准试件 | 边长为100mm或200mm的立方体，特殊情况下可采用100mm×200mm和200mm×400mm的圆柱体非标准试件 |
| 轴心抗压强度 静力受压弹性模量 | 150mm×150mm×300mm的棱柱体，特殊情况下可采用$\phi$150mm×300mm的圆柱体标准试件 | 100mm×100mm×300mm或200mm×200mm×400mm的棱柱体，特殊情况下可采用$\phi$100mm×200mm和$\phi$200mm×400mm的圆柱体非标准试件 |
| 抗折强度 | 150mm×150mm×600m（或550mm）的棱柱体 | 边长为100mm×100mm×400mm的棱柱体 |

注：试件承压面的平面度公差不得超过0.0005$d$（$d$为边长）；试件相邻面间的夹角应为90°，其公差不得超过0.5°；试件的各边长、直径和高的尺寸公差不得超过1mm。

### 6.1.2 混凝土的取样

混凝土强度试样应在混凝土的浇筑地点随机抽取。试件的取样频率和数量应符合下列规定：

1. 每100盘，但不超过100m³的同配合比混凝土，取样次数不应少于一次；

2. 每一工作班（一个工作班指8h）拌制的同配合比混凝土，不足100盘（一盘指搅拌混凝土的搅拌机一次搅拌的混凝土）和100m³时其取样次数不应少于一次；

3. 当一次连续浇筑的同配合比混凝土超过1000m³时，每200m³取样不应少于一次；

4. 对房屋建筑，每一楼层、同一配合比的混凝土，取样不应少于一次。

每批混凝土试样应制作的试件总组数，除满足混凝土强度评定所必需的组数外，还应留置为检验结构或构件施工阶段混凝土强度所必需的试件。

### 6.1.3 试件制作及养护

1. 每次取样应至少制作一组标准养护试件。混凝土力学性能实验以3个试件为一组，每组试件所用的混凝土拌合物应根据不同要求从同一盘搅拌或同一车运送的混凝土中取出，或在实验室用机械单独拌制。拌合方法与混凝土拌合物实验方法相同。

2. 制作试件用的试模由铸铁或钢制成，应有足够的刚度并拆装方便。试模的内表面应机械加工，其不平度为每100mm不超过0.05mm。组装后各相邻面的不垂直度不超过±0.5°。制作试件前，将试模清擦干净，并在其内壁涂上一层矿物油脂或其他脱模剂。

3. 采用振动台振动成型时，应将混凝土拌合物一次装入试模，装料时用抹刀沿试模内壁略加插捣并使混凝土拌合物高出试模上口。振动时要防止试模在振动台上自由跳动，振动持续到混凝土表面出浆为止，刮除多余的混凝土并用抹刀抹平。实验室振动台的振动频率应为50±2Hz，空载时振幅约0.5±0.02mm。

4. 采用人工插捣时，混凝土拌合物应分两层装入试模，每层的装料厚度大致相等。插捣用的钢制棒长600±5mm、直径16±0.2mm，端部应磨圆。插捣按螺旋方向从边缘向中心均匀进行。插捣底层时，捣棒应达到试模表面，插捣上层时，捣棒应穿入下层深度约20～30mm。插捣时捣棒应保持垂直，不得倾斜，同时还得用抹刀沿试模内壁插入数次。每层插捣次数应根据试件的截面而定，一般100cm²截面积不应少于12次，插捣完毕后刮除多余的混凝土，并用抹刀抹平。

5. 根据实验项目的不同，试件可采用标准养护或构件同条件养护。当确定混凝土特征值、强度等级或进行材料性能实验研究时，试件应采用标准养护。检验现浇混凝土工程或预制构件中混凝土强度时，试件应采用同条件养护。试件一般养护到28天龄期（从搅拌加水开始计时）进行实验，但也可以按要求（如需确定拆模、起吊、施加预应力或承受施工荷载等时的力学性能）养护所需的龄期。采用蒸汽养护的构件，其试件应先随构件同条件养护，然后置入标准养护条件下继续养护，两段养护时间的总和应为设计规定龄期。

6. 采用标准养护的试件成型后应覆盖其表面，防止水分蒸发，并在温度为20±5℃、相对湿度大于50%的室内情况下静置1～2昼夜，然后编号拆模。

7. 拆模后的试件应立即放在温度20±2℃、湿度95%以上的标准养护室中养护。在标准养护室内试件应放在篦板上，彼此间隔10～20mm，并避免用水直接冲淋试件。当无标准养护室时，混凝土试件可在温度为20±2℃的不流动Ca(OH)₂饱和溶液中养护。同条件养护的试件成型后应覆盖表面。试件的拆模时间可与实际构件的拆模时间相同。拆模后，试件仍需保持同条件养护。

### 6.1.4 混凝土试件的实验

混凝土试件的立方体抗压强度实验应根据现行国家标准《混凝土物理力学性能试验方法标准》GB/T 50081—2019的规定执行。每组混凝土试件强度代表值的确定，应符合下列规定：取 3 个试件强度的算术平均值作为每组试件的强度代表值；当一组试件中强度的最大值或最小值与中间值之差超过中间值的 15％时，取中间值作为该组试件的强度代表值；当一组试件中强度的最大值和最小值与中间值之差均超过中间值的 15％时，该组试件的强度不应作为评定的依据。对掺矿物掺合料的混凝土进行强度评定时，可根据设计规定，可采用大于 28d 龄期的混凝土强度。

当采用非标准尺寸试件时，应将其抗压强度乘以尺寸折算系数，折算成边长为 150mm 的标准尺寸试件抗压强度。尺寸折算系数按下列规定采用：当混凝土强度等级低于 C60 时，对边长为 100mm 的立方体试件取 0.95，对边长为 200mm 的立方体试件取 1.05；当混凝土强度等级不低于 C60 时，宜采用标准尺寸试件；使用非标准尺寸试件时，尺寸折算系数应由实验确定，其试件数量不应少于 30 组。

### 6.1.5 混凝土强度的检验评定

1. 统计方法评定

1）采用统计方法评定时，应按下列规定进行：当连续生产的混凝土，生产条件在较长时间内保持一致，且同一品种、同一强度等级混凝土的强度变异性保持稳定时，应按下文第 2）条的规定进行评定；其他情况应按下文第 3）条的规定进行评定。

2）一个检验批的样本容量应为连续的 3 组试件，其强度应同时符合下列规定：

$$m_{f_{cu}} \geqslant f_{cu,k} + 0.7\sigma_0 \qquad (6-1)$$

$$f_{cu,min} \geqslant f_{cu,k} - 0.7\sigma_0 \qquad (6-2)$$

检验批混凝土立方体抗压强度的标准差应按下式计算：

$$\sigma_0 = \sqrt{\frac{\sum_{i=1}^{n} f_{cu,i}^2 - n\,m_{f_{cu}}^2}{n-1}} \qquad (6-3)$$

当混凝土强度等级不高于 C20 时，其强度的最小值尚应满足下式要求：

$$f_{cu,min} \geqslant 0.85 f_{cu,k} \qquad (6-4)$$

当混凝土强度等级高于 C20 时，其强度的最小值尚应满足下列要求：

$$f_{cu,min} \geqslant 0.90 f_{cu,k} \qquad (6-5)$$

式中    $m_{f_{cu}}$ ——同一检验批混凝土立方体抗压强度的平均值（N/mm²），精确到 0.1N/mm²；

$f_{cu,k}$ ——混凝土立方体抗压强度标准值（N/mm²），精确到 0.1N/mm²；

$\sigma_0$ ——检验批混凝土立方体抗压强度的标准差（N/mm²），精确到 0.01N/mm²；当检验批混凝土强度标准差 $\sigma_0$ 计算值小于 2.5N/mm² 时，应取 2.5N/mm²；

$f_{cu,i}$ ——前一个检验期内同一品种、同一强度等级的第 $i$ 组混凝土试件的立方体抗压强度代表值（N/mm²），精确到 0.1N/mm²；该检验期不应少于 60d，也不得大于 90d；

$n$ ——前一检验期内的样本容量，在该期间内样本容量不应少于 45 组；

$f_{cu,min}$ ——同一检验批混凝土立方体抗压强度的最小值（N/mm²），精确到 0.1N/mm²。

3）当样本容量不少于 10 组时，其强度应同时满足下列要求：

$$m_{f_{cu}} \geqslant f_{cu,k} + \lambda_1 S_{f_{cu}} \qquad (6\text{-}6)$$

$$f_{cu,min} \geqslant \lambda_2 f_{cu,k} \qquad (6\text{-}7)$$

同一检验批混凝土立方体抗压强度的标准差应按下式计算：

$$S_{f_{cu}} = \sqrt{\dfrac{\sum\limits_{i=1}^{n} f_{cu,i}^2 - n\, m_{f_{cu}}^2}{n-1}} \qquad (6\text{-}8)$$

式中 $S_{f_{cu}}$ ——同一检验批混凝土立方体抗压强度的标准差（N/mm²），精确到 0.01N/mm²；当检验批混凝土强度标准差 $S_{f_{cu}}$ 计算值小于 2.5N/mm² 时，应取 2.5N/mm²；

$\lambda_1$、$\lambda_2$ ——合格评定系数，按表 6-2 取用；

$n$ ——本检验期内的样本容量。

混凝土强度的合格评定系数　　表 6-2

| 试件组数 | 10～14 | 15～19 | ≥20 |
|---|---|---|---|
| $\lambda_1$ | 1.15 | 1.05 | 0.95 |
| $\lambda_2$ | 0.90 | 0.85 | |

2. 非统计方法评定

当用于评定的样本容量小于 10 组时，应采用非统计方法评定混凝土强度。按非统计方法评定混凝土强度时，其强度应同时符合下列规定：

$$m_{f_{cu}} \geqslant \lambda_3 S_{f_{cu}} \qquad (6\text{-}9)$$

$$f_{cu,min} \geqslant \lambda_4 f_{cu,k} \qquad (6\text{-}10)$$

式中 $\lambda_3$、$\lambda_4$ ——合格评定系数，应按表 6-3 取用。

混凝土强度的非统计法合格评定系数　　表 6-3

| 混凝土强度等级 | ＜C60 | ≥C60 |
|---|---|---|
| $\lambda_3$ | 1.15 | 1.10 |
| $\lambda_4$ | 0.95 | |

3. 混凝土强度的合格性评定

当检验结果满足第 1 中的 2）条、第 1 中的 3）条或第 2 条的规定时，则该批混凝土强度应评定为合格；当不能满足上述规定时，该批混凝土强度应评定为不合格。对评定为不合格批的混凝土，可按国家现行的有关标准进行处理。

## 6.2 混凝土抗压强度实验

混凝土抗压强度测定是最基本也是最主要的混凝土力学性能实验项目，工程中大量使用混凝土作为结构材料，也正是利用了混凝土具有较大抗压强度的性能特点。

### 6.2.1 混凝土立方体抗压强度测定

混凝土立方体抗压强度实验是混凝土最基本的强度实验项目，其实验结果是确定混凝土强度等级的主要依据，本实验以尺寸 150mm×150mm×150mm 的立方体试件为标准

图 6-1　压力实验机

试件。

1. 主要仪器设备

压力实验机（图 6-1）：测力范围为 0～2000kN，精度不低于±1%。试件破坏荷载应大于压力机全量程的 20%，且小于压力机全量程的 80%。压力实验机应有加荷速度指示和控制装置，并能均匀连续地加荷。为保证测量数据的准确性，实验机应定期检测，具有在有效期内的计量检定证书。

2. 实验步骤

1）先将试件擦拭干净，测量其尺寸并检查外观。试件尺寸测量精确至 1mm，并据此计算试件的承压面积。如果实测尺寸与试件的公称尺寸之差不超过 1mm，可按公称尺寸进行计算。试件承压面的不平度应为 100mm 不超过 0.05mm，承压面与相邻面的不垂直度不超过±1°。

2）将试件安放在实验机的下压板上，试件的承压面与成型时的顶面垂直，试件的中心应与实验机下压板中心对准。

3）选定、调整压力机的加荷速度。当混凝土强度等级低于 C30 时，加荷速度取每秒 0.3～0.5MPa；当混凝土强度等级高于或等于 C30 且小于 C60 时，加荷速度取每秒 0.5～0.8MPa。

4）开动压力实验机施荷。当上压板与试件接近时，调整球座使接触均衡，连续而均匀地加荷。当试件接近破坏而开始迅速变形时，停止调整实验机油门，直至试件破坏，记录破坏荷载。

注意：试件从养护地点取出后，应尽快进行实验，以避免试件内部的温湿度发生显著变化而影响实验结果的准确性。

3. 计算与结果判定

混凝土立方体抗压强度 $f_{cu}$ 按下式计算，精确至 0.01MPa：

$$f_{cu} = \frac{P}{A} \tag{6-11}$$

式中　$f_{cu}$——混凝土立方体试件抗压强度（MPa）；

　　　$P$——破坏荷载（N）；

　　　$A$——试件受压面积（mm²）。

本结果是基于实验时采用了标准尺寸试件的计算值。实验中，如果采用了其他尺寸的非标准试件，测得的强度值均应乘以尺寸换算系数，见表 6-4。

强度换算系数　　　　　　　　　　　　　　　　　　　　　表 6-4

| 试件尺寸（mm） | 骨料最大粒径（mm） | 抗压强度换算系数 |
| --- | --- | --- |
| 150×150×150 | 40 | 1 |
| 100×100×100 | 30 | 0.95 |
| 200×200×200 | 60 | 1.05 |

以三个试件测值的算术平均值作为该组试件的抗压强度值。三个测值中的最大或最小

值，如有一个与中间值的差超过中间值的 15％，则把最大及最小值一并舍除，取中间值作为该组试件的抗压强度值；如有两个测值与中间值的差超过中间值的 15％，则该组试件的实验无效。

4. 实验过程中发生异常情况的处理方法

试件在抗压强度实验的加荷过程中，当发生停电和实验机出现意外故障，而所施加的荷载远未达到破坏荷载时，则卸下荷载，记下荷载值，保存样品，待恢复正常后继续实验（但不能超过规定的龄期）。如果施加的荷载未达到破坏荷载，则试件作废，检测结果无效；如果施加荷载已达到或超过破坏荷载，则检测结果有效；其他强度实验项目出现类同情况时，参照本方法处理。

### 6.2.2 混凝土轴心抗压强度测定

混凝土立方体抗压强度实验为确定混凝土的强度等级提供了依据，但在实际工程中，混凝土结构构件很少是立方体的，大多是棱柱体形或圆柱体形。为了使测得的混凝土强度接近于混凝土结构构件的实际情况，需对混凝土轴心抗压强度进行测定。本实验以尺寸 150mm×150mm×300mm 的棱柱体试件为标准试件。

1. 主要仪器设备

压力实验机：技术指标同混凝土立方体抗压强度实验。当混凝土强度等级不小于 C60 时，试件周围应设防崩裂网罩。钢垫板的平面尺寸应不小于试件的承压面积，厚度不小于 25mm。钢垫板应机械加工，承压面的平面度公差为 0.04mm，表面硬度不小于 55HRC，硬化层厚度约为 5mm。当压力实验机上、下压板不符合承压面的平面度公差规定时，压力实验机上、下压板与试件之间应各垫符合上述要求的钢垫板。

2. 实验步骤

1）从养护地点取出试件后应及时进行实验，用干毛巾将试件表面与上下承压板面擦干净。

2）将试件直立放置在实验机的下压板或钢垫板上，并使试件轴心与下压板中心对准。

3）开动实验机，当上压板与试件或钢垫板接近时，调整球座，使接触均衡。

4）连续均匀地加荷，不得有冲击。实验机的加荷速度应符合下列规定：当混凝土强度等级小于 C30 时，加荷速度取每秒 0.3～0.5MPa；当混凝土强度等级不小于 C30 且小于 C60 时，加荷速度取每秒 0.5～0.8MPa；当混凝土强度等级不小于 C60 时，加荷速度取每秒 0.8～1.0MPa。

5）试件接近破坏而开始急剧变形时，应停止调整实验机油门，直至破坏，记录破坏荷载。

3. 计算与结果判定

混凝土试件轴心抗压强度按下式计算，精确至 0.1MPa：

$$f_{cp} = \frac{F}{A} \tag{6-12}$$

式中　　$f_{cp}$——混凝土轴心抗压强度（MPa）；

　　　　$F$——试件破坏荷载（N）；

　　　　$A$——试件承压面积（mm²）。

如果在实验中采用了非标准试件，在结果评定时，测得的强度值均应乘以尺寸换算系数。混凝土强度等级小于 C60 时，对 200mm×200mm×400mm 试件，换算系数为 1.05；对 100mm×100mm×300mm 试件，换算系数为 0.95。当混凝土强度等级不小于 C60 时，宜采用标准试件。对于其他非标准试件，尺寸换算系数由实验确定。

混凝土轴心抗压强度以三个试件测值的算术平均值作为该组试件的强度值，三个测值中的最大值或最小值中，如果有一个与中间值的差值超过中间值的 15%，则把最大及最小值一并舍除，取中间值作为该组试件的抗压强度值；如果最大值和最小值与中间值的差均超过中间值的 15%，则该组试件的实验结果无效。

### 6.2.3 混凝土圆柱体抗压强度测定

混凝土圆柱体抗压试件的直径（$d$）尺寸有 100mm、150mm、200mm 三种，其高度（$h$）是直径的 2 倍，粗骨料的最大粒径应小于试件直径的 1/4 倍。本实验以 150mm（$d$）×300mm（$h$）的圆柱体为标准试件。试模由刚性金属制成的圆筒形和底板构成，试模组装后不能有变形和漏水现象。试模的直径误差应小于 $1/200\ d$、高度误差应小于 $1/100\ h$，试模底板的平面度公差不应超过 0.02mm。组装试模时，圆筒形模纵轴与底板应成直角，其允许公差为 0.5°。

1. 主要仪器设备

1）压力实验机：要求同立方体抗压强度实验用机。

2）卡尺：量程 300mm，分度值 0.02mm。

2. 实验步骤

1）试件从养护地点取出后应及时进行实验，将试件表面与上下承压板面擦干净，然后测量试件的两个直径，分别记为 $d_1$、$d_2$，精确至 0.02mm。再分别测量相互垂直的两个直径端部的四个高度，试件的承压面的平面度公差不得超过 0.0005 $d$（$d$ 为边长），试件的相邻面间的夹角应为 90°，其公差不得超过 0.5°。试件各边长、直径和高的尺寸公差不得超过 1mm。

2）将试件置于实验机上下压板之间，使试件的纵轴与加压板的中心一致。开动压力实验机，当上压板与试件或钢垫板接近时，调整球座，使接触均衡。实验机的加压板与试件的端面之间要紧密接触，中间不得夹入有缓冲作用的其他物质。

3）连续均匀地加荷，加荷速度应符合如下规定：混凝土强度等级小于 C30 时，加荷速度取每秒钟 0.3～0.5MPa；混凝土强度等级不小于 C30 且小于 C60 时，加荷速度取每秒钟 0.5～0.8MPa；混凝土强度等级不小于 C60 时，加荷速度取每秒钟 0.8～1.0MPa。当试件接近破坏，开始迅速变形时，停止调整实验机油门直至试件破坏，记录破坏荷载。

3. 计算与结果判定

1）试件直径按下式计算，精确至 0.1mm：

$$d = \frac{d_1 + d_2}{2} \tag{6-13}$$

式中　$d$——试件计算直径（mm）；

$d_1$、$d_2$——试件两个垂直方向的直径（mm）。

2）混凝土圆柱体抗压强度按下式计算，精确至 0.1MPa：

$$f_{cc} = \frac{4F}{\pi d^2} \tag{6-14}$$

式中　$f_{cc}$——混凝土的抗压强度（MPa）；

　　　　$F$——试件破坏荷载（N）；

　　　　$d$——试件计算直径（mm）。

当实验采用非标准尺寸试件时，测得的强度值均应乘以尺寸换算系数。对 200mm（$d$）×400mm（$h$）试件，换算系数为 1.05；对 100mm（$d$）×200mm（$h$）试件，换算系数为 0.95。

以三个试件测值的算术平均值作为该组试件的强度值，精确至 0.1MPa。当三个测值中的最大值或最小值中，如有一个与中间值的差值超过中间值的 15％时，则把最大及最小值一并舍除，取中间值作为该组试件的抗压强度值。如果最大值和最小值与中间值的差均超过中间值的 15％，则该组试件的实验结果无效。

## 6.3　混凝土静力受压弹性模量实验

混凝土静力受压弹性模量（以下简称弹性模量）是混凝土重要的力学和工程性能指标，掌握混凝土的弹性模量对深刻了解混凝土的强度、变形和结构安全稳定性能具有重要意义。

### 6.3.1　混凝土棱柱体静力受压弹性模量测定

混凝土弹性模量测定以 150mm×150mm×300mm 的棱柱体作为标准试件，每次实验制备 6 个试件。在实验过程中应连续均匀加荷，当混凝土强度等级小于 C30 时，加荷速度取每秒 0.3～0.5MPa；当混凝土强度等级不小于 C30 且小于 C60 时，加荷速度取每秒 0.5～0.8MPa；当混凝土强度等级不小于 C60 时，加荷速度取每秒 0.8～1.0MPa。

1. 主要仪器设备

1）压力实验机：测力范围为 0～2000kN，精度 1 级，其他要求同立方体抗压强度实验用机。

2）微变形测量仪：测量精度不低于 0.001mm，微变形测量固定架的标距为 150mm。

2. 实验步骤

1）从养护地点取出试件后，把试件表面及实验机上下承压板的板面擦干净。取三个试件测定混凝土的轴心抗压强度，另三个试件用于测定混凝土的弹性模量。

2）把变形测量仪安装在试件两侧的中线上，并对称于试件的两端。

3）调整试件在压力实验机上的位置，使其轴心与下压板的中心线对准。开动压力实验机，当上压板与试件接近时，调整球座，使其接触均衡。

4）加荷至基准应力 0.5MPa 的初始荷载，恒载 60s。在以后的 30s 内，记录每一测点的变形 $\varepsilon_0$。立即连续均匀加荷至应力为轴心抗压强度的 1/3 荷载值，恒载 60s，并在以后的 30s 内，记录每一测点的变形 $\varepsilon_a$。

5）当以上变形值之差与其平均值之比大于 20％时，应使试件对中，重复上述第 4）步操作。如果无法使其减少到低于 20％时，则此次实验无效。

6）在确认试件对中后，以加荷时相同的速度卸荷至基准应力 0.5MPa，恒载 60s。然后用同样的加荷与卸荷速度及保持 60s 恒载，至少进行两次反复预压。最后一次预压完成后，在基准应力 0.5MPa 持荷 60s，并在以后的 30s 内记录每一测点的变形读数 $\varepsilon_0$。再用同样的加荷速度加荷至应力为 1/3 轴心抗压强度时的荷载，持荷 60s，并在以后 30s 内记录每一测点的变形读数 $\varepsilon_a$，见图 6-2。

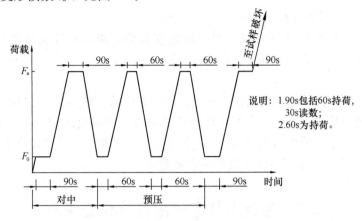

图 6-2　弹性模量加荷方法示意图

7）卸除变形测量仪，以同样的速度加荷至破坏，记录破坏荷载。如果试件的抗压强度与轴心抗压强度之差超过轴心抗压强度的 20%，应在报告中注明。

3. 计算与结果判定

混凝土弹性模量值按下式计算：

$$E_c = \frac{F_a - F_0}{A} \times \frac{L}{\Delta n} \qquad (6-15)$$

式中　$E_c$ ——混凝土弹性模量（MPa），精确至 100MPa；

　　　　$F_a$ ——应力为 1/3 轴心抗压强度时的荷载（N）；

　　　　$F_0$ ——应力为 0.5MPa 时的初始荷载（N）；

　　　　$A$ ——试件承压面积（$mm^2$）；

　　　　$L$ ——测量标距（mm）。

$$\Delta n = \varepsilon_a - \varepsilon_0 \qquad (6-16)$$

式中　$\Delta n$ ——最后一次从加荷至破坏时试件两侧变形的平均值（mm）；

　　　　$\varepsilon_a$ —— $F_a$ 时试件两侧变形的平均值（mm）；

　　　　$\varepsilon_0$ —— $F_0$ 时试件两侧变形的平均值（mm）。

弹性模量以三个试件测值的算术平均值进行计算。如果其中有一个试件的轴心抗压强度值与用以确定检验控制荷载的轴心抗压强度值相差超过后者的 20%，则弹性模量值按另两个试件测值的算术平均值计算；如有两个试件超过上述规定时，则此次实验无效。

### 6.3.2　混凝土圆柱体静力受压弹性模量测定

混凝土圆柱体试件弹性模量的测定，每次实验应制备 6 个试件。

1. 主要仪器设备

1）压力实验机：要求同立方体抗压强度实验用机。

2）微变形测量仪：微变形测量仪的测量精度不得低于 0.001mm，微变形测量固定架的标距应为 150mm。

2. 实验步骤

1）试件从养护地点取出后应及时进行实验，将试件表面与上下承压板面擦干净，然后测量试件的两个相互垂直的直径，分别记为 $d_1$、$d_2$，精确 0.02mm，再分别测量相互垂直的两个直径端部的四个高度。试件的承压面的平面度公差不得超过 0.0005 $d$（$d$ 为边长）；试件的相邻面间的夹角应为 90°，其公差不得超过 0.5°；试件各边长、直径和高的尺寸的公差不得超过 1mm。

2）取 3 个试件测定圆柱体试件抗压强度，另 3 个试件用于测定圆柱体试件弹性模量。

3）微变形测量仪应安装在圆柱体试件直径的延长线上，并对称于试件的两端。

4）仔细调整试件在压力实验机上的位置，使其轴心与下压板的中心线对准。开动压力实验机，当上压板与试件接近时调整球座，使其接触均衡。

5）加荷至基准应力为 0.5MPa 的初始荷载值 $F_0$，保持恒载 60s，并在以后的 30s 内记录每测点的变形读数 $\varepsilon_0$。立即连续均匀地加荷至应力为轴心抗压强度 1/3 的荷载值 $F_a$，保持恒载 60s，并在以后的 30s 内记录每一测点的变形读数 $\varepsilon_a$。在实验过程中应连续均匀地加荷，当混凝土强度等级小于 C30 时，加荷速度取每秒钟 0.3~0.5MPa；混凝土强度等级不小于 C30 且小于 C60 时，加荷速度取每秒钟 0.5~0.8MPa；混凝土强度等级不小于 C60 时，加荷速度取每秒钟 0.8~1.0MPa。

6）当以上变形值之差与它们平均值之比大于 20% 时，应重新实验。如果无法使其减少到低于 20%，则此次实验无效。

7）在确认试件对中后，以与加荷时相同的速度卸荷至基准应力 0.5MPa，恒载 60s，然后用同样的加荷和卸荷速度以及 60s 的保持恒载（$F_0$ 及 $F_a$），至少进行两次反复预压。最后一次预压完成后，在基准应力 0.5MPa 持荷 60s，并在以后的 30s 内记录每一测点的变形读数 $\varepsilon_0$。再用同样的加荷速度加荷至应力为 1/3 轴心抗压强度时荷载，持荷 60s，并在以后的 30s 内记录每一测点的变形读数 $\varepsilon_a$。

8）卸除变形测量仪，以同样的速度加荷至破坏，记录破坏荷载 $f_{cp}$。

3. 计算与结果判定

1）试件直径按下式计算，精确至 0.1mm：

$$d = \frac{d_1 + d_2}{2} \qquad (6\text{-}17)$$

式中　$d$——试件计算直径（mm）；

　　$d_1$、$d_2$——试件两个垂直方向的直径（mm）。

2）圆柱体试件混凝土受压弹性模量值按下式计算，精确至 100MPa：

$$E_c = \frac{4(F_a - F_0)}{\pi d^2} \times \frac{L}{\Delta n} = 1.273 \times \frac{(F_a - F_0)L}{d^2 \Delta n} \qquad (6\text{-}18)$$

式中　$E_c$——圆柱体试件混凝土静力受压弹性模量（MPa）,；

　　$F_a$——应力为 1/3 轴心抗压强度时的荷载（N）；

　　$F_0$——应力为 0.5MPa 时的初始荷载（N）；

　　$d$——圆柱体试件的计算直径（mm）；

　　$L$——测量标距（mm）。

$$\Delta n = \varepsilon_a - \varepsilon_0 \qquad (6\text{-}19)$$

式中　$\varepsilon_a$——$F_a$ 时试件两侧变形的平均值（mm）；

$\varepsilon_0$ —— $F_0$ 时试件两侧变形的平均值（mm）。

圆柱体试件弹性模量按三个试件的算术平均值计算确定。如果其中有一个试件的轴心抗压强度值与用以确定检验控制荷载的轴心抗压强度值相差超过后者的 20% 时，则弹性模量值按另两个试件测值的算术平均值计算；如有两个试件超过上述规定时，则此次实验无效。

## 6.4 混凝土抗折强度实验

在确定混凝土抗压强度的同时，有时候还需要了解混凝土的抗折强度，如进行路面结构设计时就需要以混凝土的抗折强度作为主要强度指标。混凝土抗折强度实验一般采用 150mm×150mm×600mm 棱柱体小梁作为标准试件，制作标准试件所用骨料的最大粒径不大于 40mm。必要时可采用 100mm×100mm×400mm 试件，但混凝土中骨料的最大粒径应不大于 31.5mm。试件从养护地点取出后应及时进行实验，实验前试件应保持与原养护地点相似的干湿状态。

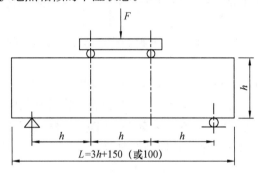

图 6-3　抗折实验装置

### 6.4.1　主要仪器设备

压力实验机：除应符合《液压式万能试验机》GB/T 3159—2008 及《试验机通用技术要求》GB/T 2611—2007 中技术要求外，还应满足测量精度为 ±1%，并带有能使两个相等荷载同时作用在试件跨度 3 分点处的抗折实验装置，见图 6-3。实验机与试件接触的两个支座和两个加压头应具有直径为 20～40mm，长度不小于 b＋10mm 的硬钢圈柱，其中的三个（一个支座及两个加压头）应尽量做到能滚动并前后倾斜。夹具及模具见图 6-4、图 6-5。

图 6-4　混凝土抗折夹具

图 6-5　混凝土抗折试模

### 6.4.2　实验步骤

1. 将试件擦拭干净，测量其尺寸并检查外观，试件尺寸测量精确至 1mm，并据此进行强度计算。试件不得有明显缺损，在跨 1/3 梁的受拉区内，不得有直径超过 5mm、深度超过 2mm 的表面孔洞。试件承压区及支承区接触线的不平度应为每 100mm 不超过 0.05mm。

2. 调整支承架及压头的位置，所有间距的尺寸偏差不大于±1mm。

3. 将试件在实验机的支座上放稳对中，承压面应为试件成型的侧面。

4. 开动实验机，当加压头与试件接近时，调整加压头及支座，使其接触均衡。如果加压头及支座均不能前后倾斜，应在接触不良处予以垫平。施加荷载应保持连续均匀，当混凝土强度等级小于C30时，加荷速度取每秒0.02～0.05MPa；当混凝土强度等级不小于C30且小于C60时，加荷速度取每秒0.05～0.08MPa；当混凝土强度等级不小于C60时，加荷速度取每秒0.08～0.10MPa。至试件接近破坏时，停止调整实验机油门，直至试件破坏，记录破坏荷载。

### 6.4.3 结果计算

试件破坏时，如果折断面位于两个集中荷载之间，抗折强度按下式计算：

$$f_f = \frac{Fl}{bh^2} \tag{6-20}$$

式中　$f_f$——混凝土抗折强度（MPa），计算结果应精确至0.1MPa；

　　　$F$——破坏荷载（N）；

　　　$l$——支座间距即跨度（mm）；

　　　$b$——试件截面宽度（mm）；

　　　$h$——试件截面高度（mm）。

当采用100mm×100mm×400mm非标准试件时，取得的抗折强度值应乘以尺寸换算系数0.85；当混凝土强度等级不小于C60时，宜采用标准试件。使用其他非标准试件时，尺寸换算系数由实验确定。

### 6.4.4 结果判定

以三个试件测值的算术平均值作为该组试件的抗折强度值。三个测值中的最大或最小值，如有一个与中间值的差值超过中间值的15%，则把最大及最小值一并舍除，取中间值作为该组试件的抗折强度值；如有两个试件与中间值的差均超过中间值的15%，则该组试件的实验无效。三个试件中如有一个试件的折断面位于两个集中荷载之外（以受拉区为准），则该试件的实验结果应予舍弃，混凝土抗折强度按另两个试件抗折实验结果计算；如有两个试件的折断面均超出两集中荷载之外，则该组实验无效。

## 6.5　混凝土劈裂抗拉强度实验

混凝土的抗拉强度虽然很小，但是混凝土的抗拉强度性能却对混凝土的开裂现象具有重要意义，抗拉强度是确定混凝土开裂度的重要指标，也是间接衡量钢筋混凝土中混凝土与钢筋黏结度的重要依据。

### 6.5.1 混凝土立方体劈裂抗拉强度测定

混凝土立方体劈裂抗拉强度实验以尺寸为150mm×150mm×150mm的立方体试件为标准试件。

1. 主要仪器设备

1）压力实验机：要求同立方体抗压强度实验用机。

2）垫块、垫条及支架：应采用半径为75mm的钢制弧形垫块，其横截面尺寸如图6-6

所示，垫块的长度与试件相同。垫条为三层胶合板制成，宽度为20mm、厚度为3～4mm、长度不小于试件长度，垫条不得重复使用。支架为钢支架，如图6-7所示。

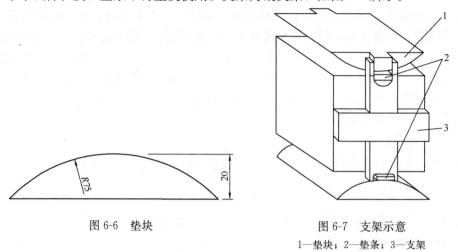

图 6-6　垫块

图 6-7　支架示意
1—垫块；2—垫条；3—支架

2. 实验步骤

1）试件从养护地点取出后应及时进行实验，将试件表面与上下承压板面擦干净。

2）将试件放在实验机下压板的中心位置，劈裂承压面和劈裂面应与试件成型时的顶面垂直。在上、下压板与试件之间垫以圆弧形垫块及垫条，垫块与垫条应与试件上、下面的中心线对准并与成型时的顶面垂直。最好把垫条及试件安装在定位架上使用，如图6-7所示。

3）开动实验机，当上压板与圆弧形垫块接近时，调整球座，使接触均衡。加荷应连续均匀，当混凝土强度等级小于C30时，加荷速度取每秒0.02～0.05MPa；当混凝土强度等级不小于C30且小于C60时，加荷速度取每秒0.05～0.08MPa；当混凝土强度等级不小于C60时，加荷速度取每秒0.08～0.10MPa。至试件接近破坏时，停止调整实验机油门，直至试件破坏，记录破坏荷载。

3. 计算与结果判定

混凝土劈裂抗拉强度按下式计算，精确至0.01MPa：

$$f_{ts} = \frac{2F}{\pi A} = 0.637 \frac{F}{A}$$ 　　　　　　　　(6-21)

式中　$f_{ts}$ ——混凝土劈裂抗拉强度（MPa）；

　　　$F$ ——试件破坏荷载（N）；

　　　$A$ ——试件劈裂面面积（mm²）。

当混凝土强度等级不小于C60时，宜采用标准试件。当采用100mm×100mm×100mm非标准试件时，测得的劈裂抗拉强度值应乘以尺寸换算系数0.85。使用其他非标准试件时，尺寸换算系数应由实验确定。

以三个试件测值的算术平均值作为该组试件的劈裂抗拉强度值，精确至0.01MPa。在三个测值中的最大值或最小值中，如有一个与中间值的差值超过中间值15%，则把最大及最小值一并舍除，取中间值作为该组试件的强度值；如果最大值和最小值与中间值的差均超过中间值的15%，则该组试件的实验结果无效。

### 6.5.2 混凝土圆柱体劈裂抗拉强度测定

1. 主要仪器设备

1）实验机：应符合混凝土立方体试件的劈裂抗拉强度实验中的有关规定。

2）垫条：应符合混凝土立方体试件的劈裂抗拉强度实验中的规定。

2. 实验步骤

1）试件从养护地点取出后应及时进行实验，先将试件擦拭干净，与垫层接触的试件表面应清除掉一切浮渣和其他附着物。测量尺寸，并检查其外观，圆柱体的母线公差应为 0.15mm。

2）标出两条承压线，应位于同一轴向平面，并彼此相对，两线的末端在试件的端面上相连，以便能明确地表示出承压面。

3）擦净实验机上下压板的加压面，将圆柱体试件置于实验机中心，在上下压板与试件承压线之间各垫一条垫条，圆柱体轴线应在上下垫条之间保持水平，垫条的位置应上下对准，见图 6-8，宜把垫条安放在定位架上使用，见图 6-9。

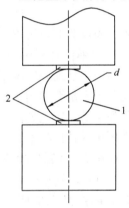

图 6-8 劈裂抗拉实验
1—试件；2—垫条

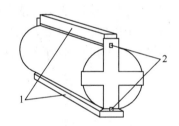

图 6-9 定位架
1—定位架；2—垫条

4）连续均匀地加荷，当混凝土强度等级小于 C30 时，加荷速度取每秒钟 0.3～0.5MPa；混凝土强度等级不小于 C30 且小于 C60 时，加荷速度取每秒钟 0.5～0.8MPa；混凝土强度等级不小于 C60 时，加荷速度取每秒钟 0.8～1.0MPa。

3. 计算与结果判定

圆柱体劈裂抗拉强度按下式计算，精确至 0.01MPa：

$$f_{ct} = \frac{2F}{\pi d l} = 0.637 \frac{F}{A} \tag{6-22}$$

式中　$f_{ct}$——圆柱体劈裂抗拉强度（MPa）；

　　　$F$——试件破坏荷载（N）；

　　　$d$——劈裂面的试件直径（mm）；

　　　$l$——试件的高度（mm）；

　　　$A$——试件劈裂面面积（mm²）。

以三个试件测值的算术平均值作为该组试件的强度值，精确至 0.1MPa。当三个测值中的最大值或最小值中如有一个与中间值的差值超过中间值的 15％时，则把最大及最小值一并舍除，取中间值作为该组试件的抗压强度值；如果最大值和最小值与中间值的差均超过中间值的 15％，则该组试件的实验结果无效。

## 6.6　回弹法检测混凝土强度简介

在混凝土强度的测定方法中，前述的实验方法都是对混凝土试件施加各种荷载直至破坏，测得最大破坏荷载后，依据一定的计算公式而求得混凝土强度的实验方法，这类实验方法称为破坏性实验。破坏性实验方法的优点是结果准确、对实验方向的控制性较强，但也存在明显不足，如实验周期较长、成本较高等。非破坏性实验则在一定程度上弥补了破坏性实验的不足，目前可应用于混凝土无损检测的方法有回弹法、超声波法、谐振法、电测法等，在实际测试工作中，应根据实验目的、实验要求、实验条件、设备状况等进行综合考虑，选择确定实验方法。有条件时，可采用两类实验方法进行对比实验。本章主要介绍用回弹仪测量混凝土强度的非破坏实验方法。

回弹法测量强度的原理是基于混凝土的强度与其表面硬度具有特定关系，通过测量混凝土表层的硬度，换算推定混凝土的强度。回弹法使用的回弹仪是利用一定重量的钢锤，在一定大小冲击力作用下，根据混凝土表面冲击后的回弹值，从而确定混凝土的强度。由于测试方向、养护条件与龄期、混凝土表面的碳化深度等因素都会影响回弹值的大小，因此，所测的回弹值应予以修正。准确性低也正是回弹测强法的不足之处，但是其快速、简便、可重复的实验特点，与破坏性实验方法相比，则表现出独特的技术和方法优势。

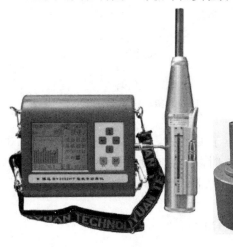

### 6.6.1　回弹仪的技术要求

1. 回弹仪（图 6-10）必须具有制造厂商的产品合格证及检定单位的检定合格证。

2. 水平弹击时弹击锤脱钩的瞬间，回弹仪的标准能量应为 2.207J。在洛氏硬度 HRC 为 60±2 的钢砧上，回弹仪的率定值应为 80±2，使用环境温度应在−4℃～＋40℃之间。弹击锤与弹击杆碰撞的瞬间，弹击拉簧处于自由状态，此时弹击锤起跳点应于指针指示刻度尺上"0"处。

3. 回弹仪在工程检测前后，应在钢砧上作率定实验。

图 6-10　回弹仪及钢砧

4. 回弹仪有下列情况之一时，应送检定单位检定：①新回弹仪启用前；②超过检定有效期限（有效期为半年）；③累计弹击次数超过 6000 次；④经常规保养后，钢砧率定值不合格；⑤遭受严重撞击或其他伤害。

5. 回弹仪率定应在室温 5～35℃的条件下进行。率定时，钢砧应稳固地平放在刚度大的混凝土实体上。回弹仪向下弹击时，取连续弹击三次的稳定回弹值进行平均，弹击杆分四次旋转，每次旋转约 90°。弹击杆每旋转一次的率定平均值均应符合 80±2 的要求。

6. 当回弹仪弹击超过 2000 次、对检测值有怀疑或在钢砧上的率定值不合格时，应按下列要求进行常规性保养：①使弹击锤脱钩后取出机芯，然后卸下弹击杆，取出里面的缓冲压簧，并取出弹击锤、弹击拉簧和拉簧座。②机芯各零部件应进行清洗，重点清洗中心导杆、弹击锤和弹击杆的内孔和冲击面，清洗后应在中心导杆上涂抹一层薄薄的钟表油，其他零部件均不得抹油。③清理机壳内壁，卸下刻度尺并检查指针，其摩擦力应为 0.5～0.8N。④对数字式回弹仪，还应按产品要求的维护程序进行维护。⑤不得旋转尾盖上已定位紧固的调零螺栓。⑥不得自制或更换零部件。⑦保养后应进行率定。

7. 回弹仪使用完毕后应使弹击杆伸出机壳，清除弹击杆、杆前端球面、刻度尺表面以及外壳上的污垢和尘土。回弹仪不用时，应将弹击杆压入仪器内，经弹击后方可按下按钮锁住机芯，将回弹仪装入仪器箱，平放在干燥阴凉处。数字式回弹仪长期不用时，应取出电池。

### 6.6.2 检测结构或构件强度时应具备的资料

1. 工程名称、检测部位，设计与施工单位、监理单位和建设单位名称。

2. 结构或构件名称、外形尺寸、数量及混凝土强度等级。

3. 水泥的品种、强度等级、安定性，砂石种类、粒径，外加剂或掺合料品种、掺量，混凝土配合比。

4. 施工时材料计量情况，模板、浇筑、养护情况及成型日期等。

5. 必要的设计图纸和施工记录以及检测原因等。

### 6.6.3 抽样方法及样本的技术规定

1. 检测混凝土强度有单个检测和批量检测两种方式，其适用范围及构件数量见表6-5。

回弹仪检测混凝土强度方式与适用范围         表 6-5

| 检测方式 | 适 用 范 围 |
| --- | --- |
| 单个检测 | 用于单独的结构或构件检测 |
| 批量检测 | 对于混凝土生产工艺、强度等级相同，原材料、配合比、养护条件基本一致且龄期相近的一批同类构件的检测应采用批量检测。按批量进行检测时，应随机抽取构件，抽检数量不宜少于同批构件总数的 30% 且不宜少于 10 件。当检验批构件数量大于 30 个时，抽样构件数量可适当调整，并不得少于国家现行有关标准规定的最少抽样数量 |

2. 对每一构件的测区来讲，应符合下列要求。

1）对于一般构件，测区数不宜少于 10 个。当受检构件数量大于 30 个且不需提供单个构件推定强度或受检构件一方向尺寸不大于 4.5m 且另一方向尺寸不大于 0.3m 时，每个构件的测区数量可适当减少，但不应少于 5 个。

2）相邻两测区的间距应控制在 2m 以内，测区离构件边缘或施工缝边缘的距离不大于 0.5m，且不小于 0.2m。

3）测区应选在使回弹仪处于水平方向的混凝土浇筑侧面。当不能满足这一要求时，方可选在使回弹仪处于非水平方向的混凝土浇筑表面或底面。

4）测区宜选在构件的两个对称可测面上，也可选在一个可测面上，且应均匀分布。

在构件的受力部位及薄弱部位必须布置测区，并应避开预埋件。

5）测区的面积不大于 0.04m²。

6）检测面应为原状混凝土表面，并应清洁、平整，不应有疏松层、浮浆、油垢以及蜂窝、麻面，必要时可用砂轮清除疏松层和杂物，且保留残留的粉末或碎屑。

7）对于弹击时会产生颤动的薄壁、小型构件应进行固定。

3. 结构或构件的测区应有布置方案，各测区应标有清晰的编号，必要时应在记录纸上描述测区布置示意图和外观质量情况。

4. 当检测条件与测强曲线的适用条件有较大差异时，可采用同条件试件或钻取混凝土芯样进行修正，对同一强度等级混凝土修正时，芯样数量不应少于 6 个，公称直径宜为 100mm，高径比应为 1。芯样应在测区内钻取，每个芯样应只加工一个试件。同条件试块修正时，试块数量不应少于 6 个，试块边长应为 150mm。计算时，测区混凝土强度修正量及测区混凝土强度换算值的修正应符合下列规定：

1）修正量应按下列公式计算：

$$\Delta_{\text{tot}} = f_{\text{cor,m}} - f_{\text{cu,m0}}^{\text{c}} \tag{6-23}$$

$$\Delta_{\text{tot}} = f_{\text{cu,m}} - f_{\text{cu,m0}}^{\text{c}} \tag{6-24}$$

$$f_{\text{cor,m}} = \frac{1}{n} \sum_{i=1}^{n} f_{\text{cor},i} \tag{6-25}$$

$$f_{\text{cu,m}} = \frac{1}{n} \sum_{i=1}^{n} f_{\text{cu},i} \tag{6-26}$$

$$f_{\text{cu,m0}}^{\text{c}} = \frac{1}{n} \sum_{i=1}^{n} f_{\text{cu},i}^{\text{c}} \tag{6-27}$$

式中　$\Delta_{\text{tot}}$ ——测区混凝土强度修正量（MPa），精确到 0.1MPa；

$f_{\text{cor,m}}$ ——芯样试件混凝土强度平均值（MPa），精确到 0.1MPa；

$f_{\text{cu,m}}$ ——150mm 同条件立方体试块混凝土强度平均值（MPa），精确到 0.1MPa；

$f_{\text{cu,m0}}^{\text{c}}$ ——对应于钻芯部位或同条件立方体试块回弹测区混凝土强度换算值的平均值（MPa），精确到 0.1MPa；

$f_{\text{cor},i}$ ——第 $i$ 个混凝土芯样试件的抗压强度（MPa）；

$f_{\text{cu},i}$ ——第 $i$ 个混凝土立方体试块的抗压强度（MPa）；

$f_{\text{cu},i}^{\text{c}}$ ——对应于第 $i$ 个芯样部位或同条件立方体试块测区回弹值和碳化深度值的混凝土强度换算值，可按附录 A 或附录 B 取值；

$n$ ——芯样或试块数量。

2）测区混凝土强度换算值的修正应按下式计算：

$$f_{\text{cu},i1}^{\text{c}} = f_{\text{cu},i0}^{\text{c}} + \Delta_{\text{tot}} \tag{6-28}$$

式中　$f_{\text{cu},i0}^{\text{c}}$ ——第 $i$ 个测区修正前的混凝土强度换算值（MPa），精确到 0.1MPa；

$f_{\text{cu},i1}^{\text{c}}$ ——第 $i$ 个测区修正后的混凝土强度换算值（MPa），精确到 0.1MPa。

5. 当碳化深度值不大于 2.0mm 时，每一测区混凝土强度换算值应按《回弹法检测混凝土抗压强度技术规程》JGJ/T 23—2011 进行修正。

6. 检测时，回弹仪的轴线应始终垂直于结构或构件的混凝土检测面，缓慢施压，准确读数，快速复位。检测泵送混凝土强度时，测区应选在混凝土浇筑侧面。

7. 测点宜在测区范围内均匀分布，相邻两测点的净距一般不小于 20mm，测点距构件边缘或外露钢筋、预埋件的距离一般不小于 30mm。测点不应在气孔或外露石子上，同一测点只允许弹击一次。每一测区应记取 16 个回弹值，每一测点的回弹值读数估读至 1。

8. 回弹值测量完毕后，应选择不少于构件的 30% 测区数在有代表性的位置上测量碳化深度值，取其平均值作为该构件每测区的碳化深度值。当碳化深度值极差大于 2.0mm 时，应在每一测区测量碳化深度值。

9. 测量碳化深度值时，可用合适的工具在测区表面形成直径约 15mm 的孔洞，其深度大于混凝土的碳化深度。然后除净孔洞中的粉末和碎屑，不得用水冲洗。立即用浓度为 1%～2% 酚酞酒精溶液滴在孔洞内壁的边缘处，当已碳化与未碳化界线清晰时，再用深度测量工具测量已碳化与未碳化混凝土交界面到混凝土表面的垂直距离测量不应小于 3 次，每次读数应精确至 0.25mm，应取三次测量的平均值作为检测结果，并应精确至 0.5mm。

### 6.6.4 回弹值的计算

1. 计算测区平均回弹值时，应从该测区的 10 个回弹值中剔除 1 个最大值和 1 个最小值，余下的 8 个回弹值按下列公式计算：

$$R_{m} = \frac{\sum_{i=1}^{10} R_i}{8}$$ (6-29)

式中　$R_m$——测区平均回弹值，精确至 0.1；

　　　$R_i$——第 $i$ 个测点的回弹值。

2. 回弹仪非水平方向检测混凝土浇筑侧面时，应按下列公式修正：

$$R_m = R_{m\alpha} + R_{a\alpha}$$ (6-30)

式中　$R_{m\alpha}$——非水平方向检测时测区的平均回弹值，精确至 0.1；

　　　$R_{a\alpha}$——非水平方向检测时回弹值的修正值，按本章的附录 C 采用。

3. 回弹仪水平方向检测混凝土浇筑表面或底面时，应按下列公式修正：

$$R_m = R_m^t + R_a^t$$ (6-31)

$$R_m = R_m^b + R_a^b$$ (6-32)

式中　$R_m^t$、$R_a^t$——水平方向检测混凝土浇筑表面、底面时，测区的平均回弹值，精确至 0.1；

　　　$R_m^b$、$R_a^b$——混凝土浇筑表面、底面回弹值的修正值，按本章的附录 D 采用。

4. 当检测时仪器为非水平方向且测试面为非混凝土浇筑侧面时，则应先按本章附录 C 对回弹值进行角度修正，然后再对修正后的值进行浇筑面修正。

### 6.6.5 测强曲线

混凝土强度换算值可采用统一测强曲线、地区测强曲线或专用测强曲线三类测强曲线进行计算。统一测强曲线是由全国具有代表性的材料、成型养护工艺配制的混凝土试件，通过实验所建立的曲线；地区测强曲线是由本地区常用的材料、成型养护工艺配制的混凝土试件，通过实验所建立的曲线；专用测强曲线是由与结构或构件混凝土相同的材料、成型养护工艺配制的混凝土试件，通过实验所建立的曲线。

对有条件的地区和部门，应制定本地区的测强曲线或专用测强曲线，经上级主管部门组织审定和批准后实施。各检测单位应按专用测强曲线、地区测强曲线、统一测强曲线的次序选用测强曲线。

1. 统一测强曲线

符合下列条件的非泵送混凝土，测区强度应按本章附录 A 进行强度换算。测区混凝土强度换算表所依据的统一测强曲线，其强度平均相对误差应不大于 15.0%，相对标准差不大于 18.0%。

1）混凝土采用的水泥、砂石、外加剂、掺合料、拌合用水符合国家现行有关标准；

2）采用普通成型工艺，不掺外加剂或仅掺非引气型外加剂；

3）采用符合国家标准的模板；

4）自然养护或蒸汽养护出池经自然养护 7d 以上，且混凝土表层为干燥状态；

5）龄期为 7～1000d；

6）抗压强度为 10.0～60.0MPa。

符合上述要求的泵送混凝土，测区强度可按本章附录 B 的曲线方程计算或规定进行强度换算。

当混凝土粗骨料最大粒径大于 60mm，泵送混凝土粗骨料最大公称粒径大于 31.5mm；混凝土属于特种成型工艺制作；检测部位曲率半径小于 250mm；潮湿或浸水混凝土，测区混凝土强度值不能按本章附录 A 或附录 B 换算；可制定专用测强曲线或通过实验进行修正。

2. 地区和专用测强曲线

当构件混凝土抗压强度大于 60MPa 时，可采用标准能量大于 2.207J 的混凝土回弹仪，并应另行制订检测方法及专用测强曲线进行检测。地区和专用测强曲线的强度误差值应符合下列规定。

（1）地区测强曲线：平均相对误差应不大于 11%，相对标准差不大于 14%；

（2）专用测强曲线：平均相对误差应不大于 10%，相对标准差不大于 12%。

地区和专用测强曲线应与制定该类测强曲线条件相同的混凝土相适应，不得超出该类测强曲线的适用范围，应经常抽取一定数量的同条件试件进行校核，当发现有显著差异时应及时查找原因并不得继续使用。

3. 地区和专用测强曲线的制定方法

制定地区和专用测强曲线的试块应与欲测构件在原材料（含品种、规格）、成型工艺、养护方法等方面条件相同。试块的制作、养护应符合下列规定：应按最佳配合比设计 5 个强度等级，且每一强度等级不同龄期应分别制作不少于 6 个 150mm 立方体试块；在成型 24 小时后，应将试块移至与被测构件相同条件下养护，试块拆模日期宜与构件的拆模日期相同。

试块的测试应按下列步骤进行：擦净试块表面，以浇筑侧面的两个相对面置于压力机的上下承压板之间，加压 60～100kN（低强度试件取低值）；在试块保持压力下，采用符合《回弹法检测混凝土抗压强度技术规程》JGJ/T 23—2011 规定的标准状态的回弹仪和规定的操作方法，在试块的两个侧面上分别弹击 8 个点；从每一试块的 16 个回弹值中分别剔除 3 个最大值和 3 个最小值，以余下的 10 个回弹值的平均值（计算精确至 0.1）作为该试块的平均回弹值 $R_m$；将试块加荷直至破坏，计算试块的抗压强度值 $f_{cu}$（MPa），精确至 0.1MPa；在破坏后的试块边缘测量该试块的平均碳化深度值。

地区和专用测强曲线的计算应符合下列规定：地区和专用测强曲线的回归方程式，应按每一试件求得的 $R_m$、$d_m$ 和 $f_{cu}$，采用最小二乘法原理计算；回归方程宜采用以下函数关系式：

$$f_{cu}^c = a R_m^b \cdot 10^{cdm} \tag{6-33}$$

用下式计算回归方程式的强度平均相对误差 $\delta$ 和强度相对标准差 $e_r$，且当 $\delta$ 和 $e_r$ 均符合规定时，可报请上级主管部门审批：

$$\delta = \pm \frac{1}{n} \sum_{i=1}^{n} \left| \frac{f_{cu,i}}{f_{cu,i}^c} - 1 \right| \times 100\% \tag{6-34}$$

$$e_r = \sqrt{\frac{1}{n-1} \sum_{i=1}^{n} \left( \frac{f_{cu,i}}{f_{cu,i}^c} - 1 \right)^2} \times 100\% \tag{6-35}$$

式中　$\delta$——回归方程式的强度平均相对误差（%），精确至 0.1；

　　　$e_r$——回归方程式的强度相对标准差（%），精确至 0.1；

　　　$f_{cu,i}$——由第 $i$ 个试块抗压实验得出的混凝土抗压强度值（MPa），精确至 0.1MPa；

　　　$f_{cu,i}^c$——由同一试块的平均回弹值 $R_m$ 及平均碳化深度值 $d_m$ 按回归方程式算出的混凝土的强度换算值（MPa），精确至 0.1MPa；

　　　$n$——制定回归方程式的试件数。

### 6.6.6　混凝土强度的计算

1. 结构或构件的第 $i$ 个测区混凝土强度换算值，可根据求得的平均回弹值 $R_m$ 和平均碳化深度值 $d_m$，按统一测强曲线换算表（本章附表）得出。

2. 构件的测区混凝土强度平均值应根据各测区的混凝土强度换算值计算。当测区数为 10 个及以上时，还应计算强度标准差。平均值及标准差应按下列公式计算：

$$m_{f_{cu}^c} = \frac{\sum_{i=1}^{n} f_{cu,i}^c}{n} \tag{6-36}$$

$$S_{f_{cu}^c} = \sqrt{\frac{\sum_{i=1}^{n} (f_{cu,i}^c)^2 - n (m_{f_{cu}^c})^2}{n-1}} \tag{6-37}$$

式中　$m_{f_{cu}^c}$——构件混凝土强度平均值（MPa），精确至 0.1MPa；

　　　$n$——单个检测的构件，取一个构件的测区数；批量检测的构件，取被抽取构件测区数之和；

　　　$S_{f_{cu}^c}$——结构或构件测区混凝土的强度标准差（MPa），精确至 0.01MPa。

注：测区混凝土强度换算值是指按《回弹法检测混凝土抗压强度技术规程》JGJ/T 23—2011 检测的回弹值和碳化深度值，换算成相当于被测结构或构件的测区在该龄期下的混凝土抗压强度值。

3. 构件混凝土强度推定值指相应于强度换算值总体分布中保证率不低于 95% 的结构或构件中的混凝土抗压强度值。结构或构件混凝土强度推定值 $f_{cu,e}$ 应按下列公式确定：

1）当按单个构件检测时，且构件测区数少于 10 个，以最小值作为该构件的混凝土强度推定值：

$$f_{cu,e} = f_{cu,min}^c \tag{6-38}$$

式中　$f_{cu,min}^c$——构件中最小的测区混凝土强度换算值（MPa），精确至 0.1MPa。

2）当该结构或构件的测区强度值中出现小于 10.0MPa 时，$f_{cu,e} < 10.0MPa$。

3）当构件测区数不小于 10 个时或当按批量检测时，应按下列公式计算：

$$f_{cu,e} = m_{f_{cu}^c} - 1.645S_{f_{cu}^c}$$ (6-39)

4）当批量检测时，应按下式计算：

$$f_{cu,e} = m_{f_{cu}^c} - kS_{f_{cu}^c}$$ (6-40)

式中　$k$——推定系数，宜取 1.645；当需要进行推定强度区间时，可按国家现行有关标准的规定取值。

注：构件的混凝土强度推定值是指相应于强度换算值总体分布中保证率不低于 95% 的构件中混凝土抗压强度值。

4. 对于按批量检测的构件，当该批构件混凝土强度标准差出现下列情况之一时，则该批构件应全部按单个构件检测：

1）当该批构件混凝土强度平均值小于 25MPa、$S_{f_{cu}^c} > 4.5MPa$ 时；

2）当该批构件混凝土强度平均值不小于 25MPa 且不大于 50MPa、$S_{f_{cu}^c} > 5.5MPa$ 时。

### 6.6.7　注意事项

1. 确保回弹仪处于标准状态，测区布置力求均匀并有代表性。当回弹仪检测后进行率定发现其不在标准状态时，应另用处于标准状态的回弹仪对已测构件进行复检对比。

2. 操作回弹仪时要用力均匀缓慢，扶正垂直对准测面，不晃动，严格按"四步法"（指针复零，能量操作，弹击操作，回弹值读取）程序进行。

3. 当发现构件混凝土的匀质性较差，构件表面硬度与混凝土强度不相符时，应用钻芯法加以验证和修正。

复 习 思 考 题

6-1　成型时应如何保证试件密实？试件尺寸的大小对实验结果有何影响？

6-2　试件从养护地点取出后，为什么要及时进行强度测试？

6-3　测强实验时，为什么要使实验机连续均匀加荷？如何处理测强数据？

6-4　混凝土强度等级的确定依据是什么？混凝土轴心抗压强度实验的工程意义如何？

6-5　混凝土抗折强度实验的标准试件尺寸是什么？

6-6　回弹测强的实验原理是什么？回弹测强法能代替破坏测强实验吗？为什么？

# 附录 A 测区混凝土强度换算表

| 平均回弹值 $R_m$ | 测区混凝土强度换算值 $f^c_{cu,i}$（MPa） | | | | | | | | | | | | |
|---|---|---|---|---|---|---|---|---|---|---|---|---|---|
| | 平均碳化深度值 $d_m$（mm） | | | | | | | | | | | | |
| | 0.0 | 0.5 | 1.0 | 1.5 | 2.0 | 2.5 | 3.0 | 3.5 | 4.0 | 4.5 | 5.0 | 5.5 | ≥6 |
| 20.0 | 10.3 | 10.1 | — | — | — | — | — | — | — | — | — | — | — |
| 20.2 | 10.5 | 10.3 | 10.0 | — | — | — | — | — | — | — | — | — | — |
| 20.4 | 10.7 | 10.5 | 10.2 | — | — | — | — | — | — | — | — | — | — |
| 20.6 | 11.0 | 10.8 | 10.4 | 10.1 | — | — | — | — | — | — | — | — | — |
| 20.8 | 11.2 | 11.0 | 10.6 | 10.3 | — | — | — | — | — | — | — | — | — |
| 21.0 | 11.4 | 11.2 | 10.8 | 10.5 | 10.0 | — | — | — | — | — | — | — | — |
| 21.2 | 11.6 | 11.4 | 11.0 | 10.7 | 10.2 | — | — | — | — | — | — | — | — |
| 21.4 | 11.8 | 11.6 | 11.2 | 10.9 | 10.4 | 10.0 | — | — | — | — | — | — | — |
| 21.6 | 12.0 | 11.8 | 11.4 | 11.0 | 10.6 | 10.2 | — | — | — | — | — | — | — |
| 21.8 | 12.3 | 12.1 | 11.7 | 11.3 | 10.8 | 10.5 | 10.1 | — | — | — | — | — | — |
| 22.0 | 12.5 | 12.2 | 11.9 | 11.5 | 11.0 | 10.6 | 10.2 | — | — | — | — | — | — |
| 22.2 | 12.7 | 12.4 | 12.1 | 11.7 | 11.2 | 10.8 | 10.4 | 10.0 | — | — | — | — | — |
| 22.4 | 13.0 | 12.7 | 12.4 | 12.0 | 11.4 | 11.0 | 10.7 | 10.3 | 10.0 | — | — | — | — |
| 22.6 | 13.2 | 12.9 | 12.5 | 12.1 | 11.6 | 11.2 | 10.8 | 10.4 | 10.2 | — | — | — | — |
| 22.8 | 13.4 | 13.1 | 12.7 | 12.3 | 11.8 | 11.4 | 11.0 | 10.6 | 10.3 | — | — | — | — |
| 23.0 | 13.7 | 13.4 | 13.0 | 12.6 | 12.1 | 11.6 | 11.2 | 10.8 | 10.5 | 10.1 | — | — | — |
| 23.2 | 13.9 | 13.6 | 13.2 | 12.8 | 12.2 | 11.8 | 11.4 | 11.0 | 10.7 | 10.3 | 10.0 | — | — |
| 23.4 | 14.1 | 13.8 | 13.4 | 13.0 | 12.4 | 12.0 | 11.6 | 11.2 | 10.9 | 10.4 | 10.2 | — | — |
| 23.6 | 14.4 | 14.1 | 13.7 | 13.2 | 12.7 | 12.2 | 11.8 | 11.4 | 11.1 | 10.7 | 10.4 | 10.1 | — |
| 23.8 | 14.6 | 14.3 | 13.9 | 13.4 | 12.8 | 12.4 | 12.0 | 11.5 | 11.2 | 10.8 | 10.5 | 10.2 | — |
| 24.0 | 14.9 | 14.6 | 14.2 | 13.7 | 13.1 | 12.7 | 12.2 | 11.8 | 11.5 | 11.0 | 10.7 | 10.4 | 10.1 |
| 24.2 | 15.1 | 14.8 | 14.3 | 13.9 | 13.3 | 12.8 | 12.4 | 11.9 | 11.6 | 11.2 | 10.9 | 10.6 | 10.3 |
| 24.4 | 15.4 | 15.1 | 14.6 | 14.2 | 13.6 | 13.1 | 12.6 | 12.2 | 11.9 | 11.4 | 11.1 | 10.8 | 10.4 |
| 24.6 | 15.6 | 15.3 | 14.8 | 14.4 | 13.7 | 13.3 | 12.8 | 12.3 | 12.0 | 11.5 | 11.2 | 10.9 | 10.6 |
| 24.8 | 15.9 | 15.6 | 15.1 | 14.6 | 14.0 | 13.5 | 13.0 | 12.6 | 12.2 | 11.8 | 11.4 | 11.1 | 10.7 |
| 25.0 | 16.2 | 15.9 | 15.4 | 14.9 | 14.3 | 13.8 | 13.3 | 12.8 | 12.5 | 12.0 | 11.7 | 11.3 | 10.9 |
| 25.2 | 16.4 | 16.1 | 15.6 | 15.1 | 14.4 | 13.9 | 13.4 | 13.0 | 12.6 | 12.1 | 11.8 | 11.5 | 11.0 |
| 25.4 | 16.7 | 16.4 | 15.9 | 15.4 | 14.7 | 14.2 | 13.7 | 13.2 | 12.9 | 12.4 | 12.0 | 11.7 | 11.2 |
| 25.6 | 16.9 | 16.6 | 16.1 | 15.7 | 14.9 | 14.4 | 13.9 | 13.4 | 13.0 | 12.5 | 12.2 | 11.8 | 11.3 |
| 25.8 | 17.2 | 16.9 | 16.3 | 15.8 | 15.1 | 14.6 | 14.1 | 13.6 | 13.2 | 12.7 | 12.4 | 12.0 | 11.5 |

| 平均回弹值 $R_m$ | 测区混凝土强度换算值 $f_{cu,i}^c$（MPa） | | | | | | | | | | | | |
| | 平均碳化深度值 $d_m$（mm） | | | | | | | | | | | | |
| | 0.0 | 0.5 | 1.0 | 1.5 | 2.0 | 2.5 | 3.0 | 3.5 | 4.0 | 4.5 | 5.0 | 5.5 | ≥6 |
| 26.0 | 17.5 | 17.2 | 16.6 | 16.1 | 15.4 | 14.9 | 14.4 | 13.8 | 13.5 | 13.0 | 12.6 | 12.2 | 11.6 |
| 26.2 | 17.8 | 17.4 | 16.9 | 16.4 | 15.7 | 15.1 | 14.6 | 14.0 | 13.7 | 13.2 | 12.8 | 12.4 | 11.8 |
| 26.4 | 18.0 | 17.6 | 17.1 | 16.6 | 15.8 | 15.3 | 14.8 | 14.2 | 13.9 | 13.3 | 13.0 | 12.6 | 12.0 |
| 26.6 | 18.3 | 17.9 | 17.4 | 16.8 | 16.1 | 15.6 | 15.0 | 14.4 | 14.1 | 13.5 | 13.2 | 12.8 | 12.1 |
| 26.8 | 18.6 | 18.2 | 17.7 | 17.1 | 16.4 | 15.8 | 15.3 | 14.6 | 14.3 | 13.8 | 13.4 | 12.9 | 12.3 |
| 27.0 | 18.9 | 18.5 | 18.0 | 17.4 | 16.6 | 16.1 | 15.5 | 14.8 | 14.6 | 14.0 | 13.6 | 13.1 | 12.4 |
| 27.2 | 19.1 | 18.7 | 18.1 | 17.6 | 16.8 | 16.2 | 15.7 | 15.0 | 14.7 | 14.1 | 13.8 | 13.3 | 12.6 |
| 27.4 | 19.4 | 19.0 | 18.4 | 17.8 | 17.0 | 16.4 | 15.9 | 15.2 | 14.9 | 14.3 | 14.0 | 13.4 | 12.7 |
| 27.6 | 19.7 | 19.3 | 18.7 | 18.0 | 17.2 | 16.6 | 16.1 | 15.4 | 15.1 | 14.5 | 14.1 | 13.6 | 12.9 |
| 27.8 | 20.0 | 19.6 | 19.0 | 18.2 | 17.4 | 16.8 | 16.3 | 15.6 | 15.3 | 14.7 | 14.2 | 13.7 | 13.0 |
| 28.0 | 20.3 | 19.7 | 19.2 | 18.4 | 17.6 | 17.0 | 16.5 | 15.8 | 15.4 | 14.8 | 14.4 | 13.9 | 13.2 |
| 28.2 | 20.6 | 20.0 | 19.5 | 18.6 | 17.8 | 17.2 | 16.7 | 16.0 | 15.6 | 15.0 | 14.6 | 14.0 | 13.3 |
| 28.4 | 20.9 | 20.3 | 19.7 | 18.8 | 18.0 | 17.4 | 16.9 | 16.2 | 15.8 | 15.2 | 14.8 | 14.2 | 13.5 |
| 28.6 | 21.2 | 20.6 | 20.0 | 19.1 | 18.2 | 17.6 | 17.1 | 16.4 | 16.0 | 15.4 | 15.0 | 14.3 | 13.6 |
| 28.8 | 21.5 | 20.9 | 20.0 | 19.4 | 18.5 | 17.8 | 17.3 | 16.6 | 16.2 | 15.6 | 15.2 | 14.5 | 13.8 |
| 29.0 | 21.8 | 21.1 | 20.5 | 19.6 | 18.7 | 18.1 | 17.5 | 16.8 | 16.4 | 15.8 | 15.4 | 14.6 | 13.9 |
| 29.2 | 22.1 | 21.4 | 20.8 | 19.9 | 19.0 | 18.3 | 17.7 | 17.0 | 16.6 | 16.0 | 15.6 | 14.8 | 14.1 |
| 29.4 | 22.4 | 21.7 | 21.1 | 20.2 | 19.3 | 18.6 | 17.9 | 17.2 | 16.8 | 16.2 | 15.8 | 15.0 | 14.2 |
| 29.6 | 22.7 | 22.0 | 21.3 | 20.4 | 19.5 | 18.8 | 18.2 | 17.5 | 17.0 | 16.4 | 16.0 | 15.1 | 14.4 |
| 29.8 | 23.0 | 22.3 | 21.6 | 20.7 | 19.8 | 19.1 | 18.4 | 17.7 | 17.2 | 16.6 | 16.2 | 15.3 | 14.5 |
| 30.0 | 23.3 | 22.6 | 21.9 | 21.0 | 20.0 | 19.3 | 18.6 | 17.9 | 17.4 | 16.8 | 16.4 | 15.4 | 14.7 |
| 30.2 | 23.6 | 22.9 | 22.2 | 21.2 | 20.3 | 19.6 | 18.9 | 18.2 | 17.6 | 17.0 | 16.6 | 15.6 | 14.9 |
| 30.4 | 23.9 | 23.2 | 22.5 | 21.5 | 20.6 | 19.8 | 19.1 | 18.4 | 17.8 | 17.2 | 16.8 | 15.8 | 15.1 |
| 30.6 | 24.3 | 23.6 | 22.8 | 21.9 | 20.9 | 20.2 | 19.4 | 18.7 | 18.0 | 17.5 | 17.0 | 16.0 | 15.2 |
| 30.8 | 24.6 | 23.9 | 23.1 | 22.1 | 21.2 | 20.4 | 19.7 | 18.9 | 18.2 | 17.7 | 17.2 | 16.2 | 15.4 |
| 31.0 | 24.9 | 24.2 | 23.4 | 22.4 | 21.4 | 20.7 | 19.9 | 19.2 | 18.4 | 17.9 | 17.4 | 16.4 | 15.5 |
| 31.2 | 25.2 | 24.4 | 23.7 | 22.7 | 21.7 | 20.9 | 20.2 | 19.4 | 18.6 | 16.1 | 17.6 | 16.6 | 15.7 |
| 31.4 | 25.6 | 24.8 | 24.1 | 23.0 | 22.0 | 21.2 | 20.5 | 19.7 | 18.9 | 18.4 | 17.8 | 16.9 | 15.8 |
| 31.6 | 25.9 | 25.1 | 24.3 | 23.3 | 22.3 | 21.5 | 20.7 | 19.9 | 19.2 | 18.6 | 18.0 | 17.1 | 16.0 |
| 31.8 | 26.2 | 25.4 | 24.6 | 23.6 | 22.5 | 21.7 | 21.0 | 20.2 | 19.4 | 18.9 | 18.2 | 17.3 | 16.2 |
| 32.0 | 26.5 | 25.7 | 24.9 | 23.9 | 22.8 | 22.0 | 21.2 | 20.4 | 19.6 | 19.1 | 18.4 | 17.5 | 16.4 |
| 32.2 | 26.9 | 26.1 | 25.3 | 24.2 | 23.1 | 22.3 | 21.5 | 20.7 | 19.9 | 19.4 | 18.6 | 17.7 | 16.6 |
| 32.4 | 27.2 | 26.4 | 25.6 | 24.5 | 23.4 | 22.6 | 21.8 | 20.9 | 20.1 | 19.6 | 18.8 | 17.9 | 16.8 |
| 32.6 | 27.6 | 26.8 | 25.9 | 24.8 | 23.7 | 22.9 | 22.1 | 21.3 | 20.4 | 19.9 | 19.0 | 18.1 | 17.0 |
| 32.8 | 27.9 | 27.1 | 26.2 | 25.1 | 24.0 | 23.2 | 22.3 | 21.5 | 20.6 | 20.1 | 19.2 | 18.3 | 17.2 |

| 平均回弹值 $R_\mathrm{m}$ | 测区混凝土强度换算值 $f^\mathrm{c}_{\mathrm{cu},i}$（MPa） | | | | | | | | | | | | |
|---|---|---|---|---|---|---|---|---|---|---|---|---|---|
| | 平均碳化深度值 $d_\mathrm{m}$（mm） | | | | | | | | | | | | |
| | 0.0 | 0.5 | 1.0 | 1.5 | 2.0 | 2.5 | 3.0 | 3.5 | 4.0 | 4.5 | 5.0 | 5.5 | ≥6 |
| 33.0 | 28.2 | 27.4 | 26.5 | 25.4 | 24.3 | 23.4 | 22.6 | 21.7 | 20.9 | 20.3 | 19.4 | 18.5 | 17.4 |
| 33.2 | 28.6 | 27.7 | 26.8 | 25.7 | 24.6 | 23.7 | 22.9 | 22.0 | 21.2 | 20.5 | 19.6 | 18.7 | 17.6 |
| 33.4 | 28.9 | 28.0 | 27.1 | 26.0 | 24.9 | 24.0 | 23.1 | 22.3 | 21.4 | 20.7 | 19.8 | 18.9 | 17.8 |
| 33.6 | 29.3 | 28.4 | 27.4 | 26.4 | 25.2 | 24.2 | 23.3 | 22.6 | 21.7 | 20.9 | 20.0 | 19.1 | 18.0 |
| 33.8 | 29.6 | 28.7 | 27.7 | 26.6 | 25.4 | 24.4 | 23.5 | 22.8 | 21.9 | 21.1 | 20.2 | 19.3 | 18.2 |
| 34.0 | 30.0 | 29.1 | 28.0 | 26.8 | 25.6 | 24.6 | 23.7 | 23.0 | 22.1 | 21.3 | 20.4 | 19.5 | 18.3 |
| 34.2 | 30.3 | 29.4 | 28.3 | 27.0 | 25.8 | 24.8 | 23.9 | 23.2 | 22.3 | 21.5 | 20.6 | 19.7 | 18.4 |
| 34.4 | 30.7 | 29.8 | 28.6 | 27.2 | 26.0 | 25.0 | 24.1 | 23.4 | 21.7 | 20.8 | 19.8 | 18.6 | |
| 34.6 | 31.1 | 30.2 | 28.9 | 27.4 | 26.2 | 25.2 | 24.3 | 23.6 | 22.7 | 21.9 | 21.0 | 20.0 | 18.8 |
| 34.8 | 31.4 | 30.5 | 29.2 | 27.6 | 26.4 | 25.4 | 24.5 | 23.8 | 22.9 | 22.1 | 21.2 | 20.2 | 19.0 |
| 35.0 | 31.8 | 30.8 | 29.6 | 28.0 | 26.7 | 25.8 | 24.8 | 24.0 | 23.2 | 22.3 | 21.4 | 20.4 | 19.2 |
| 35.2 | 32.1 | 31.1 | 29.9 | 28.2 | 27.0 | 26.0 | 25.0 | 24.2 | 23.4 | 22.5 | 21.6 | 20.6 | 19.4 |
| 35.4 | 32.5 | 31.5 | 30.2 | 28.6 | 27.3 | 26.3 | 25.4 | 24.4 | 23.7 | 22.8 | 21.8 | 20.8 | 19.6 |
| 35.6 | 32.9 | 31.9 | 30.6 | 29.0 | 27.6 | 26.6 | 25.7 | 24.7 | 24.0 | 23.0 | 22.0 | 21.0 | 19.8 |
| 35.8 | 33.3 | 32.3 | 31.0 | 29.3 | 28.0 | 27.0 | 26.0 | 25.0 | 24.3 | 23.3 | 22.2 | 21.2 | 20.0 |
| 36.0 | 33.6 | 32.6 | 31.2 | 29.6 | 28.2 | 27.2 | 26.2 | 25.2 | 24.5 | 23.5 | 22.4 | 21.4 | 20.2 |
| 36.2 | 34.0 | 33.0 | 31.6 | 29.9 | 28.6 | 27.5 | 26.5 | 25.5 | 24.8 | 23.8 | 22.6 | 21.6 | 20.4 |
| 36.4 | 34.4 | 33.4 | 32.0 | 30.3 | 28.9 | 27.9 | 26.8 | 25.8 | 25.1 | 24.1 | 22.8 | 21.8 | 20.6 |
| 36.6 | 34.8 | 33.8 | 32.4 | 30.6 | 29.2 | 28.2 | 27.1 | 26.1 | 25.4 | 24.4 | 23.0 | 22.0 | 20.9 |
| 36.8 | 35.2 | 34.1 | 32.7 | 31.0 | 29.6 | 28.5 | 27.5 | 26.4 | 25.7 | 24.6 | 23.2 | 22.2 | 21.1 |
| 37.0 | 35.5 | 34.4 | 33.0 | 31.2 | 29.8 | 28.8 | 27.7 | 26.6 | 25.9 | 24.8 | 23.4 | 22.4 | 21.3 |
| 37.2 | 35.9 | 34.8 | 33.4 | 31.6 | 30.2 | 29.1 | 28.0 | 26.9 | 26.2 | 25.1 | 23.7 | 22.6 | 21.5 |
| 37.4 | 36.3 | 35.2 | 33.8 | 31.9 | 30.5 | 29.4 | 28.3 | 27.2 | 26.6 | 25.4 | 24.0 | 22.9 | 21.8 |
| 37.6 | 36.7 | 35.6 | 34.1 | 32.3 | 30.8 | 29.7 | 28.6 | 27.5 | 26.8 | 25.7 | 24.2 | 23.1 | 22.0 |
| 37.8 | 37.1 | 36.0 | 34.5 | 32.6 | 31.2 | 30.0 | 28.9 | 27.8 | 27.1 | 26.0 | 24.5 | 23.4 | 22.3 |
| 38.0 | 37.5 | 36.4 | 34.9 | 33.0 | 31.5 | 30.3 | 29.2 | 28.1 | 27.4 | 26.2 | 24.8 | 23.6 | 22.5 |
| 38.2 | 37.9 | 36.8 | 35.2 | 33.4 | 31.8 | 30.6 | 29.5 | 28.4 | 27.7 | 26.5 | 25.0 | 23.9 | 22.7 |
| 38.4 | 38.3 | 37.2 | 35.6 | 33.7 | 32.1 | 30.9 | 29.8 | 28.7 | 28.0 | 29.8 | 25.3 | 24.1 | 23.0 |
| 38.6 | 38.7 | 37.5 | 36.0 | 34.1 | 32.4 | 31.2 | 30.1 | 29.0 | 28.3 | 27.0 | 25.5 | 24.4 | 23.2 |
| 38.8 | 39.1 | 37.9 | 36.4 | 34.4 | 32.7 | 31.5 | 30.4 | 29.3 | 28.5 | 27.2 | 25.8 | 24.6 | 23.5 |
| 39.0 | 39.5 | 38.2 | 36.7 | 34.7 | 33.0 | 31.8 | 30.6 | 29.6 | 28.8 | 27.4 | 26.0 | 24.8 | 23.7 |
| 39.2 | 39.9 | 38.5 | 37.0 | 35.0 | 33.3 | 32.1 | 30.8 | 29.8 | 29.0 | 27.6 | 26.2 | 25.0 | 25.0 |
| 39.4 | 40.3 | 38.8 | 37.3 | 35.3 | 33.6 | 32.4 | 31.0 | 30.0 | 29.2 | 27.8 | 26.4 | 25.2 | 24.2 |
| 39.6 | 40.7 | 39.1 | 37.6 | 35.6 | 33.9 | 32.7 | 31.2 | 30.2 | 29.4 | 28.0 | 26.6 | 25.4 | 24.4 |
| 39.8 | 41.2 | 39.6 | 38.0 | 35.9 | 34.2 | 33.0 | 31.4 | 30.5 | 29.7 | 28.2 | 26.8 | 25.6 | 24.7 |

| 平均回弹值 $R_m$ | 测区混凝土强度换算值 $f^c_{cu,i}$ （MPa） | | | | | | | | | | | | |
| | 平均碳化深度值 $d_m$ （mm） | | | | | | | | | | | | |
| | 0.0 | 0.5 | 1.0 | 1.5 | 2.0 | 2.5 | 3.0 | 3.5 | 4.0 | 4.5 | 5.0 | 5.5 | ≥6 |
| 40.0 | 41.6 | 39.9 | 38.3 | 36.2 | 34.5 | 33.3 | 31.7 | 30.8 | 30.0 | 28.4 | 27.0 | 25.8 | 25.0 |
| 40.2 | 42.0 | 40.3 | 38.6 | 36.5 | 34.8 | 33.6 | 32.0 | 31.1 | 30.2 | 28.6 | 27.3 | 26.0 | 25.2 |
| 40.4 | 42.4 | 40.7 | 39.0 | 36.9 | 35.1 | 33.9 | 32.3 | 31.4 | 30.5 | 28.8 | 27.6 | 26.2 | 25.4 |
| 40.6 | 42.8 | 41.1 | 39.4 | 37.2 | 35.4 | 34.2 | 32.6 | 31.7 | 30.8 | 29.1 | 27.8 | 26.5 | 25.7 |
| 40.8 | 43.3 | 41.6 | 39.8 | 37.7 | 35.7 | 34.5 | 32.9 | 32.0 | 31.2 | 29.4 | 28.1 | 26.8 | 26.0 |
| 41.0 | 43.7 | 42.0 | 40.2 | 38.0 | 36.0 | 34.8 | 33.2 | 32.3 | 31.5 | 29.7 | 28.4 | 27.1 | 26.2 |
| 41.2 | 44.1 | 42.3 | 40.6 | 38.4 | 36.3 | 35.1 | 33.5 | 32.6 | 31.8 | 30.0 | 28.7 | 27.3 | 26.5 |
| 41.4 | 44.5 | 42.7 | 40.9 | 38.7 | 36.6 | 35.4 | 33.8 | 32.9 | 32.0 | 30.3 | 28.9 | 27.6 | 26.7 |
| 41.6 | 45.0 | 43.2 | 41.4 | 39.2 | 36.9 | 35.7 | 34.2 | 33.3 | 32.4 | 30.6 | 29.2 | 27.9 | 27.0 |
| 41.8 | 45.4 | 43.6 | 41.8 | 39.5 | 37.2 | 36.0 | 34.5 | 33.6 | 32.7 | 30.9 | 29.5 | 28.1 | 27.2 |
| 42.0 | 45.9 | 44.1 | 42.2 | 39.9 | 37.6 | 36.3 | 34.9 | 34.0 | 33.0 | 31.2 | 29.8 | 28.5 | 27.5 |
| 42.2 | 46.3 | 44.4 | 42.6 | 40.3 | 38.0 | 36.6 | 35.2 | 34.3 | 33.3 | 31.5 | 30.1 | 28.7 | 27.8 |
| 42.4 | 46.7 | 44.8 | 43.0 | 40.6 | 38.3 | 36.9 | 35.5 | 34.6 | 33.6 | 31.8 | 30.4 | 29.0 | 28.0 |
| 42.6 | 47.2 | 45.3 | 43.4 | 41.1 | 38.7 | 37.3 | 35.9 | 34.9 | 34.0 | 32.1 | 30.7 | 29.2 | 28.3 |
| 42.8 | 47.6 | 45.7 | 43.8 | 41.4 | 39.0 | 37.6 | 36.2 | 35.2 | 34.3 | 32.4 | 30.9 | 29.5 | 28.6 |
| 43.0 | 48.1 | 46.2 | 44.2 | 41.8 | 39.4 | 38.0 | 36.6 | 35.6 | 34.6 | 32.7 | 31.3 | 29.8 | 28.9 |
| 43.2 | 48.5 | 46.6 | 44.6 | 42.2 | 39.8 | 38.3 | 36.9 | 35.9 | 34.9 | 33.0 | 31.5 | 30.1 | 29.1 |
| 43.4 | 49.0 | 47.0 | 45.1 | 42.6 | 40.2 | 38.7 | 37.2 | 36.3 | 35.3 | 33.3 | 31.8 | 30.4 | 29.4 |
| 43.6 | 49.4 | 47.4 | 45.4 | 43.0 | 40.5 | 39.0 | 37.5 | 36.6 | 35.6 | 33.6 | 32.1 | 30.6 | 29.6 |
| 43.8 | 49.9 | 47.9 | 45.9 | 43.4 | 40.9 | 39.4 | 37.9 | 36.9 | 35.9 | 33.9 | 32.4 | 30.9 | 29.9 |
| 44.0 | 50.4 | 48.4 | 46.4 | 43.8 | 41.3 | 39.8 | 38.3 | 37.3 | 36.3 | 34.3 | 32.8 | 31.2 | 30.2 |
| 45.4 | 53.6 | 51.5 | 49.4 | 46.6 | 44.0 | 42.3 | 40.7 | 39.7 | 38.6 | 36.4 | 34.8 | 33.2 | 32.2 |
| 45.6 | 54.1 | 51.9 | 49.8 | 47.1 | 44.4 | 42.7 | 41.1 | 40.0 | 39.0 | 36.8 | 35.2 | 33.5 | 32.5 |
| 45.8 | 54.6 | 52.4 | 50.2 | 47.5 | 44.8 | 43.1 | 41.5 | 40.4 | 39.3 | 37.1 | 35.5 | 33.9 | 32.8 |
| 46.0 | 55.0 | 52.8 | 50.6 | 47.9 | 45.2 | 43.5 | 41.9 | 40.8 | 39.7 | 37.5 | 35.8 | 34.2 | 33.1 |
| 46.2 | 55.5 | 53.3 | 51.1 | 48.3 | 45.5 | 43.8 | 42.2 | 41.1 | 40.0 | 37.7 | 36.1 | 34.4 | 33.3 |
| 46.4 | 56.0 | 53.8 | 51.5 | 48.7 | 45.9 | 44.2 | 42.6 | 41.4 | 40.3 | 38.1 | 36.4 | 34.7 | 33.6 |
| 46.6 | 56.5 | 54.2 | 52.0 | 49.2 | 46.3 | 44.6 | 42.9 | 41.8 | 40.7 | 38.4 | 36.7 | 35.0 | 33.9 |
| 46.8 | 57.0 | 54.7 | 52.4 | 49.6 | 46.7 | 45.0 | 43.3 | 42.2 | 41.0 | 38.8 | 37.0 | 35.3 | 34.2 |
| 47.0 | 57.5 | 55.2 | 52.9 | 50.0 | 47.2 | 45.2 | 43.7 | 42.6 | 41.4 | 39.1 | 37.4 | 35.6 | 34.5 |
| 47.2 | 58.0 | 55.7 | 53.4 | 50.5 | 47.6 | 45.8 | 44.1 | 42.9 | 41.8 | 39.4 | 37.7 | 36.0 | 34.8 |
| 47.4 | 58.5 | 56.2 | 53.8 | 50.9 | 48.0 | 46.2 | 44.5 | 43.3 | 42.1 | 39.8 | 38.0 | 36.3 | 35.1 |
| 47.6 | 59.0 | 56.6 | 54.3 | 51.3 | 48.4 | 46.6 | 44.8 | 43.7 | 42.5 | 40.1 | 40.0 | 36.6 | 35.4 |
| 47.8 | 59.5 | 57.1 | 54.7 | 51.8 | 48.8 | 47.0 | 45.2 | 44.0 | 42.8 | 40.5 | 38.7 | 36.9 | 35.7 |
| 48.0 | 60.0 | 57.6 | 55.2 | 52.2 | 49.2 | 47.4 | 45.6 | 44.4 | 43.2 | 40.8 | 39.0 | 37.2 | 36.0 |

| 平均回弹值 $R_m$ | 测区混凝土强度换算值 $f^c_{cu,i}$（MPa） | | | | | | | | | | | | |
| --- | --- | --- | --- | --- | --- | --- | --- | --- | --- | --- | --- | --- | --- |
| | 平均碳化深度值 $d_m$（mm） | | | | | | | | | | | | |
| | 0.0 | 0.5 | 1.0 | 1.5 | 2.0 | 2.5 | 3.0 | 3.5 | 4.0 | 4.5 | 5.0 | 5.5 | ≥6 |
| 48.2 | — | 58.0 | 55.7 | 52.6 | 49.6 | 47.8 | 46.0 | 44.8 | 43.6 | 41.1 | 39.3 | 37.5 | 36.3 |
| 48.4 | — | 58.6 | 56.1 | 53.1 | 50.0 | 48.2 | 46.4 | 45.1 | 43.9 | 41.5 | 39.6 | 37.8 | 36.6 |
| 48.6 | — | 59.0 | 56.6 | 53.5 | 50.4 | 48.6 | 46.7 | 45.5 | 44.3 | 41.8 | 40.0 | 38.1 | 36.9 |
| 48.8 | — | 59.5 | 57.1 | 54.0 | 50.9 | 49.0 | 47.1 | 45.9 | 44.6 | 42.2 | 40.3 | 38.4 | 37.2 |
| 49.0 | — | 60.0 | 57.5 | 54.4 | 51.3 | 49.4 | 47.5 | 46.2 | 45.0 | 42.5 | 40.6 | 38.8 | 37.5 |
| 49.2 | — | — | 58.0 | 54.8 | 51.7 | 49.8 | 47.9 | 46.6 | 45.4 | 42.8 | 41.0 | 39.1 | 37.8 |
| 49.4 | — | — | 58.5 | 55.3 | 52.1 | 50.2 | 48.3 | 47.1 | 45.8 | 43.2 | 41.3 | 39.4 | 38.2 |
| 49.6 | — | — | 58.9 | 55.7 | 52.5 | 50.6 | 48.7 | 47.4 | 46.2 | 43.6 | 41.7 | 39.7 | 38.5 |
| 49.8 | — | — | 59.4 | 56.2 | 53.0 | 51.0 | 49.1 | 47.8 | 46.5 | 43.9 | 42.0 | 40.1 | 38.8 |
| 50.0 | — | — | 59.9 | 56.7 | 53.4 | 51.4 | 49.5 | 48.2 | 46.9 | 44.3 | 42.3 | 40.4 | 39.1 |
| 50.2 | — | — | 60.0 | 57.1 | 53.8 | 51.9 | 49.9 | 48.5 | 47.2 | 44.6 | 42.6 | 40.7 | 39.4 |
| 50.4 | — | — | — | 57.6 | 54.3 | 52.3 | 50.3 | 49.0 | 47.7 | 45.0 | 43.0 | 41.0 | 39.7 |
| 50.6 | — | — | — | 58.0 | 54.7 | 52.7 | 50.7 | 49.4 | 48.0 | 45.4 | 43.4 | 41.4 | 40.0 |
| 50.8 | — | — | — | 58.5 | 55.1 | 53.1 | 51.1 | 49.8 | 48.4 | 45.7 | 43.7 | 41.7 | 40.3 |
| 51.0 | — | — | — | 59.0 | 55.6 | 53.5 | 51.5 | 50.1 | 48.8 | 46.1 | 44.1 | 42.0 | 40.7 |
| 51.2 | — | — | — | 59.4 | 56.0 | 54.0 | 51.9 | 50.5 | 49.2 | 46.4 | 44.4 | 42.3 | 41.0 |
| 51.4 | — | — | — | 59.9 | 56.4 | 54.4 | 52.3 | 50.9 | 49.6 | 46.8 | 44.7 | 42.7 | 41.3 |
| 51.6 | — | — | — | 60.0 | 56.9 | 54.8 | 52.7 | 51.3 | 50.0 | 47.2 | 45.1 | 43.0 | 41.6 |
| 51.8 | — | — | — | — | 57.3 | 55.2 | 53.1 | 51.7 | 50.3 | 47.5 | 45.4 | 43.3 | 41.8 |
| 52.0 | — | — | — | — | 57.8 | 55.7 | 53.6 | 52.1 | 50.7 | 47.9 | 45.8 | 43.7 | 42.3 |
| 52.2 | — | — | — | — | 58.2 | 56.1 | 54.0 | 52.5 | 51.1 | 48.3 | 46.2 | 44.0 | 42.6 |
| 52.4 | — | — | — | — | 58.7 | 56.5 | 54.4 | 53.0 | 51.5 | 48.7 | 46.5 | 44.4 | 43.0 |
| 52.6 | — | — | — | — | 59.1 | 57.0 | 54.8 | 53.4 | 51.9 | 49.0 | 46.9 | 44.7 | 43.3 |
| 52.8 | — | — | — | — | 59.6 | 57.4 | 55.2 | 53.8 | 52.3 | 49.4 | 47.3 | 45.1 | 43.6 |
| 53.0 | — | — | — | — | 60.0 | 57.8 | 55.6 | 54.2 | 52.7 | 49.8 | 47.6 | 45.4 | 43.9 |
| 53.2 | — | — | — | — | — | 58.3 | 56.1 | 54.6 | 53.1 | 50.2 | 48.0 | 45.8 | 44.3 |
| 53.4 | — | — | — | — | — | 58.7 | 56.5 | 55.0 | 53.5 | 50.5 | 48.3 | 46.1 | 44.6 |
| 53.6 | — | — | — | — | — | 59.2 | 56.9 | 55.4 | 53.9 | 50.9 | 48.7 | 46.4 | 44.9 |
| 53.8 | — | — | — | — | — | 59.6 | 57.3 | 55.8 | 54.3 | 51.3 | 49.0 | 46.8 | 45.3 |
| 54.0 | — | — | — | — | — | 60.0 | 57.8 | 56.3 | 54.7 | 51.7 | 49.4 | 47.1 | 45.6 |
| 54.2 | — | — | — | — | — | — | 58.2 | 56.7 | 55.1 | 52.1 | 49.8 | 47.5 | 46.0 |
| 54.4 | — | — | — | — | — | — | 58.6 | 57.1 | 55.6 | 52.5 | 50.2 | 47.9 | 46.3 |
| 54.6 | — | — | — | — | — | — | 59.1 | 57.5 | 56.0 | 52.9 | 50.5 | 48.2 | 46.6 |
| 54.8 | — | — | — | — | — | — | 59.5 | 57.9 | 56.4 | 53.2 | 50.9 | 48.5 | 47.0 |
| 55.0 | — | — | — | — | — | — | 59.9 | 58.4 | 56.8 | 53.6 | 51.3 | 48.9 | 47.3 |

| 平均回弹值 $R_m$ | 测区混凝土强度换算值 $f^c_{cu,i}$ (MPa) | | | | | | | | | | | | |
|---|---|---|---|---|---|---|---|---|---|---|---|---|
| | 平均碳化深度值 $d_m$ (mm) | | | | | | | | | | | | |
| | 0.0 | 0.5 | 1.0 | 1.5 | 2.0 | 2.5 | 3.0 | 3.5 | 4.0 | 4.5 | 5.0 | 5.5 | ≥6 |
| 55.2 | — | — | — | — | — | — | 60.0 | 58.8 | 57.2 | 54.0 | 51.6 | 49.3 | 47.7 |
| 55.4 | — | — | — | — | — | — | — | 59.2 | 57.6 | 54.4 | 52.0 | 49.6 | 48.0 |
| 55.6 | — | — | — | — | — | — | — | 59.7 | 58.0 | 54.8 | 52.4 | 50.0 | 48.4 |
| 55.8 | — | — | — | — | — | — | — | 60.0 | 58.5 | 55.2 | 52.8 | 50.3 | 48.7 |
| 56.0 | — | — | — | — | — | — | — | — | 58.9 | 55.6 | 53.2 | 50.7 | 49.1 |
| 56.2 | — | — | — | — | — | — | — | — | 59.3 | 56.0 | 53.5 | 51.1 | 49.4 |
| 56.4 | — | — | — | — | — | — | — | — | 59.7 | 56.4 | 53.9 | 51.4 | 49.8 |
| 56.6 | — | — | — | — | — | — | — | — | 60.0 | 56.8 | 54.3 | 51.8 | 50.1 |
| 56.8 | — | — | — | — | — | — | — | — | — | 57.2 | 54.7 | 52.2 | 50.5 |
| 57.0 | — | — | — | — | — | — | — | — | — | 57.6 | 55.1 | 52.5 | 50.8 |
| 57.2 | — | — | — | — | — | — | — | — | — | 58.0 | 55.5 | 52.9 | 51.2 |
| 57.4 | — | — | — | — | — | — | — | — | — | 58.4 | 55.9 | 53.3 | 51.6 |
| 57.6 | — | — | — | — | — | — | — | — | — | 58.9 | 56.3 | 53.7 | 51.9 |
| 57.8 | — | — | — | — | — | — | — | — | — | 59.3 | 56.7 | 54.0 | 52.3 |
| 58.0 | — | — | — | — | — | — | — | — | — | 59.7 | 57.0 | 54.4 | 52.7 |
| 58.2 | — | — | — | — | — | — | — | — | — | 60.0 | 57.4 | 54.8 | 53.0 |
| 58.4 | — | — | — | — | — | — | — | — | — | — | 57.8 | 55.2 | 53.4 |
| 58.6 | — | — | — | — | — | — | — | — | — | — | 58.2 | 55.6 | 53.8 |
| 58.8 | — | — | — | — | — | — | — | — | — | — | 58.6 | 55.9 | 54.1 |
| 59.0 | — | — | — | — | — | — | — | — | — | — | 59.0 | 56.3 | 54.5 |
| 59.2 | — | — | — | — | — | — | — | — | — | — | 59.4 | 56.7 | 54.9 |
| 59.4 | — | — | — | — | — | — | — | — | — | — | 59.8 | 57.1 | 55.2 |
| 59.6 | — | — | — | — | — | — | — | — | — | — | 60.0 | 57.5 | 55.6 |
| 59.8 | — | — | — | — | — | — | — | — | — | — | — | 57.9 | 56.0 |
| 60.0 | — | — | — | — | — | — | — | — | — | — | — | 58.3 | 56.4 |

注：表中未注明的测区混凝土强度换算值为小于10MPa或大于60MPa。

# 附录 B 测区泵送混凝土强度换算表

| 平均回弹值 $R_m$ | 测区泵送混凝土强度换算值 $f^c_{cu,i}$（MPa） | | | | | | | | | | | | |
|---|---|---|---|---|---|---|---|---|---|---|---|---|---|
| | 平均碳化深度值 $d_m$（mm） | | | | | | | | | | | | |
| | 0.0 | 0.5 | 1.0 | 1.5 | 2.0 | 2.5 | 3.0 | 3.5 | 4.0 | 4.5 | 5.0 | 5.5 | ≥6 |
| 18.6 | 10.0 | — | — | — | — | — | — | — | — | — | — | — | — |
| 18.8 | 10.2 | 10.0 | — | — | — | — | — | — | — | — | — | — | — |
| 19.0 | 10.4 | 10.2 | 10.0 | — | — | — | — | — | — | — | — | — | — |
| 19.2 | 10.6 | 10.4 | 10.2 | 10.0 | — | — | — | — | — | — | — | — | — |
| 19.4 | 10.9 | 10.7 | 10.4 | 10.2 | 10.0 | — | — | — | — | — | — | — | — |
| 19.6 | 11.1 | 10.9 | 10.6 | 10.4 | 10.2 | 10.0 | — | — | — | — | — | — | — |
| 19.8 | 11.3 | 11.1 | 10.9 | 10.6 | 10.4 | 10.2 | 10.0 | — | — | — | — | — | — |
| 20.0 | 11.5 | 11.3 | 11.1 | 10.9 | 10.6 | 10.4 | 10.2 | 10.0 | — | — | — | — | — |
| 20.2 | 11.8 | 11.5 | 11.3 | 11.1 | 10.9 | 10.6 | 10.4 | 10.2 | 10.0 | — | — | — | — |
| 20.4 | 12.0 | 11.7 | 11.5 | 11.3 | 11.1 | 10.8 | 10.6 | 10.4 | 10.2 | 10.0 | — | — | — |
| 20.6 | 12.2 | 12.0 | 11.7 | 11.5 | 11.3 | 11.0 | 10.8 | 10.6 | 10.4 | 10.2 | 10.0 | — | — |
| 20.8 | 12.4 | 12.2 | 12.0 | 11.7 | 11.5 | 11.3 | 11.0 | 10.8 | 10.6 | 10.4 | 10.2 | 10.0 | — |
| 21.0 | 12.7 | 12.4 | 12.2 | 11.9 | 11.7 | 11.5 | 11.2 | 11.0 | 10.8 | 10.6 | 10.4 | 10.2 | 10.0 |
| 21.2 | 12.9 | 12.7 | 12.4 | 12.2 | 11.9 | 11.7 | 11.5 | 11.2 | 11.0 | 10.8 | 10.6 | 10.4 | 10.2 |
| 21.4 | 13.1 | 12.9 | 12.6 | 12.4 | 12.1 | 11.9 | 11.7 | 11.4 | 11.2 | 11.0 | 10.8 | 10.6 | 10.3 |
| 21.6 | 13.4 | 13.1 | 12.9 | 12.6 | 12.4 | 12.1 | 11.9 | 11.6 | 11.4 | 11.2 | 11.0 | 10.7 | 10.5 |
| 21.8 | 13.6 | 13.4 | 13.1 | 12.8 | 12.6 | 12.3 | 12.1 | 11.9 | 11.6 | 11.4 | 11.2 | 10.9 | 10.7 |
| 22.0 | 13.9 | 13.6 | 13.3 | 13.1 | 12.8 | 12.6 | 12.3 | 12.1 | 11.8 | 11.6 | 11.4 | 11.1 | 10.9 |
| 22.2 | 14.1 | 13.8 | 13.6 | 13.3 | 13.0 | 12.8 | 12.5 | 12.3 | 12.0 | 11.8 | 11.6 | 11.3 | 11.1 |
| 22.4 | 14.4 | 14.1 | 13.8 | 13.5 | 13.3 | 13.0 | 12.7 | 12.5 | 12.2 | 12.0 | 11.8 | 11.5 | 11.3 |
| 22.6 | 14.6 | 14.3 | 14.0 | 13.8 | 13.5 | 13.2 | 13.0 | 12.7 | 12.5 | 12.2 | 12.0 | 11.7 | 11.5 |
| 22.8 | 14.9 | 14.6 | 14.3 | 14.0 | 13.7 | 13.5 | 13.2 | 12.9 | 12.7 | 12.4 | 12.2 | 11.9 | 11.7 |
| 23.0 | 15.1 | 14.8 | 14.5 | 14.2 | 14.0 | 13.7 | 13.4 | 13.1 | 12.9 | 12.6 | 12.4 | 12.1 | 11.9 |
| 23.2 | 15.4 | 15.1 | 14.8 | 14.5 | 14.2 | 13.9 | 13.6 | 13.4 | 13.1 | 12.8 | 12.6 | 12.3 | 12.1 |
| 23.4 | 15.6 | 15.3 | 15.0 | 14.7 | 14.4 | 14.1 | 13.9 | 13.6 | 13.3 | 13.1 | 12.8 | 12.6 | 12.3 |
| 23.6 | 15.9 | 15.6 | 15.3 | 15.0 | 14.7 | 14.4 | 14.1 | 13.8 | 13.5 | 13.3 | 13.0 | 12.8 | 12.5 |
| 23.8 | 16.2 | 15.8 | 15.5 | 15.2 | 14.9 | 14.6 | 14.3 | 14.1 | 13.8 | 13.5 | 13.2 | 13.0 | 12.7 |
| 24.0 | 16.4 | 16.1 | 15.8 | 15.5 | 15.2 | 14.9 | 14.6 | 14.3 | 14.0 | 13.7 | 13.5 | 13.2 | 12.9 |
| 24.2 | 16.7 | 16.4 | 16.0 | 15.7 | 15.4 | 15.1 | 14.8 | 14.5 | 14.2 | 13.9 | 13.7 | 13.4 | 13.1 |
| 24.4 | 17.0 | 16.6 | 16.3 | 16.0 | 15.7 | 15.3 | 15.0 | 14.7 | 14.5 | 14.2 | 13.9 | 13.6 | 13.3 |

| 平均回弹值 $R_m$ | 测区泵送混凝土强度换算值 $f^c_{cu,i}$ (MPa) | | | | | | | | | | | | |
|---|---|---|---|---|---|---|---|---|---|---|---|---|---|
| | 平均碳化深度值 $d_m$ (mm) | | | | | | | | | | | | |
| | 0.0 | 0.5 | 1.0 | 1.5 | 2.0 | 2.5 | 3.0 | 3.5 | 4.0 | 4.5 | 5.0 | 5.5 | ≥6 |
| 24.6 | 17.2 | 16.9 | 16.5 | 16.2 | 15.9 | 15.6 | 15.3 | 15.0 | 14.7 | 14.4 | 14.1 | 13.8 | 13.6 |
| 24.8 | 17.5 | 17.1 | 16.8 | 16.5 | 16.2 | 15.8 | 15.5 | 15.2 | 14.9 | 14.6 | 14.3 | 14.1 | 13.8 |
| 25.0 | 17.8 | 17.4 | 17.1 | 16.7 | 16.4 | 16.1 | 15.8 | 15.5 | 15.2 | 14.9 | 14.6 | 14.3 | 14.0 |
| 25.2 | 18.0 | 17.7 | 17.3 | 17.0 | 16.7 | 16.3 | 16.0 | 15.7 | 15.4 | 15.1 | 14.8 | 14.5 | 14.2 |
| 25.4 | 18.3 | 18.0 | 17.6 | 17.3 | 16.9 | 16.6 | 16.3 | 15.9 | 15.6 | 15.3 | 15.0 | 14.7 | 14.4 |
| 25.6 | 18.6 | 18.2 | 17.9 | 17.5 | 17.2 | 16.8 | 16.5 | 16.2 | 15.9 | 15.6 | 15.2 | 14.9 | 14.7 |
| 25.8 | 18.9 | 18.5 | 18.2 | 17.8 | 17.4 | 17.1 | 16.8 | 16.4 | 16.1 | 15.8 | 15.5 | 15.2 | 14.9 |
| 26.0 | 19.2 | 18.8 | 18.4 | 18.1 | 17.7 | 17.4 | 17.0 | 16.7 | 16.3 | 16.0 | 15.7 | 15.4 | 15.1 |
| 26.2 | 19.5 | 19.1 | 18.7 | 18.3 | 18.0 | 17.6 | 17.3 | 16.9 | 16.6 | 16.3 | 15.9 | 15.6 | 15.3 |
| 26.4 | 19.8 | 19.4 | 19.0 | 18.6 | 18.2 | 17.9 | 17.5 | 17.2 | 16.8 | 16.5 | 16.2 | 15.9 | 15.6 |
| 26.6 | 20.0 | 19.6 | 19.3 | 18.9 | 18.5 | 18.1 | 17.8 | 17.4 | 17.1 | 16.8 | 16.4 | 16.1 | 15.8 |
| 26.8 | 20.3 | 19.9 | 19.5 | 19.2 | 18.8 | 18.4 | 18.0 | 17.7 | 17.3 | 17.0 | 16.7 | 16.3 | 16.0 |
| 27.0 | 20.6 | 20.2 | 19.8 | 19.4 | 19.1 | 18.7 | 18.3 | 17.9 | 17.6 | 17.2 | 16.9 | 16.6 | 16.2 |
| 27.2 | 20.9 | 20.5 | 20.1 | 19.7 | 19.3 | 18.9 | 18.6 | 18.2 | 17.8 | 17.5 | 17.1 | 16.8 | 16.5 |
| 27.4 | 21.2 | 20.8 | 20.4 | 20.0 | 19.6 | 19.2 | 18.8 | 18.5 | 18.1 | 17.7 | 17.4 | 17.1 | 16.7 |
| 27.6 | 21.5 | 21.1 | 20.7 | 20.3 | 19.9 | 19.5 | 19.1 | 18.7 | 18.4 | 18.0 | 17.6 | 17.3 | 17.0 |
| 27.8 | 21.8 | 21.4 | 21.0 | 20.6 | 20.2 | 19.8 | 19.4 | 19.0 | 18.6 | 18.3 | 17.9 | 17.5 | 17.2 |
| 28.0 | 22.1 | 21.7 | 21.3 | 20.9 | 20.4 | 20.0 | 19.6 | 19.3 | 18.9 | 18.5 | 18.1 | 17.8 | 17.4 |
| 28.2 | 22.4 | 22.0 | 21.6 | 21.1 | 20.7 | 20.3 | 19.9 | 19.5 | 19.1 | 18.8 | 18.4 | 18.0 | 17.7 |
| 28.4 | 22.8 | 22.3 | 21.9 | 21.4 | 21.0 | 20.6 | 20.2 | 19.8 | 19.4 | 19.0 | 18.6 | 18.3 | 17.9 |
| 28.6 | 23.1 | 22.6 | 22.2 | 21.7 | 21.3 | 20.9 | 20.5 | 20.1 | 19.7 | 19.3 | 18.9 | 18.5 | 18.2 |
| 28.8 | 23.4 | 22.9 | 22.5 | 22.0 | 21.6 | 21.2 | 20.7 | 20.3 | 19.9 | 19.5 | 19.2 | 18.8 | 18.4 |
| 29.0 | 23.7 | 23.2 | 22.8 | 22.3 | 21.9 | 21.5 | 21.0 | 20.6 | 20.2 | 19.8 | 19.4 | 19.0 | 18.7 |
| 29.2 | 24.0 | 23.5 | 23.1 | 22.6 | 22.2 | 21.7 | 21.3 | 20.9 | 20.5 | 20.1 | 19.7 | 19.3 | 18.9 |
| 29.4 | 24.3 | 23.9 | 23.4 | 22.9 | 22.5 | 22.0 | 21.6 | 21.2 | 20.8 | 20.3 | 19.9 | 19.5 | 19.2 |
| 29.6 | 24.7 | 24.2 | 23.7 | 23.2 | 22.8 | 22.3 | 21.9 | 21.4 | 21.0 | 20.6 | 20.2 | 19.8 | 19.4 |
| 29.8 | 25.0 | 24.5 | 24.0 | 23.5 | 23.1 | 22.6 | 22.2 | 21.7 | 21.3 | 20.9 | 20.5 | 20.1 | 19.7 |
| 30.0 | 25.3 | 24.8 | 24.3 | 23.8 | 23.4 | 22.9 | 22.5 | 22.0 | 21.6 | 21.2 | 20.7 | 20.3 | 19.9 |
| 30.2 | 25.6 | 25.1 | 24.6 | 24.2 | 23.7 | 23.2 | 22.8 | 22.3 | 21.9 | 21.4 | 21.0 | 20.6 | 20.2 |
| 30.4 | 26.0 | 25.5 | 25.0 | 24.5 | 24.0 | 23.5 | 23.0 | 22.6 | 22.1 | 21.7 | 21.3 | 20.9 | 20.4 |
| 30.6 | 26.3 | 25.8 | 25.3 | 24.8 | 24.3 | 23.8 | 23.3 | 22.9 | 22.4 | 22.0 | 21.6 | 21.1 | 20.7 |
| 30.8 | 26.6 | 26.1 | 25.6 | 25.1 | 24.6 | 24.1 | 23.6 | 23.2 | 22.7 | 22.3 | 21.8 | 21.4 | 21.0 |
| 31.0 | 27.0 | 26.4 | 25.9 | 25.4 | 24.9 | 24.4 | 23.9 | 23.5 | 23.0 | 22.5 | 22.1 | 21.7 | 21.2 |
| 31.2 | 27.3 | 26.8 | 26.2 | 25.7 | 25.2 | 24.7 | 24.2 | 23.8 | 23.3 | 22.8 | 22.4 | 21.9 | 21.5 |
| 31.4 | 27.7 | 27.1 | 26.6 | 26.0 | 25.5 | 25.0 | 24.5 | 24.1 | 23.6 | 23.1 | 22.7 | 22.2 | 21.8 |

| 平均回弹值 $R_m$ | 测区泵送混凝土强度换算值 $f^c_{cu,i}$（MPa） | | | | | | | | | | | | |
| | 平均碳化深度值 $d_m$（mm） | | | | | | | | | | | | |
| | 0.0 | 0.5 | 1.0 | 1.5 | 2.0 | 2.5 | 3.0 | 3.5 | 4.0 | 4.5 | 5.0 | 5.5 | ≥6 |
| 31.6 | 28.0 | 27.4 | 26.9 | 26.4 | 25.9 | 25.3 | 24.8 | 24.4 | 23.9 | 23.4 | 22.9 | 22.5 | 22.0 |
| 31.8 | 28.3 | 27.8 | 27.2 | 26.7 | 26.2 | 25.7 | 25.1 | 24.7 | 24.2 | 23.7 | 23.2 | 22.8 | 22.3 |
| 32.0 | 28.7 | 28.1 | 27.6 | 27.0 | 26.5 | 26.0 | 25.5 | 25.0 | 24.5 | 24.0 | 23.5 | 23.0 | 22.6 |
| 32.2 | 29.0 | 28.5 | 27.9 | 27.4 | 26.8 | 26.3 | 25.8 | 25.3 | 24.8 | 24.3 | 23.8 | 23.3 | 22.9 |
| 32.4 | 29.4 | 28.8 | 28.2 | 27.7 | 27.1 | 26.6 | 26.1 | 25.6 | 25.1 | 24.6 | 24.1 | 23.6 | 23.1 |
| 32.6 | 29.7 | 29.2 | 28.6 | 28.0 | 27.5 | 26.9 | 26.4 | 25.9 | 25.4 | 24.9 | 24.4 | 23.9 | 23.4 |
| 32.8 | 30.1 | 29.5 | 28.9 | 28.3 | 27.8 | 27.2 | 26.7 | 26.2 | 25.7 | 25.2 | 24.7 | 24.2 | 23.7 |
| 33.0 | 30.4 | 29.8 | 29.3 | 28.7 | 28.1 | 27.6 | 27.0 | 26.5 | 26.0 | 25.5 | 25.0 | 24.5 | 24.0 |
| 33.2 | 30.8 | 30.2 | 29.6 | 29.0 | 28.4 | 27.9 | 27.3 | 26.8 | 26.3 | 25.8 | 25.2 | 24.7 | 24.3 |
| 33.4 | 31.2 | 30.6 | 30.0 | 29.4 | 28.8 | 28.2 | 27.7 | 27.1 | 26.6 | 26.1 | 25.5 | 25.0 | 24.5 |
| 33.6 | 31.5 | 30.9 | 30.3 | 29.7 | 29.1 | 28.5 | 28.0 | 27.4 | 26.9 | 26.4 | 25.8 | 25.3 | 24.8 |
| 33.8 | 31.9 | 31.3 | 30.7 | 30.0 | 29.5 | 28.9 | 28.3 | 27.7 | 27.2 | 26.7 | 26.1 | 25.6 | 25.1 |
| 34.0 | 32.3 | 31.6 | 31.0 | 30.4 | 29.8 | 29.2 | 28.6 | 28.1 | 27.5 | 27.0 | 26.4 | 25.9 | 25.4 |
| 34.2 | 32.6 | 32.0 | 31.4 | 30.7 | 30.1 | 29.5 | 29.0 | 28.4 | 27.8 | 27.3 | 26.7 | 26.2 | 25.7 |
| 34.4 | 33.0 | 32.4 | 31.7 | 31.1 | 30.5 | 29.9 | 29.3 | 28.7 | 28.1 | 27.6 | 27.0 | 26.5 | 26.0 |
| 34.6 | 33.4 | 32.7 | 32.1 | 31.4 | 30.8 | 30.2 | 29.6 | 29.0 | 28.5 | 27.9 | 27.4 | 26.8 | 26.3 |
| 34.8 | 33.8 | 33.1 | 32.4 | 31.8 | 31.2 | 30.6 | 30.0 | 29.4 | 28.8 | 28.2 | 27.7 | 27.1 | 26.6 |
| 35.0 | 34.1 | 33.5 | 32.8 | 32.2 | 31.5 | 30.9 | 30.3 | 29.7 | 29.1 | 28.5 | 28.0 | 27.4 | 26.9 |
| 35.2 | 34.5 | 33.8 | 33.2 | 32.5 | 31.9 | 31.2 | 30.6 | 30.0 | 29.4 | 28.8 | 28.3 | 27.7 | 27.2 |
| 35.4 | 34.9 | 34.2 | 33.5 | 32.9 | 32.2 | 31.6 | 31.0 | 30.4 | 29.8 | 29.2 | 28.6 | 28.0 | 27.5 |
| 35.6 | 35.3 | 34.6 | 33.9 | 33.2 | 32.6 | 31.9 | 31.3 | 30.7 | 30.1 | 29.5 | 28.9 | 28.3 | 27.8 |
| 35.8 | 35.7 | 35.0 | 34.3 | 33.6 | 32.9 | 32.3 | 31.6 | 31.0 | 30.4 | 29.8 | 29.2 | 28.6 | 28.1 |
| 36.0 | 36.0 | 35.3 | 34.6 | 34.0 | 33.3 | 32.6 | 32.0 | 31.4 | 30.7 | 30.1 | 29.5 | 29.0 | 28.4 |
| 36.2 | 36.4 | 35.7 | 35.0 | 34.3 | 33.6 | 33.0 | 32.3 | 31.7 | 31.1 | 30.5 | 29.9 | 29.3 | 28.7 |
| 36.4 | 36.8 | 36.1 | 35.4 | 34.7 | 34.0 | 33.3 | 32.7 | 32.0 | 31.4 | 30.8 | 30.2 | 29.6 | 29.0 |
| 36.6 | 37.2 | 36.5 | 35.8 | 35.1 | 34.4 | 33.7 | 33.0 | 32.4 | 31.7 | 31.1 | 30.5 | 29.9 | 29.3 |
| 36.8 | 37.6 | 36.9 | 36.2 | 35.4 | 34.7 | 34.1 | 33.4 | 32.7 | 32.1 | 31.4 | 30.8 | 30.2 | 29.6 |
| 37.0 | 38.0 | 37.3 | 36.5 | 35.8 | 35.1 | 34.4 | 33.7 | 33.1 | 32.4 | 31.8 | 31.2 | 30.5 | 29.9 |
| 37.2 | 38.4 | 37.7 | 36.9 | 36.2 | 35.5 | 34.8 | 34.1 | 33.4 | 32.8 | 32.1 | 31.5 | 30.9 | 30.2 |
| 37.4 | 38.8 | 38.1 | 37.3 | 36.6 | 35.8 | 35.1 | 34.4 | 33.8 | 33.1 | 32.4 | 31.8 | 31.2 | 30.6 |
| 37.6 | 39.2 | 38.4 | 37.7 | 36.9 | 36.2 | 35.5 | 34.8 | 34.1 | 33.4 | 32.8 | 32.1 | 31.5 | 30.9 |
| 37.8 | 39.6 | 38.8 | 38.1 | 37.3 | 36.6 | 35.9 | 35.2 | 34.5 | 33.8 | 33.1 | 32.5 | 31.8 | 31.2 |
| 38.0 | 40.0 | 39.2 | 38.5 | 37.7 | 37.0 | 36.2 | 35.5 | 34.8 | 34.1 | 33.5 | 32.8 | 32.2 | 31.5 |
| 38.2 | 40.4 | 39.6 | 38.9 | 38.1 | 37.3 | 36.6 | 35.9 | 35.2 | 34.5 | 33.8 | 33.1 | 32.5 | 31.8 |
| 38.4 | 40.9 | 40.1 | 39.3 | 38.5 | 37.7 | 37.0 | 36.3 | 35.5 | 34.8 | 34.2 | 33.5 | 32.8 | 32.2 |

| 平均回弹值 $R_m$ | 测区泵送混凝土强度换算值 $f^c_{cu,i}$（MPa） | | | | | | | | | | | | |
| --- | --- | --- | --- | --- | --- | --- | --- | --- | --- | --- | --- | --- | --- |
| | 平均碳化深度值 $d_m$（mm） | | | | | | | | | | | | |
| | 0.0 | 0.5 | 1.0 | 1.5 | 2.0 | 2.5 | 3.0 | 3.5 | 4.0 | 4.5 | 5.0 | 5.5 | ≥6 |
| 38.6 | 41.3 | 40.5 | 39.7 | 38.9 | 38.1 | 37.4 | 36.6 | 35.9 | 35.2 | 34.5 | 33.8 | 33.2 | 32.5 |
| 38.8 | 41.7 | 40.9 | 40.1 | 39.3 | 38.5 | 37.7 | 37.0 | 36.3 | 35.5 | 34.8 | 34.2 | 33.5 | 32.8 |
| 39.0 | 42.1 | 41.3 | 40.5 | 39.7 | 38.9 | 38.1 | 37.4 | 36.6 | 35.9 | 35.2 | 34.5 | 33.8 | 33.2 |
| 39.2 | 42.5 | 41.7 | 40.9 | 40.1 | 39.3 | 38.5 | 37.7 | 37.0 | 36.3 | 35.5 | 34.8 | 34.2 | 33.5 |
| 39.4 | 42.9 | 42.1 | 41.3 | 40.5 | 39.7 | 38.9 | 38.1 | 37.4 | 36.6 | 35.9 | 35.2 | 34.5 | 33.8 |
| 39.6 | 43.4 | 42.5 | 41.7 | 40.9 | 40.0 | 39.3 | 38.5 | 37.7 | 37.0 | 36.3 | 35.5 | 34.8 | 34.2 |
| 39.8 | 43.8 | 42.9 | 42.1 | 41.3 | 40.4 | 39.6 | 38.9 | 38.1 | 37.3 | 36.6 | 35.9 | 35.2 | 34.5 |
| 40.0 | 44.2 | 43.4 | 42.5 | 41.7 | 40.8 | 40.0 | 39.2 | 38.5 | 37.7 | 37.0 | 36.2 | 35.5 | 34.8 |
| 40.2 | 44.7 | 43.8 | 42.9 | 42.1 | 41.2 | 40.4 | 39.6 | 38.8 | 38.1 | 37.3 | 36.6 | 35.9 | 35.2 |
| 40.4 | 45.1 | 44.2 | 43.3 | 42.5 | 41.6 | 40.8 | 40.0 | 39.2 | 38.4 | 37.7 | 36.9 | 36.2 | 35.5 |
| 40.6 | 45.5 | 44.6 | 43.7 | 42.9 | 42.0 | 41.2 | 40.4 | 39.6 | 38.8 | 38.1 | 37.3 | 36.6 | 35.8 |
| 40.8 | 46.0 | 45.1 | 44.2 | 43.3 | 42.4 | 41.6 | 40.8 | 40.0 | 39.2 | 38.4 | 37.7 | 36.9 | 36.2 |
| 41.0 | 46.4 | 45.5 | 44.6 | 43.7 | 42.8 | 42.0 | 41.2 | 40.4 | 39.6 | 38.8 | 38.0 | 37.3 | 36.5 |
| 41.2 | 46.8 | 45.9 | 45.0 | 44.1 | 43.2 | 42.4 | 41.6 | 40.7 | 39.9 | 39.1 | 38.4 | 37.6 | 36.9 |
| 41.4 | 47.3 | 46.3 | 45.4 | 44.5 | 43.7 | 42.8 | 42.0 | 41.1 | 40.3 | 39.5 | 38.7 | 38.0 | 37.2 |
| 41.6 | 47.7 | 46.8 | 45.9 | 45.0 | 44.1 | 43.2 | 42.3 | 41.5 | 40.7 | 39.9 | 39.1 | 38.3 | 37.6 |
| 41.8 | 48.2 | 47.2 | 46.3 | 45.4 | 44.5 | 43.6 | 42.7 | 41.9 | 41.1 | 40.3 | 39.5 | 38.7 | 37.9 |
| 42.0 | 48.6 | 47.7 | 46.7 | 45.8 | 44.9 | 44.0 | 43.1 | 42.3 | 41.5 | 40.6 | 39.8 | 39.1 | 38.3 |
| 42.2 | 49.1 | 48.1 | 47.1 | 46.2 | 45.3 | 44.4 | 43.5 | 42.7 | 41.8 | 41.0 | 40.2 | 39.4 | 38.6 |
| 42.4 | 49.5 | 48.5 | 47.6 | 46.6 | 45.7 | 44.8 | 43.9 | 43.1 | 42.2 | 41.4 | 40.6 | 39.8 | 39.0 |
| 42.6 | 50.0 | 49.0 | 48.0 | 47.1 | 46.1 | 45.2 | 44.3 | 43.5 | 42.6 | 41.8 | 40.9 | 40.1 | 39.3 |
| 42.8 | 50.4 | 49.4 | 48.5 | 47.5 | 46.6 | 45.6 | 44.7 | 43.9 | 43.0 | 42.2 | 41.3 | 40.5 | 39.7 |
| 43.0 | 50.9 | 49.9 | 48.9 | 47.9 | 47.0 | 46.1 | 45.2 | 44.3 | 43.4 | 42.5 | 41.7 | 40.9 | 40.1 |
| 43.2 | 51.3 | 50.3 | 49.3 | 48.4 | 47.4 | 46.5 | 45.6 | 44.7 | 43.8 | 42.9 | 42.1 | 41.2 | 40.4 |
| 43.4 | 51.8 | 50.8 | 49.8 | 48.8 | 47.8 | 46.9 | 46.0 | 45.1 | 44.2 | 43.3 | 42.5 | 41.6 | 40.8 |
| 43.6 | 52.3 | 51.2 | 50.2 | 49.2 | 48.3 | 47.3 | 46.4 | 45.5 | 44.6 | 43.7 | 42.8 | 42.0 | 41.2 |
| 43.8 | 52.7 | 51.7 | 50.7 | 49.7 | 48.7 | 47.7 | 46.8 | 45.9 | 45.0 | 44.1 | 43.2 | 42.4 | 41.5 |
| 44.0 | 53.2 | 52.2 | 51.1 | 50.1 | 49.1 | 48.2 | 47.2 | 46.3 | 45.4 | 44.5 | 43.6 | 42.7 | 41.9 |
| 44.2 | 53.7 | 52.6 | 51.6 | 50.6 | 49.6 | 48.6 | 47.6 | 46.7 | 45.8 | 44.9 | 44.0 | 43.1 | 42.3 |
| 44.4 | 54.1 | 53.1 | 52.0 | 51.0 | 50.0 | 49.0 | 48.0 | 47.1 | 46.2 | 45.3 | 44.4 | 43.5 | 42.6 |
| 44.6 | 54.6 | 53.5 | 52.5 | 51.5 | 50.4 | 49.4 | 48.5 | 47.5 | 46.6 | 45.7 | 44.8 | 43.9 | 43.0 |
| 44.8 | 55.1 | 54.0 | 52.9 | 51.9 | 50.9 | 49.9 | 48.9 | 47.9 | 47.0 | 46.1 | 45.1 | 44.3 | 43.4 |
| 45.0 | 55.6 | 54.5 | 53.4 | 52.4 | 51.3 | 50.3 | 49.3 | 48.3 | 47.4 | 46.5 | 45.5 | 44.6 | 43.8 |
| 45.2 | 56.1 | 55.0 | 53.9 | 52.8 | 51.8 | 50.7 | 49.7 | 48.8 | 47.8 | 46.9 | 45.9 | 45.0 | 44.1 |
| 45.4 | 56.5 | 55.4 | 54.3 | 53.3 | 52.2 | 51.2 | 50.2 | 49.2 | 48.2 | 47.3 | 46.3 | 45.4 | 44.5 |

| 平均回弹值 $R_m$ | 测区泵送混凝土强度换算值 $f^c_{cu,i}$（MPa） | | | | | | | | | | | | |
|---|---|---|---|---|---|---|---|---|---|---|---|---|---|
| | 平均碳化深度值 $d_m$（mm） | | | | | | | | | | | | |
| | 0.0 | 0.5 | 1.0 | 1.5 | 2.0 | 2.5 | 3.0 | 3.5 | 4.0 | 4.5 | 5.0 | 5.5 | ≥6 |
| 45.6 | 57.0 | 55.9 | 54.8 | 53.7 | 52.7 | 51.6 | 50.6 | 49.6 | 48.6 | 47.7 | 46.7 | 45.8 | 44.9 |
| 45.8 | 57.5 | 56.4 | 55.3 | 54.2 | 53.1 | 52.1 | 51.0 | 50.0 | 49.0 | 48.1 | 47.1 | 46.2 | 45.3 |
| 46.0 | 58.0 | 56.9 | 55.7 | 54.6 | 53.6 | 52.5 | 51.5 | 50.5 | 49.5 | 48.5 | 47.5 | 46.6 | 45.7 |
| 46.2 | 58.5 | 57.3 | 56.2 | 55.1 | 54.0 | 52.9 | 51.9 | 50.9 | 49.9 | 48.9 | 47.9 | 47.0 | 46.1 |
| 46.4 | 59.0 | 57.8 | 56.7 | 55.6 | 54.5 | 53.4 | 52.3 | 51.3 | 50.3 | 49.3 | 48.3 | 47.4 | 46.4 |
| 46.6 | 59.5 | 58.3 | 57.2 | 56.0 | 54.9 | 53.8 | 52.8 | 51.7 | 50.7 | 49.7 | 48.7 | 47.8 | 46.8 |
| 46.8 | 60.0 | 58.8 | 57.6 | 56.5 | 55.4 | 54.3 | 53.2 | 52.2 | 51.1 | 50.1 | 49.1 | 48.2 | 47.2 |
| 47.0 | — | 59.3 | 58.1 | 57.0 | 55.8 | 54.7 | 53.7 | 52.6 | 51.6 | 50.5 | 49.5 | 48.6 | 47.6 |
| 47.2 | — | 59.8 | 58.6 | 57.4 | 56.3 | 55.2 | 54.1 | 53.0 | 52.0 | 51.0 | 50.0 | 49.0 | 48.0 |
| 47.4 | — | 60.0 | 59.1 | 57.9 | 56.8 | 55.6 | 54.5 | 53.5 | 52.4 | 51.4 | 50.4 | 49.4 | 48.4 |
| 47.6 | — | — | 59.6 | 58.4 | 57.2 | 56.1 | 55.0 | 53.9 | 52.8 | 51.8 | 50.8 | 49.8 | 48.8 |
| 47.8 | — | — | 60.0 | 58.9 | 57.7 | 56.6 | 55.4 | 54.4 | 53.3 | 52.2 | 51.2 | 50.2 | 49.2 |
| 48.0 | — | — | — | 59.3 | 58.2 | 57.0 | 55.9 | 54.8 | 53.7 | 52.7 | 51.6 | 50.6 | 49.6 |
| 48.2 | — | — | — | 59.8 | 58.6 | 57.5 | 56.3 | 55.2 | 54.1 | 53.1 | 52.0 | 51.0 | 50.0 |
| 48.4 | — | — | 60.0 | 59.1 | 57.9 | 56.8 | 55.7 | 54.6 | 53.5 | 52.5 | 51.4 | 50.4 | |
| 48.6 | — | — | — | — | 59.6 | 58.4 | 57.3 | 56.1 | 55.0 | 53.9 | 52.9 | 51.8 | 50.8 |
| 48.8 | — | — | — | 60.0 | 58.9 | 57.7 | 56.6 | 55.5 | 54.4 | 53.3 | 52.2 | 51.2 | |
| 49.0 | — | — | — | — | 59.3 | 58.2 | 57.0 | 55.9 | 54.8 | 53.7 | 52.7 | 51.6 | |
| 49.2 | — | — | — | — | 59.8 | 58.6 | 57.5 | 56.3 | 55.2 | 54.1 | 53.1 | 52.0 | |
| 49.4 | — | — | — | — | 60.0 | 59.1 | 57.9 | 56.8 | 55.7 | 54.6 | 53.5 | 52.4 | |
| 49.6 | — | — | — | — | — | 59.6 | 58.4 | 57.2 | 56.1 | 55.0 | 53.9 | 52.9 | |
| 49.8 | — | — | — | — | — | 60.0 | 58.8 | 57.7 | 56.6 | 55.4 | 54.3 | 53.3 | |
| 50.0 | — | — | — | — | — | — | 59.3 | 58.1 | 57.0 | 55.9 | 54.8 | 53.7 | |
| 50.2 | — | — | — | — | — | — | 59.8 | 58.6 | 57.4 | 56.3 | 55.2 | 54.1 | |
| 50.4 | — | — | — | — | — | — | 60.0 | 59.0 | 57.9 | 56.7 | 55.6 | 54.5 | |
| 50.6 | — | — | — | — | — | — | — | 59.5 | 58.3 | 57.2 | 56.0 | 54.9 | |
| 50.8 | — | — | — | — | — | — | — | 60.0 | 58.8 | 57.6 | 56.5 | 55.4 | |
| 51.0 | — | — | — | — | — | — | — | — | 59.2 | 58.1 | 56.9 | 55.8 | |
| 51.2 | — | — | — | — | — | — | — | — | 59.7 | 58.5 | 57.3 | 56.2 | |
| 51.4 | — | — | — | — | — | — | — | — | 60.0 | 58.9 | 57.8 | 56.6 | |
| 51.6 | — | — | — | — | — | — | — | — | — | 59.4 | 58.2 | 57.1 | |
| 51.8 | — | — | — | — | — | — | — | — | — | 59.8 | 58.7 | 57.5 | |
| 52.0 | — | — | — | — | — | — | — | — | — | 60.0 | 59.1 | 57.9 | |
| 52.2 | — | — | — | — | — | — | — | — | — | — | 59.5 | 58.4 | |
| 52.4 | — | — | — | — | — | — | — | — | — | — | 60.0 | 58.8 | |
| 52.6 | — | — | — | — | — | — | — | — | — | — | — | 59.2 | |
| 52.8 | — | — | — | — | — | — | — | — | — | — | — | 59.7 | |

注：1. 表中未注明的测区混凝土强度换算值为小于 10 MPa 或大于 60MPa；

2. 表中数值是根据曲线方程 $f = 0.034488R^{1.9400}10^{(-0.0173d_m)}$ 计算。

# 附录 C  非水平方向检测时的回弹值修正值

| $R_{m\alpha}$ | 检测 角 度 | | | | | | | |
|---|---|---|---|---|---|---|---|---|
| | 向上 | | | | 向下 | | | |
| | 90° | 60° | 45° | 30° | −30° | −45° | −60° | −90° |
| 20 | −6.0 | −5.0 | −4.0 | −3.0 | +2.5 | +3.0 | +3.5 | +4.0 |
| 21 | −5.9 | −4.9 | −4.0 | −3.0 | +2.5 | +3.0 | +3.5 | +4.0 |
| 22 | −5.8 | −4.8 | −3.9 | −2.9 | +2.4 | +2.9 | +3.4 | +3.9 |
| 23 | −5.7 | −4.7 | −3.9 | −2.9 | +2.4 | +2.9 | +3.4 | +3.9 |
| 24 | −5.6 | −4.6 | −3.8 | −2.8 | +2.3 | +2.8 | +3.3 | +3.8 |
| 25 | −5.5 | −4.5 | −3.8 | −2.8 | +2.3 | +2.8 | +3.3 | +3.8 |
| 26 | −5.4 | −4.4 | −3.7 | −2.7 | +2.2 | +2.7 | +3.2 | +3.7 |
| 27 | −5.3 | −4.3 | −3.7 | −2.7 | +2.2 | +2.7 | +3.2 | +3.7 |
| 28 | −5.2 | −4.2 | −3.6 | −2.6 | +2.1 | +2.6 | +3.1 | +3.6 |
| 29 | −5.1 | −4.1 | −3.6 | −2.6 | +2.1 | +2.6 | +3.1 | +3.6 |
| 30 | −5.0 | −4.0 | −3.5 | −2.5 | +2.0 | +2.5 | +3.0 | +3.5 |
| 31 | −4.9 | −4.0 | −3.5 | −2.5 | +2.0 | +2.5 | +3.0 | +3.5 |
| 32 | −4.8 | −3.9 | −3.4 | −2.4 | +1.9 | +2.4 | +2.9 | +3.4 |
| 33 | −4.7 | −3.9 | −3.4 | −2.4 | +1.9 | +2.4 | +2.9 | +3.4 |
| 34 | −4.6 | −3.8 | −3.3 | −2.3 | +1.8 | +2.3 | +2.8 | +3.3 |
| 35 | −4.5 | −3.8 | −3.3 | −2.3 | +1.8 | +2.3 | +2.8 | +3.3 |
| 36 | −4.4 | −3.7 | −3.2 | −2.2 | +1.7 | +2.2 | +2.7 | +3.2 |
| 37 | −4.3 | −3.7 | −3.2 | −2.2 | +1.7 | +2.2 | +2.7 | +3.2 |
| 38 | −4.2 | −3.6 | −3.1 | −2.1 | +1.6 | +2.1 | +2.6 | +3.1 |
| 39 | −4.1 | −3.6 | −3.1 | −2.1 | +1.6 | +2.1 | +2.6 | +3.1 |
| 40 | −4.0 | −3.5 | −3.0 | −2.0 | +1.5 | +2.0 | +2.5 | +3.0 |
| 41 | −4.0 | −3.5 | −3.0 | −2.0 | +1.5 | +2.0 | +2.5 | +3.0 |
| 42 | −3.9 | −3.4 | −2.9 | −1.9 | +1.4 | +1.9 | +2.4 | +2.9 |
| 43 | −3.9 | −3.4 | −2.9 | −1.9 | +1.4 | +1.9 | +2.4 | +2.9 |
| 44 | −3.8 | −3.3 | −2.8 | −1.8 | +1.3 | +1.8 | +2.3 | +2.8 |
| 45 | −3.8 | −3.3 | −2.8 | −1.8 | +1.3 | +1.8 | +2.3 | +2.8 |
| 46 | −3.7 | −3.2 | −2.7 | −1.7 | +1.2 | +1.7 | +2.2 | +2.7 |
| 47 | −3.7 | −3.2 | −2.7 | −1.7 | +1.2 | +1.7 | +2.2 | +2.7 |
| 48 | −3.6 | −3.1 | −2.6 | −1.6 | +1.1 | +1.6 | +2.1 | +2.6 |
| 49 | −3.6 | −3.1 | −2.6 | −1.6 | +1.1 | +1.6 | +2.1 | +2.6 |
| 50 | −3.5 | −3.0 | −2.5 | −1.5 | +1.0 | +1.5 | +2.0 | +2.5 |

注：1. 当测试角度等于 0 时，修正值为 0；$R_{m\alpha}$ 小于 20 或大于 50 时，分别按 20 或 50 查表；

　　2. 表中未列入的相应于 $R_{m\alpha}$ 的修正值 $R_{m\alpha}$，可用内插法求得，精确至 0.1。

# 附录 D  不同浇筑面的回弹值修正值

| $R_m^t$ 或 $R_m^b$ | 表面修正值 ($R_a^t$) | 底面修正值 ($R_a^b$) | $R_m^t$ 或 $R_m^b$ | 表面修正值 ($R_a^t$) | 底面修正值 ($R_a^b$) |
|---|---|---|---|---|---|
| 20 | +2.5 | −3.0 | 36 | +0.9 | −1.4 |
| 21 | +2.4 | −2.9 | 37 | +0.8 | −1.3 |
| 22 | +2.3 | −2.8 | 38 | +0.7 | −1.2 |
| 23 | +2.2 | −2.7 | 39 | +0.6 | −1.1 |
| 24 | +2.1 | −2.6 | 40 | +0.5 | −1.0 |
| 25 | +2.0 | −2.5 | 41 | +0.4 | −0.9 |
| 26 | +1.9 | −2.4 | 42 | +0.3 | −0.8 |
| 27 | +1.8 | −2.3 | 43 | +0.2 | −0.7 |
| 28 | +1.7 | −2.2 | 44 | +0.1 | −0.6 |
| 29 | +1.6 | −2.1 | 45 | 0 | −0.5 |
| 30 | +1.5 | −2.0 | 46 | 0 | −0.4 |
| 31 | +1.4 | −1.9 | 47 | 0 | −0.3 |
| 32 | +1.3 | −1.8 | 48 | 0 | −0.2 |
| 33 | +1.2 | −1.7 | 49 | 0 | −0.1 |
| 34 | +1.1 | −1.6 | 50 | 0 | 0 |
| 35 | +1.0 | −1.5 | | | |

注：1. 当测试角度等于 0 时，修正值为 0；$R_m^t$ 或 $R_m^b$ 小于 20 或大于 50 时，分别按 20 或 50 查表；

2. 表中有关混凝土浇筑表面的修正系数，是指一般原浆抹面的修正值；

3. 表中有关混凝土浇筑底面的修正系数，是指构件底面与侧面采用同一类模板在正常浇筑情况下的修正值；

4. 表中未列入相应于 $R_m^t$ 或 $R_m^b$ 的 $R_a^t$ 和 $R_a^b$，可用内插法求得，精确至 0.1。

# 混凝土力学性能实验报告

组别＿＿＿＿＿＿＿＿ 同组实验者＿＿＿＿＿＿＿＿＿＿

日期＿＿＿＿＿＿＿＿ 指导教师＿＿＿＿＿＿＿＿＿＿

1. 实验目的
2. 实验记录与计算
1) 设计要求

| 混凝土设计强度（MPa） | 混凝土配制强度（MPa） | 坍落度（mm） | 配合比 | 其他要求 |
|---|---|---|---|---|
| | | | | |

2) 试拌材料状况

| 水泥 | 品种 | | 密度（g/cm³） | |
|---|---|---|---|---|
| | 强度等级 | | 出厂日期 | |
| 细骨料 | 细度模数 | | 堆积密度（g/cm³） | |
| | 级配情况 | | 空隙率（%） | |
| | 密度（g/cm³） | | 含水率（%） | |
| 粗骨料 | 最大粒径（mm） | | 堆积密度（g/cm³） | |
| | 级配情况 | | 空隙率（%） | |
| | 密度（g/cm³） | | 含水率（%） | |
| 拌合水 | | | | |

3) 立方体抗压强度测定

实验室温度＿＿＿℃；相对湿度＿＿＿%；养护龄期＿＿＿天；加荷速度＿＿＿；测强日期＿＿＿。

| 试件编号 | 受压面尺寸（mm） | | 受压面面积（mm²） | 破坏荷载（N） | 抗压强度测试值（MPa） | 抗压强度测试平均值（MPa） | 28d 标准试块抗压强度（MPa） |
|---|---|---|---|---|---|---|---|
| | 长 | 宽 | | | | | |
| 1 | | | | | | | |
| 2 | | | | | | | |
| 3 | | | | | | | |

4) 轴心抗压强度测定

实验室温度＿＿＿℃；相对湿度＿＿＿%；养护龄期＿＿＿天；加荷速度＿＿＿；测强日期＿＿＿。

| 试件编号 | 龄期（d） | 试件尺寸 | | | 破坏荷载（kN） | 轴心抗压强度（MPa） | |
|---|---|---|---|---|---|---|---|
| | | 长度（mm） | 宽度（mm） | 面积（mm²） | | 测试值 | 平均值 |
| 1 | | | | | | | |
| 2 | | | | | | | |
| 3 | | | | | | | |

5）劈裂抗拉强度测定

实验室温度____℃；相对湿度____％；养护龄期____天；加荷速度____；测强日期____。

| 试件编号 | 龄期（d） | 试件尺寸（mm） | 试件劈裂面积（mm²） | 破坏荷载（kN） | 劈裂抗拉强度（MPa） | |
|---|---|---|---|---|---|---|
| | | | | | 测试值 | 平均值 |
| 1 | | | | | | |
| 2 | | | | | | |
| 3 | | | | | | |

6）回弹法测强

| 构件 | | 测区混凝土抗压强度换算值（MPa） | | | 构件现龄期混凝土强度推定值（MPa） | 备注 |
|---|---|---|---|---|---|---|
| 名称 | 编号 | 平均值 | 标准差 | 最小值 | | |
| | | | | | | |
| | | | | | | |
| | | | | | | |
| | | | | | | |

注：有需要说明的问题或表格不够请续页。

3. 分析与讨论

# 第7章  混凝土耐久性能实验

## 7.1  概  述

混凝土的耐久性是指其在规定的使用年限内，抵抗环境介质作用并长期保持良好的使用性能和外观完整性，从而维持混凝土结构的安全、正常使用的能力。混凝土的耐久性是一项综合的技术性质，其评价指标一般包括：抗渗性、抗冻性、抗侵蚀性、混凝土的碳化（中性化）和碱骨料反应等。混凝土耐久性不良会造成严重的结构破坏和巨大的经济损失。因此，掌握混凝土耐久性各项指标的检测方法具有重要的意义。本章主要介绍普通混凝土抗渗性、抗冻性、抗侵蚀性、混凝土的碳化（中性化）和碱骨料反应等耐久性能的实验原理与实验方法。

混凝土耐久性实验应符合以下一般规定：

1. 每组试件所用的拌合物应从同一盘混凝土或同一车混凝土中取样。

2. 试件的最小横截面尺寸宜按表 7-1 的规定选用。

**试件的最小横截面尺寸**                                    表 7-1

| 骨料最大公称粒径（mm） | 试件的最小横截面尺寸（mm） |
| --- | --- |
| 31.5 | 100×100 或 $\phi$100 |
| 40.0 | 150×150 或 $\phi$150 |
| 63.0 | 200×200 或 $\phi$200 |

3. 试件的公差：①所有试件的承压面的平整度公差不得超过试件的边长或直径的0.0005；②除抗水渗透试件外，其他所有试件的相邻面间的夹角应为 90°，公差不得超过 0.5°；③除特别指明试件的尺寸公差以外，所有试件各边长、直径或高度的公差不得超过 1mm。

4. 试件的制作和养护：①试件不应采用憎水性脱模剂；②宜同时制作与耐久性实验龄期相对应的混凝土立方体抗压强度实验用试件。

## 7.2  混凝土抗渗性能实验

混凝土的抗渗性是指混凝土抵抗水、油等液体在压力作用下渗透的性能，凡是受液体压力作用的混凝土工程，都有抗渗性的要求。本实验适用于硬化后混凝土抗渗性能的测定，据此实验结果以确定混凝土的抗渗等级。具体实验方法有渗水高度法和逐级加压法，前者适用于以测定硬化混凝土在恒定水压力下的平均渗水高度来表示的混凝土抗水渗透性能，后者适用于通过逐级施加水压力来测定以抗渗等级来表示的混凝土抗水渗透性能。两者所用主要仪器设备、试样制备及密封安装方法相同。

### 7.2.1  主要仪器设备

1. 混凝土抗渗仪：如图 7-1 所示，能使水压按规定的要求稳定地作用在试件上，抗渗仪施加水压力范围应为 0.1～2.0MPa。

2. 安装试件的加压设备可为螺旋加压或其他加压形式，其压力应能保证将试件压入试件套内。

3. 试模应采用上口内部直径为 175mm、下口内部直径为 185mm 和高度为 150mm 的圆台体。

4. 密封材料宜用石蜡加松香或水泥加黄油等材料，也可采用橡胶套等其他有效密封材料。

5. 梯形板（图 7-2）应采用尺寸为 200mm×200mm 透明材料制成，并应画有 10 条等间距、垂直于梯形底线的直线。

6. 钢尺的分度值应为 1mm，钟表的分度值应为 1min。辅助设备应包括螺旋加压器、烘箱、电炉、浅盘、铁锅和钢丝刷等。

图 7-1　混凝土抗渗仪

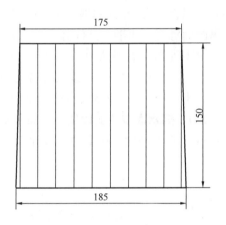

图 7-2　梯形板示意图（mm）

### 7.2.2　试件制作与养护

实验前要特别注意试件的制作与养护环节，否则，实验结果的准确性会受到影响。抗渗性能实验采用顶面直径为 175mm、底面直径为 185mm、高度为 150mm 的圆台体试件，抗渗试件以 6 个为一组。试件成型后 24h 拆模，用钢丝刷刷去两端面水泥浆膜，然后送入标准养护室养护，试件一般养护至 28d 龄期进行实验，如有特殊要求可在其他龄期进行实验。在实际工程中，当连续浇筑混凝土 500m³ 以下时，应留置两组（12 个）抗渗试件，每增加 250～500m³ 混凝土，就要增加两组试件。

### 7.2.3　渗水高度法实验步骤

1. 应先按规定的方法进行试件的制作和养护。抗水渗透实验应以 6 个试件为一组。

2. 试件拆模后，应用钢丝刷刷去两端面的水泥浆膜，并应立即将试件送入标准养护室进行养护。

3. 抗水渗透实验的龄期宜为 28d。应在到达实验龄期的前一天，从养护室取出试件，并擦拭干净。待试件表面晾干后，应按下列方法进行试件密封，用石蜡密封时，应在试件侧面裹涂一层熔化的内加少量松香的石蜡。然后用螺旋加压器将试件压入经过烘箱或电炉预热过的试模中，使试件与试模底平齐，并应在试模变冷后解除压力。试模的预热温度，应以石蜡接触试模，即缓慢熔化，但不流淌为准。用水泥加黄油密封时，其质量比应为

（2.5～3）：1，用三角刀将密封材料均匀地刮涂在试件侧面上，厚度应为1～2mm。套上试模并将试件压入，使试件与试模底齐平。试件密封也可以采用其他更可靠的密封方式。

4. 试件准备好之后，启动抗渗仪，并开通6个试位下的阀门，使水从6个孔中渗出，水应充满试位坑，在关闭6个试位下的阀门后应将密封好的试件安装在抗渗仪上。

5. 试件安装好以后，应立即开通6个试位下的阀门，使水压在24h内恒定控制在1.2±0.05MPa，且加压过程不应大于5min，应以达到稳定压力的时间作为实验记录起始时间（精确至1min）。在稳压过程中随时观察试件端面的渗水情况，当有某一个试件端面出现渗水时，应停止该试件的实验并应记录时间，并以试件的高度作为该试件的渗水高度。对于试件端面未出现渗水的情况，应在实验24h后停止实验，并及时取出试件。在实验过程中，当发现水从试件周边渗出时，应重新按上述第3条的规定进行密封。

6. 将从抗渗仪上取出来的试件放在压力机上，并在试件上下两端面中心处沿直径方向各放一根直径为6mm的钢垫条，确保它们在同一竖直平面内。然后开动压力机，将试件沿纵断面劈裂为两半。试件劈开后，应用防水笔描出水痕。

7. 将梯形板放在试件劈裂面上，并用钢尺沿水痕等间距测量10个测点的渗水高度值，读数应精确至1mm。当读数时若遇到某测点被骨料阻挡，可以以靠近骨料两端的渗水高度算术平均值作为该测点的渗水高度。

### 7.2.4 渗水高度法实验结果计算及处理

1. 试件渗水高度应按下式进行计算：

$$\overline{h}_i = \frac{1}{10}\sum_{j=1}^{10}h_j \tag{7-1}$$

式中 $h_j$——第 $i$ 个试件第 $j$ 个测点处的渗水高度（mm）；

$\overline{h}_i$——第 $i$ 个试件的平均渗水高度（mm），应以10个测点渗水高度的平均值作为该试件渗水高度的测定值。

2. 一组试件的平均渗水高度应按下式进行计算：

$$\overline{h} = \frac{1}{6}\sum_{i=1}^{6}h_i \tag{7-2}$$

式中 $\overline{h}$——一组6个试件的平均渗水高度（mm），应以一组6个试件渗水高度的算术平均值作为该组试件渗水高度的测定值。

### 7.2.5 逐级加压法实验步骤与数据处理

1. 实验步骤

1）首先应按渗水高度法的规定进行试件的密封和安装。

2）实验时，水压应从0.1MPa开始，以后应每隔8h增加0.1MPa水压，并随时观察试件端面渗水情况。当6个试件中有3个试件表面出现渗水时，或加至规定压力（设计抗渗等级）在8h内6个试件中表面渗水试件少于3个时，可停止实验，并记下此时的水压力。在实验过程中，当发现水从试件周边渗出时，应按规定重新进行密封。

2. 数据处理

混凝土的抗渗等级应以每组6个试件中有4个试件未出现渗水时的最大水压力乘以10来确定。混凝土的抗渗等级应按下式计算：

$$P = 10H - 1 \qquad\qquad (7\text{-}3)$$

式中　$P$——抗渗等级；

$H$——6 个试件中有 3 个试件渗水时的水压力（MPa）。

抗渗等级对应的是两个试件渗水或者是 4 个试件未出现渗水时的水压力值（MPa）的 10 倍。有关抗渗等级的确定可能会有以下三种情况：

1. 当某一次加压后，在 8h 内 6 个试件中有 2 个试件出现渗水时（此时的水压力为 $H$），则此组混凝土抗渗等级为：

$$P = 10H \qquad\qquad (7\text{-}4)$$

2. 当某一次加压后，在 8h 内 6 个试件中有 3 个试件出现渗水时（此时的水压力为 $H$），则此组混凝土抗渗等级为：

$$P = 10H - 1 \qquad\qquad (7\text{-}5)$$

3. 当加压至规定数字或者设计指标后，在 8h 内 6 个试件中表面渗水的试件少于 2 个（此时的水压力为 $H$），则此组混凝土抗渗等级为：

$$P > 10H \qquad\qquad (7\text{-}6)$$

### 7.2.6　注意事项

1. 实验过程中，应及时观察、记录试件的渗水情况，注意水箱变化，及时加水。实验结束后，应及时卸模，清理余物，密封材料的残料，用抹布擦净抗渗仪的台面，关闭各阀门。

2. 试件在烘箱中预热时，控制温度 80～90℃，恒温 1h。

3. 在实验过程中，如发现水从试件周边渗出，应停止实验，重新密封，然后再上机进行实验。

4. 试件在加压时，发生了停电或仪器发生故障，保管好试件，待恢复正常后继续实验。

5. 在压力机上进行劈裂试件时，应保证上下放置的钢垫条相互平行，并处于同一竖直面内，而且应放置在试件两端面的直径处，以保证劈裂面与端面垂直以及便于准确测量渗水高度。

## 7.3　混凝土动弹性模量实验

混凝土在弹性变形阶段，其应力和应变成正比例关系（即符合胡克定律-hooke's law），其比例系数称为弹性模量。弹性模量可视为衡量材料产生弹性变形难易程度的指标，其值越大，材料发生一定弹性变形的应力也越大，即材料刚度越大；亦即在一定应力作用下，发生弹性变形越小。材料在荷载作用下的力学响应，除了与在静力作用下的影响因素有关，还与荷载作用时间、大小、频率及重复效应等有关，具有一定的应力依赖性。弹性模量是表征材料力学强度的一个重要参数。在动荷载作用下，材料内部产生的应力、应变响应均为时间的函数，相应地，弹性模量在外载作用过程中也不是一成不变的，材料动态模量定义为应力幅值的比值，以表征材料在不同的外载作用下不同的响应特性。混凝土的动弹性模量指在动负荷作用下混凝土应力与应变的比值。混凝土动弹性模量是冻融实验中的一个基本指标，适用于检验混凝土在各种因素作用下内部结构的变化情况。

混凝土动弹性模量一般以共振法进行测定，其原理是使试件在一个可调频率的周期性外力作用下产生受迫振动，如果外力的频率等于试件的基频振动频率，就会产生共振，试件的振幅达到最大。这样测得试件的基频频率后再由质量及几何尺寸等因素计算得出动弹性模量值。动弹性模量实验应采用尺寸为 100mm×100mm×400mm 的棱柱体试件。

### 7.3.1 实验设备

1. 共振法混凝土动弹性模量测定仪（又称共振仪，图 7-3）的输出频率可调范围应为 100～20000Hz，输出功率应能使试件产生受迫振动。

图 7-3 动弹模量测定仪

2. 试件支承体应采用厚度约为 20mm 的泡沫塑料垫，宜采用表观密度为 15～18kg/m³ 的聚苯板。

3. 称量设备的最大量程应为 20kg，感量不应超过 5g。

### 7.3.2 实验步骤

1. 首先应测定试件的质量和尺寸。试件质量应精确至 0.01g，尺寸的测量应精确至 1mm。

2. 测定完试件的质量和尺寸后，应将试件放置在支撑体中心位置，成型面向上，并将激振换能器的测杆轻轻地压在试件长边侧面中线的 1/2 处，接收换能器的测杆轻轻地压在试件长边侧面中线距端面 5mm 处。在测杆接触试件前，宜在测杆与试件接触面涂一薄层黄油或凡士林作为耦合介质，测杆压力的大小应以不出现噪声为准。采用的动弹性模量测定仪各部件连接和相对位置应符合图 7-4 的规定。

3. 放置好测杆后，应先调整共振仪的激振功率和接收增益旋钮至适当位置，然后变换激振频率，并注意观察指示电表的指针偏转。当指针偏转为最大时，表示试件达到共振状态，应以这时所显示的共振频率作为试件的基频振动频率。每一测量应重复测量两次以

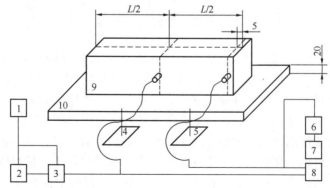

图 7-4 各部件连接和相对位置示意图

1—振荡器；2—频率计；3—放大器；4—激振换能器；5—接收换能器；
6—放大器；7—电表；8—示波器；9—试件；10—试件支承体

上，当两次连续测值之差不超过两个测值的算术平均值的 0.5% 时，应取这两个测值的算术平均值作为该试件的基频振动频率。

4. 当用示波器作为显示的仪器时，示波器的图形调成一个正圆时的频率应为共振频率。在测试过程中，当发现两个以上峰值时，应将接收换能器移至距试件端部 0.224 倍试件长处，当指示电表示值为零时，应将其作为真实的共振峰值。

### 7.3.3 结果计算

1. 动弹性模量应按下式计算：

$$E_d = 13.244 \times 10^{-4} \times WL^3 f^2 / a^4 \tag{7-7}$$

式中    $E_d$——混凝土动弹性模量（MPa）；

   $a$——正方形截面试件的边长（mm）；

   $L$——试件的长度（mm）；

   $W$——试件的质量（kg），精确到 0.01kg；

   $f$——试件横向振动时的基频振动频率（Hz）。

2. 每组应以 3 个试件动弹性模量的实验结果的算术平均值作为测定值，计算应精确至 100MPa。

## 7.4  混凝土抗冻性能实验

混凝土的抗冻性是指混凝土在吸水饱和状态下能经受多次冻融循环不破坏，其强度也不明显降低的能力。冻融破坏是寒冷地区水电站、大坝、港口和码头等水工混凝土的主要病害之一。目前评定混凝土抗冻性的实验方法主要有：快冻法、慢冻法、单面冻融法（盐冻法）。快冻法适用于测定混凝土在水冻水融条件下，以经受的快速冻融循环次数来表示的混凝土抗冻性能；慢冻法适用于测定混凝土在气冻水融条件下，以经受的冻融循环次数来表示的混凝土抗冻性能；单面冻融法（盐冻法）适用于测定混凝土试件在大气环境中且与盐接触的条件下，以能够经受的冻融循环次数或表面剥落质量或超声波相对动弹性模量来表示的混凝土抗冻性能。本节主要介绍快冻法的实验方法。

### 7.4.1  主要仪器设备

1. 试件盒（图 7-5） 宜采用具有弹性的橡胶材料制作，其内表面底部应有半径为 3mm 橡胶凸起部分。盒内加水后水面应至少高出试件顶面 5mm。试件盒横截面尺寸宜为 115mm×115mm，试件盒长度宜为 500mm。

2. 快速冻融装置应符合现行行业标准的规定。除应在测温试件中埋设温度传感器外，尚应在冻融箱内防冻液中心与任何一个对角线的两端分别设有温度传感器。运转时冻融箱内防冻液各点温度的极差不得超过 2℃。

3. 称量设备的最大量程应为 20kg，感量不应

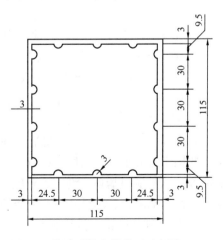

图 7-5  橡胶试件盒横截面示意图（mm）

超过 5g。

4. 混凝土动弹性模量测定仪应符合 7.3 节的规定。

5. 温度传感器（包括热电偶、电位差计等）应在－20～20℃范围内测定试件中心温度，且测量精度应为±0.5℃。

### 7.4.2 试件要求

快冻法抗冻实验所采用的试件应符合如下规定：

1. 应采用尺寸为 100mm×100mm×400mm 的棱柱体试件，每组试件应为 3 块。

2. 成型试件时，不得使用憎水性脱模剂。

3. 除制作冻融实验的试件外，尚应制作同样形状、尺寸，且中心埋有温度传感器的测温试件，测温试件应采用防冻液作为冻融介质。测温试件所用混凝土的抗冻性能应高于冻融试件，测温试件的温度传感器应埋设在试件中心，温度传感器不应采用钻孔后插入的方式埋设。

### 7.4.3 实验步骤

1. 在标准养护室内或同条件养护的试件应在养护龄期为 24d 时提前将冻融实验的试件从养护地点取出，随后应将冻融试件放在 20±2℃水中浸泡，浸泡时水面应高出试件顶面 20～30mm。在水中浸泡时间应为 4d，试件应在 28d 龄期时开始进行冻融实验。始终在水中养护的试件，当试件养护龄期达到 28d 时，可直接进行后续实验，对此种情况，应在实验报告中予以说明。

2. 当试件养护龄期达到 28d 时应及时取出试件。用湿布擦除表面水分后应对外观尺寸进行测量，试件的外观尺寸应满足要求，并应编号、称量试件初始质量 $W_{0i}$，然后应按 7.3 节的规定测定其横向基频的初始值 $f_{0i}$。

3. 将试件放入试件盒内，并位于试件盒中心，然后将试件盒放入冻融箱内的试件架中，并向试件盒中注入清水。在整个实验过程中，盒内水位高度应始终保持至少高出试件顶面 5mm。

4. 测温试件盒应放在冻融箱的中心位置。

5. 冻融循环过程应符合下列规定：

1）每次冻融循环应在 2～4h 内完成，且用于融化的时间不得少于整个冻融循环时间的 1/4。

2）在冷冻和融化过程中，试件中心最低和最高温度应分别控制在－18±2℃和 5±2℃内。在任意时刻，试件中心温度不得高于 7℃且不得低于－20℃。

3）每块试件从 3℃降至－16℃所用的时间不得少于冷冻时间的 1/2，每块试件从－16℃升至 3℃所用时间不得少于整个融化时间的 1/2，试件内外的温差不宜超过 28℃。

4）冷冻和融化之间的转换时间不宜超过 10min。

6. 每隔 25 次冻融循环宜测量试件的横向基频 $f_{ni}$。测量前应先将试件表面浮渣清洗干净并擦干表面水分，然后应检查其外部损伤并称量试件的质量 $W_{ni}$。随后应按 7.3 节规定的方法测量横向基频。测完后，应迅速将试件调头重新装入试件盒内并加入清水，继续实验。试件的测量、称量及外观检查应迅速，待测试件应用湿布覆盖。

7. 当有试件停止实验被取出时，应另用其他试件填充空位。当试件在冷冻状态下因故中断时，试件应保持在冷冻状态直至恢复冻融实验为止，并应将故障原因及暂停时间在实验结果中注明。试件在非冷冻状态下发生故障的时间不宜超过两个冻融循环的时间。在整个实验过程中，超过两个冻融时间的中断故障次数不得超过两次。

8. 当冻融循环出现下列情况之一时，可停止实验：

1）达到规定的冻融循环次数；

2）试件的相对动弹性模量下降到60%；

3）试件的质量损失率达5%。

### 7.4.4 实验结果计算及处理

1. 相对动弹性模量应按下式计算：

$$P_i = \frac{f_{ni}^2}{f_{0i}^2} \times 100\%$$ (7-8)

式中　$P_i$——N 次冻融循环后第 $i$ 个混凝土试件的相对动弹性模量（%），精确至0.1；

$f_{ni}$——N 次冻融循环后第 $i$ 个混凝土试件的横向基频（Hz）；

$f_{0i}$——冻融循环实验前第 $i$ 个混凝土试件的横向基频初始值（Hz）。

$$P = \frac{1}{3} \sum_{i=1}^{3} P_i$$ (7-9)

式中　$P$——N 次冻融循环后一组混凝土试件的相对动弹性模量（%），精确至0.1。

相对动弹性模量 $P$ 应以三个试件实验结果的算术平均值作为测定值。当最大值或最小值与中间值之差超过中间值的15%时，应剔除此值，并应取其余两值的算术平均值作为测定值；当最大值和最小值与中间值之差均超过中间值的15%时，应取中间值作为测定值。

2. 单个试件的质量损失率应按下式计算：

$$\Delta W_{ni} = \frac{W_{0i} - W_{ni}}{W_{0i}} \times 100\%$$ (7-10)

式中　$\Delta W_{ni}$——N 次冻融循环后第 $i$ 个混凝土试件的质量损失率（%），精确至0.01；

$W_{0i}$——冻融循环实验前第 $i$ 个混凝土试件的质量（g）；

$W_{ni}$——N 次冻融循环后第 $i$ 个混凝土试件的质量（g）。

3. 一组试件的平均质量损失率应按下式计算：

$$\Delta W_n = \frac{\sum_{i=1}^{3} W_{ni}}{3} \times 100\%$$ (7-11)

式中　$\Delta W_n$——N 次冻融循环后一组混凝土试件的平均质量损失率（%），精确至0.1。

4. 每组试件的平均质量损失率应以三个试件的质量损失率实验结果的算术平均值作为测定值。当某个实验结果出现负值，应取0，再取三个试件的平均值；当三个值中的最大值或最小值与中间值之差超过1%时，应剔除此值，并应取其余两值的算术平均值作为测定值；当最大值和最小值与中间值之差均超过1%时，应取中间值作为测定值。

5. 混凝土抗冻等级应以相对动弹性模量下降至不低于60%或质量损失率不超过5%时的最大冻融循环次数来确定，并用符号 $F$ 表示。

## 7.5　混凝土碳化实验

混凝土的碳化是混凝土所受到的一种化学腐蚀。空气中的 $CO_2$ 气体渗透到混凝土内，与其碱性物质发生化学反应后生成碳酸盐和水，使混凝土碱度降低的过程称为混凝土碳化，又称作中性化。对于素混凝土，碳化有提高混凝土耐久性的效果。但对于钢筋混凝土来说，碳化会使混凝土的碱度降低，当碳化超过混凝土的保护层时，在水与空气存在的条件下，就会使混凝土失去对钢筋的保护作用，钢筋开始生锈。混凝土的碳化实验是测定在一定浓度的 $CO_2$ 气体介质中混凝土试件的碳化程度。

### 7.5.1 试件及处理

试件及处理应符合下列规定：

1. 宜采用棱柱体混凝土试件，应以 3 块为一组，棱柱体的长宽比不宜小于 3。

2. 无棱柱体试件时，也可用立方体试件，其数量应相应增加。

3. 试件宜在 28d 龄期进行碳化实验，掺有掺合料的混凝土可以根据其特性决定碳化前的养护龄期。碳化实验的试件宜采用标准养护，试件应在实验前 2d 从标准养护室取出，然后应在 60℃下烘 48h。

4. 经烘干处理后的试件，除应留下一个或相对的两个侧面外，其余表面应采用加热的石蜡予以密封，然后应在暴露侧面上沿长度方向用铅笔以 10mm 间距画出平行线，作为预定碳化深度的测量点。

### 7.5.2 实验设备

1. 碳化箱（图 7-6）应符合现行行业标准《混凝土碳化试验箱》JG/T 247—2009 的

规定，并应采用带有密封盖的密闭容器，容器的容积至少应为预定进行实验的试件体积的两倍。碳化箱内应有架空试件的支架、$CO_2$ 引入口，分析取样用的气体导出口、箱内气体对流循环装置。为保持箱内恒温恒湿所需的设施以及温湿度监测装置，宜在碳化箱上设玻璃观察口，对箱内的温湿度进行读数。

2. 气体分析仪应能分析箱内二氧化碳浓度，并应精确至 ±1%。

3. $CO_2$ 供气装置应包括气瓶、压力表和流量计。

### 7.5.3 实验步骤

1. 首先将经过处理的试件放入碳化箱内的支架上，各试件之间的间距不应小于 50mm。

图 7-6　混凝土碳化实验箱

2. 试件放入碳化箱后，应将碳化箱密封。密封可采用机械办法或油封，但不得采用水封。应开动箱内气体对流装置，徐徐充入 $CO_2$，并测定箱内的 $CO_2$ 浓度。应逐步调节 $CO_2$ 的流量，使箱内的 $CO_2$ 浓度保持在 20%±3%，在整个实验期间应采取去湿措施，使箱内的相对湿度控制在 70%±5%，温度应控制在 20±2℃的范围内。

3. 碳化实验开始后应每隔一定时期对箱内的 $CO_2$ 浓度、温度及湿度做一次测定。宜在 2d 每隔 2h 测定一次，以后每隔 4h 测定一次。实验中应根据所测得的 $CO_2$ 浓度、温度及湿度随时调节这些参数，去湿用的硅胶应经常更换，也可采用其他更有效的去湿方法。

4. 应在碳化到了 3d、7d、14d 和 28d 时，分别取出试件，破型测定碳化深度。棱柱体试件应通过在压力实验机上的劈裂法或者用干锯法从一端开始破型。每次切除的厚度应为试件宽度的一半，切后应用石蜡将破型后试件的切断面封好，再放入箱内继续碳化，直到下一个实验期。当采用立方体试件时，应在试件中部劈开，立方体试件应只作一次检验，劈开测试碳化深度后不得再重复使用。

5. 随后将切除所得的试件部分刷去断面上残存的粉末，然后喷上（或滴上）浓度为 1% 的酚酞酒精溶液（酒精溶液含 20% 的蒸馏水）。约经 30s 后，应按原先标划的每 10mm 一个测量点用钢板尺测出各点碳化深度。当测点处的碳化分界线上刚好嵌有粗骨料颗粒，可取该颗粒两侧处碳化深度的算术平均值作为该点的深度值，碳化深度测量应精确至 0.5mm。

### 7.5.4 结果计算和处理

1. 混凝土在各实验龄期时的平均碳化深度应按下式计算：

$$\overline{d}_t = \frac{1}{n} \sum_{i=1}^{n} d_i \tag{7-12}$$

式中　$\overline{d}_t$——试件碳化 $t$（d）后的平均碳化深度（mm），精确至 0.1mm；

　　　$d_i$——各测点的碳化深度（mm）；

　　　$n$——测点总数。

2. 每组应以在 $CO_2$ 浓度为 20%±3%、温度为 20±2℃、湿度为 70%±5% 的条件下，3 个试件碳化 28d 的碳化深度算术平均值作为该组混凝土试件碳化测定值。

3. 碳化结果处理时宜绘制碳化时间与碳化深度的关系曲线。

## 7.6　混凝土抗硫酸盐侵蚀实验

混凝土在硫酸盐环境中，同时耦合干湿循环条件在实际环境中经常遇到，会加速对混凝土的损伤。本节介绍的实验方法适用于测定混凝土试件在干湿循环环境中，以能够经受的最大干湿循环次数来表示的混凝土抗硫酸盐侵蚀性能。

### 7.6.1 试件要求

1. 应采用尺寸为 100mm×100mm×100mm 的立方体试件，每组应为 3 块。

2. 混凝土的取样、试件的制作和养护应符合《普通混凝土长期性能和耐久性能试验方法标准》GB/T 50082—2009 的要求。

3. 除制作抗硫酸盐侵蚀实验用试件外，还应按照同样方法，同时制作抗压强度对比用试件。试件组数应符合表 7-2 的要求。

**抗硫酸盐侵蚀实验所需的试件组数**　　　　　　　　　　　　　　表 7-2

| 设计抗硫酸盐等级 | KS15 | KS30 | KS60 | KS90 | KS120 | KS150 | KS150 以上 |
|---|---|---|---|---|---|---|---|
| 检查强度所需干湿循环次数 | 15 | 15 及 30 | 30 及 60 | 60 及 90 | 90 及 120 | 120 及 150 | 150 及设计次数 |
| 鉴定 28d 强度所需试件组数 | 1 | 1 | 1 | 1 | 1 | 1 | 1 |
| 干湿循环试件组数 | 1 | 2 | 2 | 2 | 2 | 2 | 2 |
| 对比试件组数 | 1 | 2 | 2 | 2 | 2 | 2 | 2 |
| 总计试件组数 | 3 | 5 | 5 | 5 | 5 | 5 | 5 |

### 7.6.2 实验设备和试剂

1. 干湿循环实验装置（图7-7）宜采用能使试件静止不动，浸泡、烘干及冷却等过程能自动进行的装置，设备应具有数据实时显示、断电记忆及实验数据自动存储的功能。

图7-7 全自动混凝土硫酸盐
干湿循环实验设备

2. 其也可采用符合下列规定的设备进行干湿循环实验。

1）烘箱应能使温度稳定在80±5℃。

2）容器至少能够装27L溶液，并带盖，且由耐盐腐蚀材料制成。

3）试剂采用化学纯无水硫酸钠。

### 7.6.3 实验步骤

1. 试件应在养护至28d龄期的前2d，将需进行干湿循环的试件从标准养护室取出。擦干试件表面水分，然后将试件放入烘箱中，并应在80±5℃下烘48h，烘干结束后应将试件在干燥环境中冷却到室温。对于掺入掺合料比较多的混凝土，也可采用56d龄期或者设计规定的龄期进行实验，这种情况应在实验报告中说明。

2. 试件烘干并冷却后，应立即将试件放入试件盒（架）中，相邻试件之间应保持20mm间距，试件与试件盒侧壁的间距不应小于20mm。

3. 试件放入试件盒以后，应将配制好的浓度5%的$Na_2SO_4$溶液放入试件盒，溶液应至少超过最上层试件表面20mm，然后开始浸泡。从试件开始放入溶液，到浸泡过程结束的时间应为15±0.5h，注入溶液的时间不应超过30min，浸泡龄期应从将混凝土试件移入浓度5%的$Na_2SO_4$溶液中起计时。实验过程中宜定期检查和调整溶液的pH值，可每隔15个循环测试一次溶液的pH值，应始终维持溶液的pH值在6～8之间。溶液的温度应控制在25～30℃，也可不检测其pH值，但应每月更换一次实验用溶液。

4. 浸泡过程结束后，应立即排液，并应在30min内将溶液排空。溶液排空后应将试件风干30min，从溶液开始排出到试件风干的时间应为1h。

5. 风干过程结束后应立即升温，应将试件盒内的温度升到80℃，开始烘干过程。升温过程应在30min内完成，温度升到80℃后，应将温度维持在80±5℃，从升温开始到开始冷却的时间应为6h。

6. 烘干过程结束后，应立即对试件进行冷却，从开始冷却到将试件盒内的试件表面温度冷却到25～30℃的时间应为2h。

7. 每个干湿循环的总时间应为24±2h，然后应再次放入溶液，按照上述3～6的步骤进行下一个干湿循环。

8. 在达到表7-2规定的干湿循环次数后，应及时进行抗压强度实验。同时应观察经过干湿循环后混凝土表面的破损情况并进行外观描述。当试件有严重剥落、掉角等缺陷时，应先用高强石膏补平后再进行抗压强度实验。

9. 当干湿循环实验出现下列三种情况之一时，可停止实验：①当抗压强度耐蚀系数达到75%；②干湿循环次数达到150次；③达到设计抗硫酸盐等级相应的干湿循环次数。

10. 对比试件应继续保持原有的养护条件，直到完成干湿循环后，与进行干湿循环实验的试件同时进行抗压强度实验。

### 7.6.4 结果计算和处理

1. 混凝土抗压强度耐蚀系数应按下式进行计算：

$$K_f = \frac{f_{cn}}{f_{c0}} \times 100\%$$ (7-13)

式中　$K_f$——抗压强度耐蚀系数（%）；

$f_{cn}$——$N$ 次干湿循环后受硫酸盐腐蚀的一组混凝土试件的抗压强度测定值（MPa），精确至 0.1MPa；

$f_{c0}$——与受硫酸盐腐蚀试件同龄期的标准养护的一组对比混凝土试件的抗压强度测定值（MPa），精确至 0.1MPa。

2. $f_{cn}$ 和 $f_{c0}$ 应以 3 个试件抗压强度实验结果的算术平均值作为测定值。当最大值或最小值与中间值之差超过中间值的 15% 时，应剔除此值，并应取其余两值的算术平均值作为测定值；当最大值和最小值均超过中间值的 15% 时，应取中间值作为测定值。

3. 抗硫酸盐等级应以混凝土抗压强度耐蚀系数下降到不低于 75% 时的最大干湿循环次数来确定，并应以符号 KS 表示。

## 7.7　混凝土碱骨料反应实验

混凝土碱骨料反应（Alkali Aggregate Reaction，简称 AAR）是指水泥中的碱性氧化物含量较高时，会与骨料中所含的 $SiO_2$ 发生化学反应，并在骨料表面生成碱-硅酸凝胶，吸水后会产生较大的体积膨胀，导致混凝土胀裂的现象。由于该反应产生的破坏一旦发生难以阻止和修复，所以碱骨料反应又被称为"混凝土的癌症"，是影响混凝土结构耐久性的重要因素之一。

国际上已发现的碱骨料反应有三种类型：碱硅酸反应（Alkali Silica Reaction，简称 ASR）、碱碳酸盐反应（Alkali Carbonate Reaction，简称 ACR）和碱硅酸盐反应（Alkali Silicate Reaction）。本节介绍的实验方法用于检验混凝土试件在温度 38℃ 及潮湿条件养护下，混凝土中的碱与骨料反应所引起的膨胀是否具有潜在危害，适用于碱硅酸反应和碱碳酸盐反应。

### 7.7.1 实验仪器

1. 分别采用与公称直径为 20mm、16mm、10mm、5mm 的圆孔筛对应的方孔筛。

2. 称量设备的最大量程应分别为 50kg 和 10kg，感量应分别不超过 50g 和 5g，各一台。

3. 试模的内测尺寸应为 75mm×75mm×275mm，试模两个端板应预留安装测头的圆孔，孔的直径应与测头直径相匹配。

4. 测头（埋钉）的直径应为 5~7mm，长度应为 25mm，应采用不锈金属制成，测头均应位于试模两端的中心部位。

5. 碱骨料反应实验箱（图 7-8）。

6. 养护盒及试件架（图 7-9）：养护盒应由耐腐蚀材料制成，不漏水且能密封。盒底部应装有 20±5mm 深的水，盒内应有试件架，且应能使试件垂直立在盒中。试件底部不应与水接触，一个养护盒宜同时容纳 3 个试件。

图 7-8　碱骨料反应实验箱

图 7-9　养护盒及试件架

7. 测长仪（图 7-10）的测量范围应为 275～300mm，精度应为±0.001mm。

图 7-10　测长仪

### 7.7.2　一般规定

1. 原材料和设计配合比应按照下列规定准备：

1）应使用硅酸盐水泥，水泥含碱量宜为 0.9%±0.1%（以 $Na_2O$ 当量计，即 $Na_2O＋0.658K_2O$）。可通过外加浓度为 10% 的 Na(OH) 溶液，使实验用水泥含碱量达到 1.25%。

2）当实验用来评价细骨料的活性采用非活性的粗骨料时，粗骨料的非活性也应通过实验确定。实验用细骨料细度模数宜为 2.7±0.2。当实验用来评价粗骨料的活性用非活性的细骨料时，细骨料的非活性也应通过实验确定。当工程用的骨料为同一品种的材料，应用该粗、细骨料来评价活性。实验用粗骨料应由三种级配：20～16mm、16～10mm 和 10～5mm，各取 1/3 等量混合。

3）每立方米混凝土水泥用量应为 420±10kg，水灰比应为 0.42～0.45，粗骨料与细骨料的质量比应为 6∶4。实验中除可外加 Na(OH) 外，不得再使用其他的外加剂。

2. 试件应按下列规定制作：

1）成型前 24h，应将实验所用所有原材料放入 20±5℃ 的成型室。

2）混凝土搅拌宜采用机械拌合。

3）混凝土应一次装入试模，应用捣棒和抹刀捣实，然后在振动台上振动 30s 或直至表面泛浆为止。

4）试件成型后应带模一起送入 20±2℃、相对湿度在 95% 以上的标准养护室中，应在混凝土初凝前 1～2h，对试件沿模口抹平并应编号。

3. 试件养护及测量应符合下列要求：

1）试件应在标准养护室中养护 24±4h 后脱模，脱模时应特别小心不要损伤测头，并应尽快测量试件的基准长度。待测试件应用湿布盖好。

2）试件的基准长度测量应在 20±2℃的恒温室中进行，每个试件应至少重复测试两次，应取两次测值的算术平均值作为该试件的基准长度值。

3）测量基准长度后应将试件放入养护盒中，并盖严盒盖，然后应将养护盒放入 38±2℃的养护室或养护箱里养护。

4）试件的测量龄期应从测定基准长度后算起，测量龄期应为 1 周、2 周、4 周、8 周、13 周、18 周、26 周、39 周和 52 周，以后可每半年测一次。每次测量的前一天，应将养护盒从 38±2℃的养护室中取出，并放入 20±2℃的恒温室中，恒温时间应为 24±4h。试件各龄期的测量应与测量基准长度的方法相同，测量完毕后，应将试件调头放入养护盒中，并盖严盒盖，然后应将养护盒重新放回 38±2℃的养护室或者养护箱中继续养护至下一测试龄期。

5）每次测量时，应观察试件有无裂缝、变形、渗出物及反应产物等，并应作详细记录。必要时可在长度测试周期全部结束后，辅以岩相分析等手段，综合判断试件内部结构和可能的反应产物。

4. 当碱骨料反应实验出现以下两种情况之一时，可结束实验：

1）在 52 周的测试龄期内的膨胀率超过 0.04%；

2）膨胀率虽小于 0.04%，但实验周期已经达到 52 周（或者一年）。

### 7.7.3 实验结果和处理

1. 试件的膨胀率应按下式计算：

$$\varepsilon_t = \frac{L_t - L_0}{L_0 - 2\Delta} \times 100\% \tag{7-14}$$

式中　$\varepsilon_t$——试件在 $t$（d）龄期的膨胀率（%），精确至 0.001；

　　　$L_t$——试件在 $t$（d）龄期的长度（mm）；

　　　$L_0$——试件的基准长度（mm）；

　　　$\Delta$——测头的长度（mm）。

2. 每组应以 3 个试件测值的算术平均值作为某一龄期膨胀率的测定值。

3. 当每组平均膨胀率小于 0.020%时，同一组试件中单个试件之间的膨胀率的差值（最高值与最低值之差）不应超过 0.008%；当每组平均膨胀率大于 0.020%时，同一组试件中单个试件的膨胀率的差值（最高值与最低值之差）不应超过平均值的 40%。

### 复 习 思 考 题

7-1　混凝土的耐久性通常包括哪些方面的性能？

7-2　影响混凝土耐久性的关键因素是什么？如何提高混凝土的耐久性？

7-3　影响混凝土抗冻性的因素有哪些？混凝土抗冻性的评定方法有哪些？

7-4　何谓混凝土的碳化？有哪些预防措施？

7-5　何谓混凝土的碱骨料反应？有哪些预防措施？

# 混凝土碱骨料反应实验报告

组别＿＿＿＿＿＿＿＿＿　同组实验者＿＿＿＿＿＿＿＿＿＿＿＿
日期＿＿＿＿＿＿＿＿＿　指导教师＿＿＿＿＿＿＿＿＿＿＿＿

1. 实验目的
2. 实验记录与计算

| 试件编号 | | 基准长度 $L_0$ (mm) | 7d (1周) | | 14d (2周) | | 28d (4周) | | 56d (8周) | | 91d (13周) | | 126d (18周) | | 182d (26周) | | 273d (39周) | | 364d (52周) | |
|---|---|---|---|---|---|---|---|---|---|---|---|---|---|---|---|---|---|---|---|---|---|
| | | | $L_7$ (mm) | $\varepsilon_7$ (%) | $L_{14}$ (mm) | $\varepsilon_{14}$ (%) | $L_{28}$ (mm) | $\varepsilon_{28}$ (%) | $L_{56}$ (mm) | $\varepsilon_{56}$ (%) | $L_{91}$ (mm) | $\varepsilon_{91}$ (%) | $L_{126}$ (mm) | $\varepsilon_{126}$ (%) | $L_{182}$ (mm) | $\varepsilon_{182}$ (%) | $L_{273}$ (mm) | $\varepsilon_{273}$ (%) | $L_{364}$ (mm) | $\varepsilon_{364}$ (%) |
| 1 | 1-1 | | | | | | | | | | | | | | | | | | | | |
| | 1-2 | | | | | | | | | | | | | | | | | | | | |
| | 1-3 | | | | | | | | | | | | | | | | | | | | |
| 备注 | | | | | | | | | | | | | | | | | | | | | |

3. 分析与讨论

# 第8章 砂 浆 实 验

## 8.1 概 述

建筑砂浆在组成材料上与普通混凝土的区别在于建筑砂浆中没有粗骨料，因此建筑砂浆也称为特殊混凝土。建筑砂浆主要应用于砌筑、抹面、修补和装饰等土建工程。砌筑砂浆是砌体的组成部分之一，在砌体工程中起着黏结砌块、传递荷载、找平和协调变形的作用。本章主要介绍以水泥、砂、石灰为主要材料而配制的砌筑砂浆的质量要求和实验方法，实验项目有砂浆的稠度、表观密度、分层度、立方体抗压强度等。

砌筑砂浆的技术性质主要体现在三个方面：新拌砂浆应具有良好的和易性，以利于砌筑工程施工；硬化后的砂浆应具有较高的强度和黏结力，以利于砌块和砂浆的黏结和承载；砂浆应具有良好的耐久性，以提高砌体的使用寿命。

### 8.1.1 砂浆的和易性内涵

砂浆的和易性定义与混凝土拌合物和易性的定义相同，是指新拌砂浆易于拌合、运输、浇灌、振实、成型等各项施工操作，并能获得质量均匀、成型密实的性能。但砂浆和易性包含的内容与混凝土拌合物却不同，只包括流动性和保水性两方面的内涵。

砂浆的流动性是指砂浆在自重或外力作用下，能够产生流动的性能。砂浆的流动性主要取决于胶凝材料的种类、用量、用水量、砂的种类与质量、搅拌时间、环境条件等因素。在实验室中，可用砂浆稠度仪测定砂浆的稠度值，以评价、控制砂浆的流动性；在实际工程中，砂浆的流动性可根据经验进行评价和控制，选用要求如表8-1。

建筑砂浆的流动性选择（mm）                                              表 8-1

| 砌体种类 | 干燥气候 | 寒冷气候 | 抹灰工程 | 机械施工 | 手工操作 |
|---|---|---|---|---|---|
| 烧结砖砌体 | 80～90 | 70～80 | 准备层 | 80～90 | 110～120 |
| 石砌体 | 40～50 | 30～40 | 底层 | 70～80 | 70～80 |
| 混凝土空心砌块 | 60～70 | 50～60 | 面层 | 70～80 | 90～100 |
| 轻骨料混凝土砌块 | 70～90 | 60～80 | 石膏浆面层 | — | 90～120 |

砂浆的保水性是指砂浆保存水分的能力。砂浆的保水性主要取决于胶凝材料的种类及用量、砂的种类与质量、外加剂的种类及掺量等因素。保水性良好的砂浆可保证获得均匀致密的砂浆缝和硬化所需的水分，确保砌体工程的质量。砂浆的保水性用分层度来检验和评定，砂浆分层度一般情况下取10～20mm。如果分层度大于30mm，保水性差，容易离析，不便于保证工程质量；如果分层度接近于零，则保水性太强，砂浆在硬化过程中容易发生收缩干裂，工程质量也难以保证。

### 8.1.2 砂浆的强度

与混凝土相比，虽然对砂浆的强度要求不高，但从砂浆在砌体工程中的传力功能来讲，砂浆还是应该具有一定强度要求的。砂浆强度的取决因素比较复杂，除了与水灰比、水泥强度、水泥用量等因素有关之外，还与所砌筑基面的吸水性有关。砂浆的强度是以边长为 70.7mm 的立方体试件，在标准条件下养护至 28d 的抗压强度平均值而确定的，其强度等级有 M5、M7.5、M10、M15、M20、M2.5、M30 共七个等级。

### 8.1.3　砂浆的耐久性

由于砂浆主要用于砌筑、抹面、修补等工程，因此砂浆的耐久性在一定程度上决定砌体工程的耐久性。尽管耐久性是一个综合性指标，但由于主要体现在抗冻性方面，所以砂浆的耐久性主要以其抗冻性能作为评价指标，规定砂浆冻融实验后其质量损失不得大于 5%，抗压强度损失不得大于 25%。

### 8.1.4　取样及试样制备

1. 取样

建筑砂浆实验用料应从同一盘砂浆或同一车砂浆中取样。取样量不应少于实验所需量的 4 倍。当施工过程中进行砂浆实验时，砂浆取样方法应按相应的施工验收规范执行，并宜在现场搅拌点或预拌砂浆卸料点的至少 3 个不同部位及时取样。对于现场取得的试样，实验前应人工搅拌均匀。从取样完毕到开始进行各项性能实验，不宜超过 15min。

2. 试样的制备

在实验室制备砂浆试样时，所用材料应提前 24h 运入室内。拌合时，实验室的温度应保持在 20±5℃。当需要模拟施工条件下所用的砂浆时，所用原材料的温度宜与施工现场保持一致。实验所用原材料应与现场使用材料一致，砂应通过 4.75mm 筛。实验室拌制砂浆时，材料用量应以质量计，水泥、外加剂、掺合料等的称量精度应为 ±0.5%，细骨料的称量精度应为 ±1%。在实验室搅拌砂浆时应采用机械搅拌，搅拌机应符合现行行业标准《试验用砂浆搅拌机》JG/T 3033—1996 的规定，搅拌的用量宜为搅拌机容量的 30%～70%，搅拌时间不应少于 120s。掺有掺合料和外加剂的砂浆，其搅拌时间不应少于 180s。

## 8.2　砂 浆 稠 度 实 验

砂浆的稠度亦称流动性，用沉入度表示。本方法适用于确定配合比或施工过程中砂浆的稠度测定，以达到控制用水量的目的。

### 8.2.1　主要仪器设备

1. 砂浆稠度仪：图 8-1，由试锥、容器和支座三部分组成。试锥应由钢材或铜材制成，试锥高度应为 145mm，锥底直径应为 75mm，试锥连同滑杆的质量应为 300±2g；盛浆容器应由钢板制成，筒高应为 180mm，锥底内径应为 150mm；支座应包括底座、支架及刻度显示三个部分，应由铸铁、钢或其他金属制成。

2. 钢制捣棒：直径 10mm，长 350mm，端部磨圆。

3. 磅秤：称量 50kg，精度 50g。

4. 台秤：称量 10kg，精度 5g。

5. 铁板：拌合用，面积约 1.5m×2m，厚约 3mm。

6. 砂浆搅拌机（图 8-2）、拌铲、量筒、盛器、秒表等。

图 8-1　砂浆稠度测定仪

1—齿条测杆；2—指针；3—刻度盘；4—测杆；5—试锥；

6—盛浆容器；7—底座；8—支架；9—制动螺栓

图 8-2　砂浆搅拌机

### 8.2.2　实验步骤

1. 砂浆拌合物从砂浆搅拌机取出后应及时进行实验测试，实验前要经人工翻拌，以保证其质量均匀。

2. 盛浆容器和试锥表面用湿布擦干净，并用少量润滑油轻擦滑杆后，将滑杆上多余的油用吸油纸吸净，使滑杆能自由滑动。

3. 将砂浆拌合物一次装入容器，使砂浆表面低于容器口约 10mm，用捣棒自容器中心向边缘插捣 25 次。然后轻轻地将容器摇动或敲击 5～6 下，使砂浆表面平整，随后将容器置于稠度测定仪的底座上。

4. 拧开试锥滑杆的制动螺栓，向下移动滑杆。当试锥尖端与砂浆表面刚接触时，拧紧制动螺栓，使齿条测杆下端刚好接触滑杆上端，并将指针对准零点上。

5. 拧开制动螺栓，同时计时间，待 10s 时立即固定螺栓，将齿条测杆下端接触滑杆上端，从刻度上读出下沉深度，即为砂浆的稠度值，精确至 1mm。

注：圆锥形容器内的砂浆，只允许测定 1 次稠度，重复测定时，应重新取样。

### 8.2.3　结果判定

同盘砂浆应取两次测试结果的算术平均值作为砂浆的稠度值，并应精确至 1mm，两次测试值之差如大于 10mm，则应另取砂浆搅拌后重新测定。

## 8.3　砂浆的分层度和表观密度实验

### 8.3.1　砂浆分层度测定

分层度是表征砂浆保水性能即保存水分能力的指标量度。如果砂浆的保水性不良，在运输、静置、砌筑过程中就会产生离析、泌水现象，不但造成施工困难，而且降低其强度。砂浆分层度的测定方法是将砂浆装入规定的容器中，先测出沉入度。静置 30min 后，再取容器下部 1/3 部分的砂浆，再次测其沉入度。前后两次沉入度之差即为分层度，以毫米计。分层度越大，表明砂浆的保水性越差。分层度的测定可采用标准法和快速法，当发生争议时，应以标准法的测定结果为准。

1. 主要仪器设备

1）砂浆分层度筒：图 8-3，内径为 150mm，上节高度为 200mm，下节（带底）净高为 100mm，用金属板制成，上、下层连接处需加宽到 3～5mm，并设有橡胶垫圈。

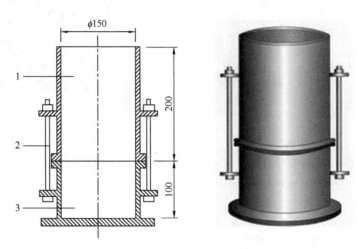

图 8-3　砂浆分层度测定仪
1—无底圆筒；2—连接螺栓；3—有底圆筒

2）水泥胶砂振动台：图 8-4，振幅 $0.5\pm0.05$mm，频率 $50\pm3$Hz。

3）砂浆稠度仪、木槌等。

图 8-4　水泥胶砂振动台

2. 标准法实验步骤

1）首先将砂浆拌合物按稠度实验方法测定其稠度。

2）将砂浆拌合物一次装入分层度筒内，待装满后，用木槌在容器周围距离大致相等的四个不同地方轻轻敲击 1～2 下，如砂浆沉入到低于筒口，则应随时增加，然后刮去多余的砂浆并用抹刀抹平。

3）静置 30min 后，去掉上节 200mm 砂浆，剩余的 100mm 砂浆倒出放在拌合锅内拌 2min，再按稠度实验方法测定其稠度。前后测得的稠度之差即为该砂浆的分层度值（mm）。

砂浆的分层度也可以采取快速法测定：按砂浆稠度实验方法测定其稠度。将分层度筒预先固定在振动台上，砂浆一次装入分层度筒内，振动 20s。去掉上节 200mm 砂浆，剩余 100mm 砂浆倒出放在拌合锅内拌 2min，再按稠度实验方法测定其稠度。前后测得的砂浆稠度之差即可认为是该砂浆的分层度值。有争议时，以标准法为准。

3. 结果判定

取两次测试结果算术平均值作为该砂浆的分层度值，精确至 1mm。两次分层度实验值之差如果大于 10mm，应重新取样测定。

### 8.3.2 砂浆表观密度测定

本方法适用于测定砂浆拌合物捣实后的单位体积质量，以确定每立方米砂浆拌合物中各组成材料的实际用量。

1. 主要仪器设备

1）水泥胶砂振动台、砂浆稠度仪：同上。

2）容量筒：金属制成，内径 108mm，净高 109mm，筒壁厚 2～5mm，容积为 1L。

3）天平：称量 5kg，感量 5g。

4）铁棒：直径 10mm，长 350mm，端部磨圆。

5）砂浆密度测定仪：图 8-5。

6）振动台：振幅应为 0.5±0.05mm，频率应为 50±3Hz。

7）秒表。

2. 实验步骤

1）先将拌好的砂浆按稠度实验方法测定其稠度，当砂浆稠度大于 50mm 时，采用插捣法振实；当砂浆稠度不大于 50mm 时，宜采用振动法振实。

2）应先采用湿布擦净容量筒的内表面，再称量容量筒重（$m_1$），精确至 5g。然后把容量筒的漏斗套上，将砂浆拌合物装满容量筒并略有富余。采用插捣法时，将砂浆拌合物一次装满容量筒，使稍有富余，用捣棒均匀捣 25 次，插捣过程中如砂浆沉落到低于筒口，则应随时增加砂浆，再敲击 5～6 次。采用振动法时，将砂浆拌合

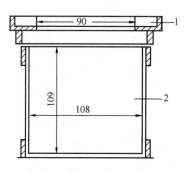

图 8-5　砂浆密度测定仪
1—漏斗；2—容量筒

物一次装满容量筒连同漏斗在振动台上振 10s，振动过程中如砂浆沉入到低于筒口，则应随时增加砂浆。

3）捣实后将筒口多余的砂浆拌合物刮去，使表面平整，然后将容量筒外壁擦净，称出砂浆与容量筒总重（$m_2$），精确至 5g。

3. 计算与结果评定

砂浆拌合物的质量密度按下式计算，精确至 $10kg/m^3$：

$$\rho = \frac{m_2 - m_1}{V} \times 1000 \tag{8-1}$$

式中　$\rho$——砂浆拌合物的表观密度（$kg/m^3$）；

　　$m_1$——容量筒质量（kg）；

　　$m_2$——容量筒及试样质量（kg）；

　　$V$——容量筒容积（L）。

砂浆的表观密度以两次实验结果的算术平均值确定测试结果。

4. 容量筒的容积校正

可按下列步骤进行校正：

1）选择一块能覆盖住容量筒顶面的玻璃板，称出玻璃板和容量筒质量。

2）向容量筒中灌入温度为 20±5℃的饮用水，灌到接近上口时，一边不断加水，一边把玻璃板沿筒口徐徐推入盖严，玻璃板下不得存在气泡。

3）擦净玻璃板面及筒壁外的水分，称量容量筒、水和玻璃板质量（精确至 5g），两次质量之差（以千克计）即为容量筒的容积（L）。

## 8.4 砌筑砂浆抗压强度实验

砌筑砂浆作为用量最大的一种砂浆，就其传力、找平、黏结功能来讲，都直接或间接地与砂浆的抗压强度有关，本节主要介绍砌筑砂浆的抗压强度实验方法。

### 8.4.1 取样和试件要求

1. 砌筑砂浆强度试件按同一强度等级、同一配合比、同种原材料、每一楼层（基础砌体可按一个楼层计）或 250m³ 砌体为一取样单位，取一组试块。地面砂浆，按每一层地面或 1000m² 取一组，不足 1000m² 按 1000m² 计。每组六个试件。

2. 每一楼层制作砌筑砂浆抗压试件不少于两组。当砂浆强度等级或配合比有变更时，应另作实验。每一取样单位还应制作同条件养护试块不少于一组。

3. 每组试块的试样必须取自同一次拌制的砌筑砂浆拌合物。施工中取试件应在使用地点的砂浆槽、砂浆运送车或搅拌机出料口，至少从三个不同部位抽取，数量应多于实验用料的 1～2 倍。实验室拌制砂浆进行实验所用材料应与现场材料一致，搅拌可用机械或人工拌合，用搅拌机搅拌时，其搅拌量不少于搅拌机容量的 20％，搅拌时间不少于 2min。

### 8.4.2 主要仪器设备

1. 试模：铸铁或具有足够刚度、拆装方便的塑料，见图 8-6、图 8-7，其几何尺寸为 70.7mm×70.7mm×70.7mm 立方体。试模的内表面应机械加工，不平度为每 100mm 不超过 0.05mm。组装后各相邻面的不垂直度不超过±0.5。

2. 捣棒：直径 10mm，长 350mm，端部磨圆的钢棒。

3. 压力实验机：测力范围 0～1500kN，精度应为 1％，其量程应能使试件预期破坏荷载值不小于全量程的 20％，且不大于全量程的 80％。

4. 垫板：实验机上、下压板及试件之间可垫钢垫板，垫板尺寸应大于试件的承压面，其不平度应为每 100mm 不超过 0.02mm。

图 8-6 三联砂浆试模

图 8-7 单砂浆试模

5. 振动台：空载中台面的垂直振幅应为 0.5±0.05mm，空载频率应为 50±3Hz，空载台面振幅均匀度不应大于 10％，一次实验应至少能固定 3 个试模。

### 8.4.3 试件制作与养护

1. 采用立方体试件,每组试件应为 3 个。

2. 采用黄油等密封材料涂抹试模的外接缝,试模内应涂刷薄层机油或隔离剂。将拌制好的砂浆一次性装满砂浆试模,成型方法应根据稠度而确定。当稠度大于 50mm 时,宜采用人工插捣成型;当稠度不大于 50mm 时,宜采用振动台振实成型。

    1) 人工插捣:应采用捣棒均匀地由边缘向中心按螺旋方式插捣 25 次,插捣过程中当砂浆沉落低于试模口时,应随时添加砂浆,可用油灰刀插捣数次,并用手将试模一边抬高 5~10mm 各振动 5 次,砂浆应高出试模顶面 6~8mm。

    2) 机械振动:将砂浆一次装满试模,放置到振动台上,振动时试模不得跳动,振动 5~10s 或持续到表面泛浆为止,不得过振。

3. 应待表面水分稍干后,再将高出试模部分的砂浆沿试模顶面刮去并抹平。

4. 试件制作后应在温度为 20±5℃ 的环境下静置 24±2h,对试件进行编号、拆模。当气温较低时,或者凝结时间大于 24h 的砂浆,可适当延长时间,但不应超过 2d。试件拆模后应立即放入温度为 20±2℃、相对湿度为 90% 以上的标准养护室中养护。养护期间,试件彼此间隔不得小于 10mm,混合砂浆、湿拌砂浆试件上面应覆盖,防止有水滴在试件上。

5. 从搅拌加水开始计时,标准养护龄期应为 28d,也可根据相关标准要求增加 7d 或 14d。

### 8.4.4 实验步骤

1. 试件自标准养护室取出后擦净表面,测量其尺寸,精确至 1mm,并据此计算试件承压面积。如实测尺寸与公称尺寸之差不超过 1mm,可按公称尺寸计算承压面积,并检查外观。

2. 将试件安放在实验机的下压板或下垫板上,试件的承压面应与成型时的顶面垂直,试件中心应与实验机下压板或下垫板中心对准。开动实验机,当上压板与试件或上垫板接近时,调整球座,使接触面均衡受压。承压实验应连续而均匀地加荷,加荷速度应为 0.25~1.5kN/s,砂浆强度不大于 2.5MPa 时,宜取下限。当试件接近破坏而开始迅速变形时,停止调整实验机油门,直至试件破坏,然后记录破坏荷载。

### 8.4.5 计算与结果判定

砂浆立方体抗压强度按下式计算,精确至 0.1MPa:

$$f_{m,cu} = K \frac{N_u}{A} \tag{8-2}$$

式中    $f_{m,cu}$——立方体抗压强度(MPa),精确至 0.1MPa;

        $N_u$——破坏荷载(N);

        $K$——换算系数,取 1.35;

        $A$——试件的受压面积(mm²)。

立方体抗压强度实验的实验结果应按下列要求确定:

1. 应以三个试件测值的算术平均值作为该组试件的砂浆立方体抗压强度平均值($f_2$),精确至 0.1MPa;

2. 当三个测值的最大值或最小值中有一个与中间值的差值超过中间值的 15% 时,应把最大值及最小值一并舍去，取中间值作为该组试件的抗压强度值；

3. 当两个测值与中间值的差值均超过中间值的 15％时，该组实验结果应为无效。

### 8.4.6　实验过程中发生异常情况时的处理方法

试件在加荷过程中，若发生停电或设备故障，当所施加荷载远未达到破坏荷载时，则卸下荷载，记下加荷值，保存试件，待恢复后继续实验（但不能超过规定的龄期）；如果施加荷载已接近破坏荷载，则试件作废，检测结果无效；如果施加荷载已达到或超过破坏荷载（试件破裂，度盘已退针），则检测结果有效。

## 8.5　贯入法检测砌筑砂浆抗压强度

本方法适用于砌体工程中砌筑砂浆抗压强度的现场检测，不适用于遭受高温、冻寒、化学侵蚀、火灾等表面损伤的砂浆检测以及冻结法施工的砂浆在强度回升阶段的检测。

### 8.5.1　主要仪器设备

1. 贯入式砂浆强度检测仪：图 8-8，贯入力 800±8N，工作行程 20±0.10mm，使用环境温度－4～40℃。

图 8-8　贯入式砂浆强度检测仪

2. 贯入深度测量表：最大量程 20±0.02mm，分度值 0.01mm。

3. 测钉：长度 40±0.10mm，直径 3.5mm，尖端锥度 45°，测钉量规的量规槽长度为 39.5＋0.10mm。

### 8.5.2　使用条件

1. 砂浆应自然养护，龄期为 28d 或 28d 以上，自然风干状态，估计强度大约在 0.4～16.0MPa。

2. 测试前应收集相关资料，如建设单位、设计单位、监理单位、施工单位和委托单位名称，工程名称、结构类型、有关图纸，原材料实验资料、砂浆品种、设计强度等级和配合比、砌筑日期、施工及养护情况、检测原因等。

### 8.5.3　构件选择与测点布置

1. 检测砌筑砂浆抗压强度时，应以面积不大于 25m² 的砌体构件或构筑物为一个构件。

2. 当按批抽样检测时，应取龄期相近的同楼层、同品种、同强度等级的砌筑砂浆，且不大于 250m³ 砌体为一批。抽检数量不少于砌体总构件数的 30％，且不少于 6 个构件。基础按一个楼层计。

3. 被测灰缝应饱满，其厚度不小于 7mm，并应避免竖缝、门窗洞口、后砌洞口和预埋件的边缘。

4. 多孔砖砌体和空斗墙砌体的水平灰缝深度应大于 30mm。

5. 检测范围内的饰面层、粉刷层、勾缝砂浆以及表面损伤层等，应清除干净，使待测灰缝砂浆暴露并经打磨平整后再检测。

6. 每一构件测试 16 点，测点应均匀地分布在构件的水平灰缝上，测点间的水平距离不宜小于 240mm，每条灰缝不宜多于 2 个测点。

#### 8.5.4 实验步骤

1. 将测钉插入贯入杆的测钉座中，测钉点朝外，固定好测钉。用摇柄旋紧螺母直至挂勺挂上为止，然后将螺母退至贯入杆顶端。

2. 将贯入仪扁头对准灰缝钉座中间，并垂直贴在被测砌体灰缝砂浆的表面，握住贯入仪把手，扳动扳机，将测钉贯入被测砂浆中。

3. 测量贯入深度。将测钉拔出，用吹风器将测孔中的粉尘吹干净。把贯入深度测量表扁头对准灰缝，同时将测头插入测孔中，并保持测量表与被测灰缝砂浆表面垂直。从表盘中直接读取测量显示值 $d_i'$（当直接读数不方便时，可用锁紧螺钉锁定测头，然后取下贯入深度测量读数），并做好记录。贯入深度按下式计算：

$$d_i = 20.00 - d_i' \tag{8-3}$$

当砌体灰缝经打磨仍难以达到平整时，可在测点处标记，贯入检测前用贯入深度测量表测读测点处的砂浆表面不平整度，读数 $d_i^0$，然后再在测点处进行贯入检测，读数 $d_i'$，则贯入深度为：

$$d_i = d_i^0 - d_i' \tag{8-4}$$

式中 $d_i$——第 $i$ 个测点贯入深度值（mm），精确至 0.01mm；

$d_i'$——第 $i$ 个测点贯入深度测量表读数（mm），精确至 0.01mm；

$d_i^0$——第 $i$ 个测点贯入深度测量表的不平整度读数（mm），精确至 0.01mm。

#### 8.5.5 注意事项

1. 每次实验前应清除测钉附着的水泥灰渣等杂物，同时用测钉量规检验测钉的长度。当测钉能够通过测钉量规槽时，应重新选用新的测钉。

2. 操作过程中，当测点处的灰缝砂浆不完整时，该测点应作废，另选测点补测。

#### 8.5.6 计算与结果判定

1. 在检测数值中，剔除 16 个贯入深度值中的 3 个较大值和 3 个较小值，把剩余的 10 个贯入深度值取平均值：

$$m_{d_i} = \frac{1}{10} \sum_{i=1}^{10} d_i \tag{8-5}$$

2. 根据计算所得的构件贯入深度平均值 $m_{d_i}$，按不同砂浆品种由《贯入法检测砌筑砂浆抗压强度技术规程》JGJ/T 136—2017 附表中查得其砂浆抗压强度换算值 $f_{2,j}^c$。

### 复 习 思 考 题

8-1 当砂浆沉入度不符合要求时，应如何调整？

8-2 砂浆的和易性内容与混凝土拌合物和易性内容有何不同？

8-3 进行砂浆分层度实验时，静置时间对实验结果有何影响？

8-4 测定砌筑砂浆抗压强度时，为何要用无底试模？得到的抗压强度数据如何处理？

8-5 为何水泥混合砂浆和水泥砂浆强度试件养护时的相对湿度要求不同？

# 砂 浆 实 验 报 告

组别＿＿＿＿＿＿＿＿＿　　同组实验者＿＿＿＿＿＿＿＿＿＿＿＿

日期＿＿＿＿＿＿＿＿＿　　指导教师＿＿＿＿＿＿＿＿＿＿＿＿

1. 实验目的

2. 实验记录与计算

1）设计要求

| 砂浆强度等级 | 砂浆沉入度（cm） | 初步配合比 | 每立方米砂浆各材料用量（kg） | | |
|---|---|---|---|---|---|
| | | 水泥∶砂∶水 | 水泥 | 砂 | 拌合水 |
| | | | | | |

2）工作性测定与调整

试拌砂浆量＿＿＿＿＿L；各材料用量：水泥＿＿＿＿＿kg，石灰膏＿＿＿＿＿kg，砂＿＿＿＿＿kg。

（1）稠度

| 加水量 | 沉入度（cm） | | | 备　注 |
|---|---|---|---|---|
| | 第一次测试 | 第二次测试 | 平均值 | |
| | | | | |
| | | | | |
| | | | | |

（2）分层度

| 初始沉入度（cm） | 30min 时沉入度（cm） | 分层度（cm） |
|---|---|---|
| | | |

3）抗压强度测定

| 试件编号 | 试件尺寸（mm） | | 受压面积（mm²） | 破坏荷载（N） | 抗压强度测试值（MPa） | 抗压强度平均值（MPa） |
|---|---|---|---|---|---|---|
| | $a$ | $b$ | | | | |
| 1 | | | | | | |
| 2 | | | | | | |
| 3 | | | | | | |
| 4 | | | | | | |
| 5 | | | | | | |
| 6 | | | | | | |

注：试件养护温度＿＿＿＿＿＿，养护湿度＿＿＿＿＿＿，养护龄期＿＿＿＿＿＿。

3. 分析与讨论

# 第9章 沥青实验

## 9.1 概　述

沥青是最常用的防水、防渗、防潮材料，广泛应用于建筑、公路和桥梁等工程。以沥青为胶结料的沥青混合料具有良好的力学性能，而且耐磨、抗滑，是主要的公路路面和机场跑道材料。沥青的种类有天然沥青、石油沥青、煤沥青和页岩沥青等，常用的主要是石油沥青。本章主要介绍石油沥青的质量要求和实验方法。

石油沥青的技术性质包括防水性、黏滞性、塑性、温度敏感性和大气稳定性等，其性能的优劣主要取决于沥青的组分情况，即油分、树脂和地沥青质的含量。建筑石油沥青和道路石油沥青的技术标准见表 9-1～表 9-4。

**建筑石油沥青的技术标准（GB/T 494—2010）**　　　　表 9-1

| 项目 | 质量指标 | | |
|---|---|---|---|
| | 10 号 | 30 号 | 40 号 |
| 针入度（25℃，100g，5s）（1/10mm） | 10～25 | 26～35 | 36～50 |
| 针入度（46℃，100g，5s）（1/10mm） | 报告 | 报告 | 报告 |
| 针入度（0℃，200g，5s）（1/10mm），≥ | 3 | 6 | 6 |
| 延度（25℃，5cm/min）（cm），≥ | 1.5 | 2.5 | 3.5 |
| 软化点（环球法）（℃） | 95 | 75 | 60 |
| 溶解度（三氯乙烯，四氯化碳，苯）（%），≥ | 99.0 | | |
| 蒸发损失（160℃，5h）（%），≤ | 1 | | |
| 蒸发后针入度比（%），≥ | 65 | | |
| 闪点（开口）（℃），≥ | 260 | | |

注：1. 报告应为实测值；

　　2. 测定蒸发损失后样品的 25℃针入度与原 25℃针入度之比乘以 100 后，所得的百分比，称为蒸发后针入度比。

**道路石油（重交通）沥青的技术标准（GB/T 15180—2010）**　　　　表 9-2

| 项目 | 质量指标 | | | | | |
|---|---|---|---|---|---|---|
| | AH-130 | AH-110 | AH-90 | AH-70 | AH-50 | AH-30 |
| 针入度（25℃，100g，5s）（1/10mm） | 120～140 | 100～120 | 80～100 | 60～80 | 40～60 | 20～40 |
| 延度（15℃，5cm/min）（cm），≥ | 100 | 100 | 100 | 100 | 80 | 实测 |
| 软化点（℃） | 38～51 | 40～53 | 42～55 | 44～57 | 45～58 | 50～65 |
| 溶解度（三氯乙烯）（%），≥ | 99.0 | | | | | |
| 含蜡量（蒸馏法）（%），≤ | 3 | | | | | |
| 密度（15℃）（g/cm³） | 实测 | | | | | |
| 闪点（开口）（℃），≥ | 230 | | | | | 260 |

| 项目 | 质量指标 | | | | |
|---|---|---|---|---|---|
| | 200 号 | 180 号 | 140 号 | 100 号 | 60 号 |
| 针入度（25℃，100g，5s）（1/10mm） | 200～300 | 150～200 | 110～150 | 80～110 | 50～80 |
| 延度（25℃）（cm），≥ | 20 | 100 | 100 | 90 | 70 |
| 软化点（℃） | 30～48 | 35～48 | 38～51 | 42～55 | 45～58 |
| 溶解度（%），≥ | 99 | 99 | 99 | 99 | 99 |
| 薄膜烘箱实验质量变化（%），≤ | 1.3 | 1.3 | 1.3 | 1.2 | 1.0 |
| 蜡含量（%），≤ | 4.5 | 4.5 | 4.5 | 4.5 | 4.5 |
| 闪点（开口）（℃），≥ | 180 | 200 | 230 | 230 | 230 |

道路（硬质）石油沥青的技术标准（GB/T 38075—2019）　　　表 9-4

| 项目 | 质量指标 | | | |
|---|---|---|---|---|
| | HA-15 | HA-25 | HA-35 | HA-45 |
| 针入度（25℃，100g，5s）（1/10mm） | 10～20 | 20～30 | 30～40 | 40～50 |
| 延度（25℃，5cm/min）（cm），≥ | 10 | 30 | 50 | 80 |
| 软化点（℃），≥ | 60 | 57 | 55 | 50 |
| 动力黏度（60℃）（Pa·s），≥ | 2000 | 1100 | 600 | 350 |
| 溶解度（%），≥ | 99.0 | | | |
| 闪点[a]（开口杯法）（℃），≥ | 260 | | | |
| 密度（15℃）（kg/m³） | 报告 | | | |
| 腊含量（%），≤ | 3.0 | | | |
| 老化实验[b]：薄膜烘箱实验（163℃，5h）或旋转薄膜烘箱实验（163℃，85min） | | | | |
| 质量变化（%），≤ | ±0.3 | ±0.3 | ±0.4 | ±0.4 |
| 针入度比（%），≥ | 70 | 67 | 65 | 63 |

注：a. 闪点测定可选择 GB/T 267 或 GB/T 3536，但仲裁时采用 GB/T 267。

　　b. 老化实验可选择 GB/T 5304 或 SH/T 0736，但仲裁时采用 GB/T 5304。

## 9.1.1　防水性

基于沥青材料的憎水性和致密的内部胶体结构，石油沥青具有良好的防水和抗渗性能。另外石油沥青还具有较好的塑性，适应和抗变形能力也较强，所以石油沥青广泛应用于防水和抗渗土建工程。

## 9.1.2　黏滞性

黏滞性是指石油沥青材料内部阻碍其相对流动的性质，黏滞性的大小主要取决于沥青的组分。如果组分中地沥青质和树脂含量较高，其黏滞性就较大；如果组分中油分和树脂含量较大，其黏滞性就较小。同时沥青的黏滞性还与温度有关，温度越高，黏滞性越小。

## 9.1.3　塑性

塑性是指石油沥青在外力作用下产生变形而不破坏，卸荷后仍保持原有形状的性能。

沥青的塑性主要取决于组分中树脂的含量大小、温度的高低和沥青膜层的厚薄。树脂含量越高,塑性越好;温度升高,塑性变好;沥青膜层越厚,塑性越好。在常温下,塑性良好的沥青对裂缝具有自愈合能力。将沥青制成柔性防水材料,也正是基于其良好的塑性。沥青具有良好的塑性,也表现出其对冲击振动荷载有一定的吸收能力,将沥青作为道路路面材料也正是基于沥青良好的塑性。

### 9.1.4　温度敏感性

温度敏感性是指沥青原有黏滞性和塑性随温度升降而发生变化的性能。土建工程中要求沥青随温度变化而产生的黏滞性和塑性变化幅度要较小,也就是温度敏感性要较小。温度敏感性小的沥青,在使用过程中其性能的稳定性较高,对工程的质量和寿命都十分有利。由于石油沥青属于非晶态热塑性材料,所以沥青没有固定的熔点。沥青的温度敏感性与其组分中的地沥青质含量有关,如果地沥青质含量高,在一定程度上就能够降低温度敏感性。沥青的温度敏感性常用软化点来表示。

### 9.1.5　大气稳定性

大气稳定性是指石油沥青在阳光辐射、热量、氧气、潮湿等综合因素长期作用下抵抗老化的性能。石油沥青老化的原因主要是在室外综合因素作用下,沥青的轻量组分(油分、树脂)递变为大分子量的地沥青质组分,使得沥青的塑性降低,脆性增大,从而发生脆裂。显然,工程中要求沥青的大气稳定性要尽可能高。石油沥青的大气稳定性常用蒸发损失率和蒸发后针入度比来评定。测量原理是用一定重量的沥青试样,先测量其针入度,然后将沥青试样放入加热损失专用的烘箱中,在高温下加热蒸发一定时间,随后再测定沥青试样的重量和蒸发后的针入度,从而可计算出重量损失率和蒸发前后的针入度比。显然,重量蒸发损失率越小和蒸发后针入度比越大,沥青的大气稳定性越高,抗老化能力越强。

## 9.2　沥青针入度实验

石油沥青的黏滞性用黏度来表示,根据沥青的种类与状态,黏度的测量方法有针入度法和黏度计法两种。对固体和黏稠石油沥青采用针入度法,其原理是将沥青在标准温度(25℃)下,以规定重量(100g)的标准针,在规定的时间(5s)贯入沥青试样的深度,以 0.1mm 计。显然,针入度反映了沥青抗剪切变形的能力。对于液体和较稀的石油沥青采用黏度计法,其原理是用一定量(50cm³)的沥青试样,在规定的温度(20℃、25℃、30℃或60℃)下,流出一定口径(3mm、5mm 或 10mm)的容器所用的时间。本节主要介绍针入度法测量石油沥青的黏度。目的与适用范围:针入度法适用于测定道路石油沥青、聚合物改性沥青的针入度以及液体石油沥青蒸馏或乳化沥青蒸发后残留物的针入度,以 0.1mm 计,其标准实验条件为温度 25℃,荷重 100g,贯入时间 5s。

针入度指数 $PI$ 用以描述沥青的温度敏感性,宜在 15℃、25℃、30℃等 3 个或 3 个以上温度条件下测定针入度后按规定的方法计算得到。若 30℃时的针入度值过大,可用 5℃代替。当量软化点 $T_{800}$ 是相当于沥青针入度为 800 时的温度,用以评价沥青的高温稳定性。当量脆点 $T_{1.2}$ 是相当于沥青针入度为 1.2 时的温度,用以评价沥青的低温抗裂性能。

### 9.2.1 主要仪器设备与材料

图 9-1 沥青针入度仪

1. 针入度仪：图 9-1，为提高测试精度，针入度实验宜采用能够自动计时的针入度仪进行测定，要求针和针连杆必须在无明显摩擦下垂直运动，针的贯入深度必须准确至 0.1mm。针和针连杆组合件总质量为 $50\pm0.05g$，另附 $50\pm0.05g$ 砝码一只，实验时总质量为 $100\pm0.05g$。仪器应有放置平底玻璃保温皿的平台，并有调节水平的装置，针连杆应与平台相垂直，应有针连杆制动按钮，使针连杆可自由下落。针连杆应易于装拆，以便检查其质量。仪器还设有可自由转动与调节距离的悬臂，其端部有一面小镜或聚光灯泡，借以观察针尖与试样表面接触情况，且应对装置的准确性经常校验。当采用其他实验条件时，应在实验结果中注明。

2. 标准针：由硬化回火的不锈钢制成，洛氏硬度 54～60。表面粗糙度 $R_a 0.2\sim0.3\mu m$，针及针杆总质量 $2.5\pm0.05g$。针杆上应打印号码标志。针应设有固定用装置盒（筒），以免碰撞针尖，每根针必须附有计量部门的检验单，并定期进行检验，其尺寸及形状如图 9-2 所示。

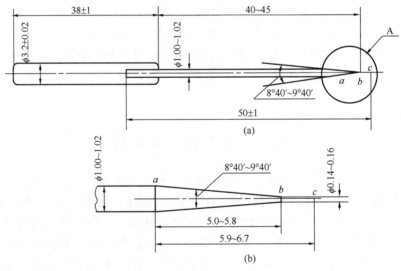

图 9-2 针入度标准针（mm）

（a）整体图；（b）放大图

3. 试样皿：金属圆柱形平底容器，针入度小于 200 时，内径为 55mm，内部深度 35mm；针入度在 200～350 时，内径为 70mm，内部深度为 45mm；对针入度大于 350 的试样需使用特殊盛样皿，其深度不小于 60mm，容积不小于 125mL。

4. 恒温水槽：容量不小于 10L，控温的准确度为 0.1℃，水中备有一个带孔的支架，位于水面下不少于 100mm，距水槽底不少于 50mm。

5. 平底玻璃皿：容量不小于 1L，深度不小于 80mm，内设有一不锈钢三脚支架，能使盛样皿稳定。

6. 温度计或温度传感器：精度为 0.1℃。

7. 计时器：精度为 0.1s。

8. 位移计或位移传感器精度为 0.1mm。

9. 盛样皿盖：平板玻璃，直径不小于盛样皿开口尺寸。

10. 溶剂：三氯乙烯等。

11. 其他：电炉或砂浴、石棉网、金属锅或瓷把坩埚等。

### 9.2.2 试样制备

1. 按规定的方法准备试样。

2. 按实验要求将恒温水槽调节到要求的实验温度 25℃，或 15℃、30℃（5℃），保持稳定。

3. 将试样注入盛样皿中，试样高度应超过预计针入度值 10mm，并盖上盛样皿，以防落入灰尘。盛有试样的盛样皿在 15～30℃室温中冷却不少于 1.5h（小盛样皿）、2h（大盛样皿）或 3h（特殊盛样皿）后，应移入保持规定实验温度±0.1℃的恒温水槽中，并保温不少于 1.5h（小盛样皿）、2h（大试样皿）或 2.5h（特殊盛样皿）。

4. 调整针入度仪使之水平。检查针连杆和导轨，以确认无水和其他外来物，无明显摩擦，用三氯乙烯或其他溶剂清洗标准针，并擦干。将标准针插入针连杆，用螺栓固紧，按实验条件加上附加砝码。

### 9.2.3 实验步骤及注意事项

1. 取出达到恒温的盛样皿，并移入水温控制在实验温度±0.1℃（可用恒温水槽中的水）的平底玻璃皿中的三脚支架上，试样表面以上的水层深度不小于 10mm。

2. 将盛有试样的平底玻璃皿置于针入度仪的平台上。慢慢放下针连杆，用适当位置的反光镜或灯光反射观察，使针尖恰好与试样表面接触，将位移计或刻度盘指针复位为零。

3. 开始实验，按下释放键，这时计时，与标准针落下贯入试样同时开始，至 5s 时，自动停止。

4. 读取位移计或刻度盘指针的读数，准确至 0.1mm。

5. 同一试样平行实验至少 3 次，各测试点之间及与盛样皿边缘的距离不应小于 10mm。每次实验后应将盛有盛样皿的平底玻璃皿放入恒温水槽，使平底玻璃皿中水温保持实验温度。每次实验应换一根干净标准针或将标准针取下用蘸有三氯乙烯溶剂的棉花或布擦净，再用干棉花或布擦干。

6. 测定针入度大于 200 的沥青试样时，至少用 3 支标准针，每次实验后将针留在试样中，直至 3 次平行实验完成后，才能将标准针取出。

7. 测定针入度指数 $PI$ 时，按同样的方法在 15℃、25℃、30℃（5℃）3 个或 3 个以上（必要时增加 10℃、20℃等）温度条件下分别测定沥青的针入度，但用于仲裁实验的温度条件应为 5 个。

### 9.2.4 计算

根据测试结果可按以下方法确定沥青针入度指数、当量软化点及当量脆点。

1. 公式计算法

1）将 3 个或 3 个以上不同温度条件下测试的针入度值取对数。令 $y = \lg P$，$x = T$，按式（9-1）的针入度对数与温度的直线关系，进行直线回归，求取针入度温度指数 $A_{\lg Pen}$。

$$\lg P = K + A_{\lg Pen} \times T \tag{9-1}$$

式中　$\lg P$——不同温度条件下测得的针入度值的对数；

　　　　$T$——实验温度（℃）；

　　　　$K$——回归方程的常数项；

　　　　$A_{\lg Pen}$——回归方程的系数。

按式（9-1）回归时必须进行相关性检验。直线回归相关系数 $R$ 不得小于 0.997（置信度 95%），否则，实验无效。

2）按式（9-2）确定沥青的针入度指数，并记为 $PI$。

$$PI = \frac{20 - 500 A_{\lg Pen}}{1 + 50 A_{\lg Pen}} \tag{9-2}$$

3）按式（9-3）确定沥青的当量软化点 $T_{800}$。

$$T_{800} = \frac{\lg 800 - K}{A_{\lg Pen}} = \frac{2.9031 - K}{A_{\lg Pen}} \tag{9-3}$$

4）按式（9-4）确定沥青的当量脆点 $T_{1.2}$。

$$T_{1.2} = \frac{\lg 1.2 - K}{A_{\lg Pen}} = \frac{0.0792 - K}{A_{\lg Pen}} \tag{9-4}$$

5）按式（9-5）计算沥青的塑性温度范围 $\Delta T$。

$$\Delta T = T_{800} - T_{1.2} = \frac{2.8239}{A_{\lg Pen}} \tag{9-5}$$

**2. 诺模图法**

将 3 个或 3 个以上不同温度条件下测试的针入度值绘于图 9-3 的针入度温度关系诺模图中，按最小二乘法法则绘制回归直线，将直线向两端延长，分别与针入度为 800 及 1.2

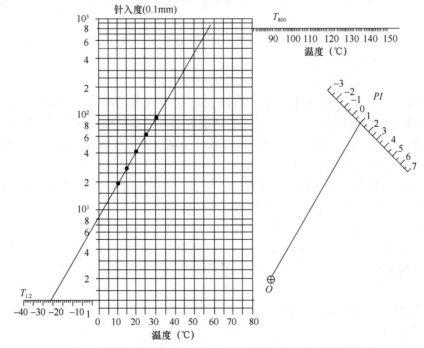

图 9-3　确定道路沥青 $PI$、$T_{800}$、$T_{1.2}$ 的针入度温度关系诺模图

的水平线相交，交点的温度即为当量软化点 $T_{800}$ 和当量脆点 $T_{1.2}$。以图中 $O$ 点为原点绘制回归直线的平行线，与 $PI$ 线相交，读取交点处的 $PI$ 值即为该沥青的针入度指数。此法不能检验针入度对数与温度直线回归的相关系数，仅供快速草算时使用。

应报告标准温度（25℃）时的针入度以及其他实验温度所对应的针入度，及由此求取针入度指数 $PI$、当量软化点、当量脆点的方法和结果。当采用公式计算法时，应报告按式（9-1）回归的直线相关系数 $R$。

# 9.3 沥青延度实验

石油沥青的塑性用延度来表示，延度越大，塑性越好。延度的测定工作原理是将沥青做成一定形状的试件（∞字形），在规定的温度（25℃）下，用一定的拉伸速度（5cm/min）张拉试件，把试件拉断后的延伸长度作为评定沥青塑性的评价指标。本方法适用于测定道路石油沥青、聚合物改性沥青、液体石油沥青蒸馏残留物和乳化沥青蒸发残留物等材料的延度。沥青延度的实验温度与拉伸速率可根据要求采用，通常采用的实验温度为 25℃、15℃、10℃或 5℃，拉伸速度为 5±0.25cm/min。当低温采用 1±0.5cm/min 拉伸速度时，应在报告中注明。

## 9.3.1 主要仪器设备

1. 延度仪：图 9-4，延度仪的测量长度不宜大于 150cm，仪器应有自动控温、控速系统，应满足试件浸没于水中，能保持规定的实验温度及规定的拉伸速度拉伸试件，且实验时应无明显振动。该仪器的形状及组成如图 9-5。

2. 试件模具：由两个端模和两个侧模组成，试模内侧表面粗糙度 $R_a 0.2 \mu m$，形状及尺寸见图 9-6。

图 9-4　数显沥青延度仪

3. 试模底板：玻璃板或磨光的铜板、不锈钢板（表面粗糙度 $R_a 0.2 \mu m$）。

4. 恒温水浴：容量不小于 10L，能保持温度在实验温度的 ±0.1℃ 范围内，水中应备有一个带孔的支架，位于水面下不少于 100mm，支架距水槽底不少于 50mm。

5. 温度计：0～50℃，分度 0.1℃。

6. 金属皿或瓷皿、筛、砂浴或可控制温度的密闭电炉等。

## 9.3.2 试样制备

1. 将甘油滑石粉隔离剂（甘油：滑石粉＝2：1，以质量计）拌合均匀，涂于磨光的金属板上。

2. 把除去水分的试样在砂浴上加热，要防止局部过热，加热温度不得超过试样估计软化点 100℃。用筛过滤，充分搅拌，避免试样中混入空气。然后将试样呈细流状，自试模的一端至另一端往返倒入，使试样略高于模具。

3. 将试样在 15～30℃ 的空气中冷却 30min，然后放入 25±0.1℃ 的水浴中，保持30min 后取出，用热刀将高出模具的沥青刮去，使沥青面和模具面平齐。沥青的刮法为自

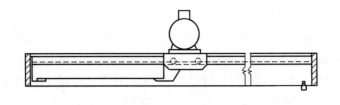

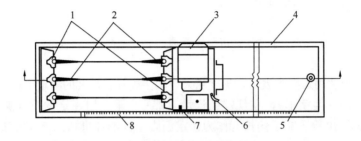

图 9-5　延度仪

1—试模；2—试样；3—电机；4—水槽；5—泄水孔；6—开关柄；
7—指针；8—标尺

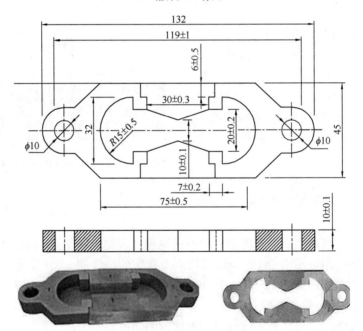

图 9-6　沥青试模

模的中间向两边，表面应十分光滑。再将试件连同金属板浸入 25±0.1℃的水浴中恒温
1～1.5h。

### 9.3.3　实验步骤

1. 检查确定延度仪的拉伸速度，然后移动滑板使其指针正对标尺的零点，保持水槽
中水温 25±0.5℃。

2. 将试件移至延伸仪的水槽中，把模具两端的孔分别套在滑板及槽端的金属柱上，
水面距试件表面不小于 25mm，然后去掉侧模。

3. 确认延度仪水槽中水温为 25±0.5℃时，开动延度仪，此时仪器不得有振动，观察沥青的拉伸情况。如发现沥青细丝浮于水面或沉入槽底时，可在水中加入食盐水来调整水的密度，达到与试样的密度相近后，再进行测定。

4. 试件拉断时指针所指标尺上的读数，即为试样的延度，以"cm"表示。在正常情况下，应将试样拉伸成锥尖状，在断裂时实际横断面为零。如不能得到上述结果，应标明在该条件下无测定结果。

### 9.3.4 结果评定

取平行测定三个测试值的算术平均值作为测定结果。若三次测定值不在平均值的 5% 以内，但其中两个较高值在平均值的 5% 以内，则舍去最低测定值，取两个较大值的平均值作为测定结果。两次测定结果之差不应超过重复性平均值的 10%，再现性平均值的 20%。

## 9.4 沥青软化点实验

软化点是衡量沥青温度敏感性的指标，测量方法很多，国内外最常用的方法是环球法，其原理是把沥青试样装入规定尺寸的铜环内，然后在试样上放置一个标准大小和质量的钢球，浸入液体（水或甘油），以规定的升温速度加热，使沥青软化下垂，下沉到规定距离时的温度即为沥青的软化点。

### 9.4.1 主要仪器设备

1. 沥青软化点测定仪：图 9-7，包括钢球、试样环（图 9-8）、钢球定位器（图 9-9）、支架（图 9-10）、温度计等；

2. 电炉及其他加热器、金属板或玻璃板、刀、筛等。

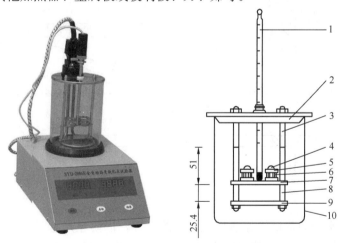

图 9-7 沥青软化点测定仪
1—温度计；2—上承板；3—枢轴；4—钢球；5—环套；6—环；7—中承板；
8—支承座；9—下承板；10—烧杯

### 9.4.2 试样制备

1. 将铜环置于涂有甘油与滑石粉质量比为 2∶1 隔离剂的金属板或玻璃板上。

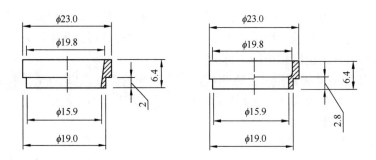

图 9-8　试样环

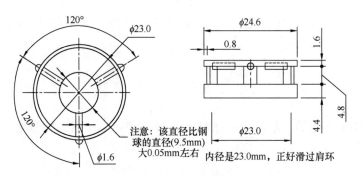

注意：该直径比钢球的直径(9.5mm)大0.05mm左右

内径是23.0mm，正好滑过肩环

图 9-9　钢球定位器

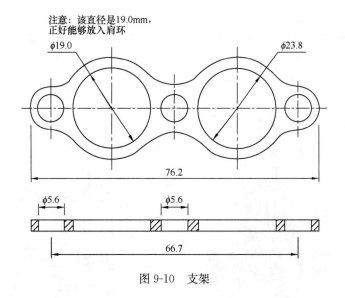

注意：该直径是19.0mm，正好能够放入肩环

图 9-10　支架

2. 将预先脱水的沥青试样加热熔化，不断搅拌，以防止局部过热，加热温度不得高于试样估计软化点 100℃，加热时间不超过 30min，用筛过滤。将试样注入黄铜环内至略高出环面为止。若估计软化点在 120℃ 以上时，应将黄铜环和金属板预热至 80～100℃。

3. 试样在 15～30℃ 的空气中冷却 30min 后，用热刀刮去高出环面的试样，使沥青与环面平齐。

4. 对估计软化点不高于 80℃ 的试样，将盛有试样的黄铜环及板置于盛有水的保温槽内，水温保持在 5±0.5℃，恒温 15min。对估计软化点高于 80℃ 的试样，将盛有试样的

164

黄铜环及板置于盛有甘油的保温槽内，甘油温度保持在 32±1℃，恒温 15min，或将盛试样的环水平地安放在环架中承板的孔内，然后放在盛有水或甘油的烧杯中，恒温 15min，温度要求同保温槽一致。

5. 烧杯内注入新煮沸并冷却至 5℃的蒸馏水（估计软化点不高于 80℃的试样），或注入预先加热至约 32℃的甘油（估计软化点高于 80℃的试样），使水平面或甘油面略低于环架连杆上的深度标记。

### 9.4.3 实验步骤

1. 从水或甘油中取出盛有试样的黄铜环放置在环架中承板的圆孔中，套上钢球定位器，把整个环架放入烧杯内，调整水面或甘油液面至深度标记，环架上任何部分不得有气泡。将温度计由上层板中心孔垂直插入，使水银球底部与铜环下面平齐。

2. 将烧杯移至有石棉网的三脚架上或电炉上，然后将钢球放在试样上（须使各环的平面在全部加热时间内处于水平状态），立即加热，使烧杯内水或甘油温度在 3min 内保持每分钟上升 5±0.5℃，在整个测定过程中如温度的上升速度超出此范围，应重做实验。

3. 实验受热软化下坠至与下承板面接触时的温度即为试样的软化点。

### 9.4.4 结果评定

取平行测定两个测值的算术平均值作为测定结果。重复测定两个结果间的温度差不得超过表 9-5 的规定，同一试样由两个实验室各自提供的实验结果之差不应超过 5.5℃。

沥青软化点测定的重复性要求　　　　　　　　　　　　表 9-5

| 软化点（℃） | <80 | 80～100 | 100～140 |
|---|---|---|---|
| 允许差数（℃） | 1 | 2 | 3 |

## 9.5　沥青密度实验

沥青的密度是指沥青试样在规定温度（15℃）下单位体积所具有的质量。密度是沥青的基本物理性能指标，可为换算沥青的体积与质量、计算沥青混合料理论密度和配合比设计提供基础性数据。

### 9.5.1　主要仪器与材料

1. 沥青比重瓶：图 9-11，玻璃制，容积为 20～30mL，质量不超过 40g，瓶塞下部与瓶口须经仔细研磨，瓶塞中间有一个垂直孔，其下部为凹形，以便由孔中排除空气。

2. 恒温水槽：控温的准确度为±0.1℃。

3. 烘箱：温度可达到 200℃，装有温度自动调节器。

4. 天平：感量不大于 1mg。

5. 滤筛：0.6mm、2.36mm 各一个。

6. 温度计：0～50℃，分度为 0.1℃。

7. 烧杯：容积 600～800mL。

8. 真空干燥器（图 9-12）、软布、滤纸等。

9. 药品：玻璃仪器清洗液、三氯乙烯（分析纯）、蒸馏水、洗衣粉（或洗涤剂）。

 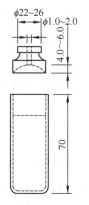

图 9-11　沥青比重瓶　　　　　　　　　　　　图 9-12　真空干燥器

### 9.5.2　实验准备

1. 用洗液、水、蒸馏水先后仔细洗涤比重瓶，然后烘干称其质量（$m_1$），准确至 1mg。将盛有新煮沸并冷却的蒸馏水的烧杯浸入恒温水槽中一同保温，在烧杯中插入温度计，水的深度必须超过比重瓶顶部 40mm 以上，使恒温水槽及烧杯中的蒸馏水达到规定的实验要求温度。

2. 比重瓶水值的确定：

1）将比重瓶及瓶塞放入恒温水槽中，烧杯底浸没水中的深度不小于 100mm，烧杯口露出水面，并用夹具将其固牢。

2）待烧杯中水温再次达到规定温度并保温 30min 后，将瓶塞塞入瓶口，使多余的水由瓶塞上的毛细孔中挤出，注意比重瓶内不得有气泡。

3）将烧杯从水槽中取出，再从烧杯中取出比重瓶，立即用干净软布将瓶塞顶部擦拭一次，迅速擦干比重瓶外面的水分，称其质量（$m_2$），准确至 1mg。注意瓶塞顶部只能擦拭一次，即使由于膨胀瓶塞上有小水滴也不能再擦拭。

4）以 $m_2-m_1$ 作为实验温度时比重瓶的水值。

注：比重瓶的水值应经常校正，一般每年至少进行一次。

### 9.5.3　实验步骤

1. 液体沥青试样密度实验步骤

1）将试样过筛（0.6mm）后，注入干燥比重瓶中至满，注意不要混入气泡。

2）将盛有试样的比重瓶及瓶塞移入恒温水槽（测定温度 ±0.1℃）内盛有水的烧杯中，水面应在瓶口下约 40mm。注意勿使水浸入瓶内。

3）从烧杯内的水温达到要求的温度起，保温 30min 后，将瓶塞塞上，使多余的试样由瓶塞的毛细孔中挤出。仔细用蘸有三氯乙烯的棉花擦净孔口挤出的试样，并注意保持孔中充满试样。

4）从水中取出比重瓶，立即用干净软布仔细地擦去瓶外的水分或黏附的试样（注意不得再擦孔口）后，称其质量（$m_3$），准确至 1mg。

2. 黏稠沥青试样密度实验步骤

1）将按规定方法准备好的沥青试样，仔细注入比重瓶中，约至 2/3 高度。注意勿使试样黏附瓶口或上方瓶壁，并防止混入气泡。

2）取出盛有试样的比重瓶，移入干燥器中，在室温下冷却不少于 1h，连同瓶塞称其质量（$m_4$），准确至 1mg。

3）从水槽中取出盛有蒸馏水的烧杯，将蒸馏水注入比重瓶，再放入烧杯中（瓶塞也放进烧杯中）。然后把烧杯放回已达到实验温度的恒温水槽中，从烧杯中的水温达到规定温度时算起，保温 30min 后，使比重瓶中气泡上升到水面，用细针挑除。保温至水的体积不再变化为止。待确认比重瓶已经恒温且无气泡后，再用保温在规定温度水中的瓶塞塞紧，使多余的水从塞孔中溢出，此时应注意不得带入气泡。

4）保温 30min 后，取出比重瓶，按前述方法迅速擦干瓶外水分后称其质量（$m_5$），准确至 1mg。

3. 固体沥青试样密度实验步骤

1）实验前，如试样表面潮湿，可用干燥、清洁的空气吹干，或置 50℃烘箱中烘干。

2）将 50~100g 试样打碎，过 0.6mm 及 2.36mm 筛。取 0.6~2.36mm 的粉碎试样不少于 5g 放入清洁、干燥的比重瓶中，塞紧瓶塞后称其质量（$m_6$），准确至 1mg。

3）取下瓶塞，将恒温水槽内烧杯中的蒸馏水注入比重瓶，水面高于试样约 10mm，同时加入几滴表面活性剂溶液（如 1‰洗衣粉、洗涤灵），并摇动比重瓶使大部分试样沉入水底，必须使试样颗粒表面上附着气泡逸出。注意摇动时勿使试样摇出瓶外。

4）取下瓶塞，将盛有试样和蒸馏水的比重瓶置真空干燥箱（器）中抽真空，逐渐达到真空度 98kPa（735mmHg）不少于 15min。如比重瓶试样表面仍有气泡，可再加几滴表面活性剂溶液，摇动后再抽真空。必要时，可反复几次操作，直至无气泡为止。

5）将保温烧杯中的蒸馏水再注入比重瓶中至满，轻轻地塞好瓶塞，再将带塞的比重瓶放入盛有蒸馏水的烧杯中，并塞紧瓶塞。

6）将装有比重瓶的盛水烧杯再置恒温水槽中保持至少 30min 后，取出比重瓶，迅速擦干瓶外水分后称其质量（$m_7$），准确至 1mg。

### 9.5.4 计算与结果判定

1. 液体沥青试样的密度、相对密度分别按下式计算：

$$\rho_b = \frac{m_3 - m_1}{m_2 - m_1} \times \rho_T \tag{9-6}$$

$$\gamma_b = \frac{m_3 - m_1}{m_2 - m_1} \tag{9-7}$$

式中　$\rho_b$ ——试样在实验温度下的密度（g/cm³）；

　　　$\gamma_b$ ——试样在实验温度下的相对密度；

　　　$m_1$ ——比重瓶质量（g）；

　　　$m_2$ ——比重瓶盛满水时的质量（g）；

　　　$m_3$ ——比重瓶与盛满试样时的合计质量（g）；

　　　$\rho_T$ ——实验温度下水的密度（g/cm³）。

2. 黏稠沥青试样的密度、相对密度分别按下式计算：

$$\rho_b = \frac{m_4 - m_1}{(m_2 - m_1) - (m_5 - m_4)} \times \rho_T \tag{9-8}$$

$$\gamma_b = \frac{m_4 - m_1}{(m_2 - m_1) - (m_5 - m_4)} \tag{9-9}$$

式中　$m_4$——比重瓶与沥青试样合计质量（g）；

$m_5$——比重瓶、试样与水的合计质量（g）。

3. 固体沥青试样的密度、相对密度分别按下式计算：

$$\rho_b = \frac{m_6 - m_1}{(m_2 - m_1) - (m_7 - m_6)} \times \rho_T \tag{9-10}$$

$$\gamma_b = \frac{m_6 - m_1}{(m_2 - m_1) - (m_7 - m_6)} \tag{9-11}$$

式中　$m_6$——比重瓶与沥青试样合计质量（g）；

$m_7$——比重瓶、试样与水的合计质量（g）。

同一试样应平行测试两次，当两次测试结果的差值符合重复性实验的精度要求时，以平均值作为沥青的密度实验结果，并准确至 3 位小数，实验报告应注明实验温度。

## 9.6　石油沥青闪点及燃点测定

闪点是指加热沥青至挥发出的可燃气体和空气的混合物，在规定条件下与火焰接触，初次闪火（有蓝色闪光）时的沥青温度（℃）。燃点是指加热沥青产生的气体和空气的混合物，与火焰接触能持续燃烧 5s 以上时，此时沥青的温度（℃）。燃点温度比闪点温度约高 10℃。沥青质含量越多，闪点和燃点相差越大。液体沥青由于油分较多，闪点和燃点相差很小。闪点和燃点的高低表明沥青引起火灾或爆炸的可能性大小，它关系到运输、贮存和加热使用等方面的安全。所以必须测定沥青的闪点和燃点。

### 9.6.1　实验目的

用开口杯测定石油沥青的闪点和燃点，以控制施工现场的温度。

图 9-13　开口闪点和燃点测定器

### 9.6.2　仪器设备与材料

1. 开口闪点和燃点测定器（图 9-13）：可采用煤气灯、酒精喷灯或适当的电炉加热。测定闪点高于 200℃试样时，必须使用电炉。

2. 内坩埚（图 9-14a）：上口内径 64mm，底部内径 38mm，高 47mm，厚度 1mm，内壁刻有 2 道环状标线，各与坩锅上口边缘的距离为 12mm 和 18mm。

3. 外坩埚（图 9-14b）：厚度 1mm。

4. 点火器喷孔直径：0.8～0.1mm，应能调整火焰长度，形成 3～4mm 近似球形，并能沿坩埚水平面任意移动。

5. 温度计：应符合液体温度计技术要求。

6. 铁支架：高约 150mm，无论用电炉或煤气加热，必须保证温度计能垂直地伸插在内坩埚中央。

7. 防护屏：用镀锌铁皮制成，高 550～650mm，屏身内壁涂成黑色。

8. 材料：溶剂油。

### 9.6.3 试样制备

1. 试样中的水分大于 0.1% 时必须脱水，脱水处理是在试样中加入新煅烧并冷却的食盐、硫酸钠或无水氯化钙进行。闪点低于 100℃ 的试样脱水时不必加热，其他试样允许加热至 50～80℃ 时用脱水剂脱水。脱水后取试样的上层澄清部分供实验使用。

2. 内坩埚用溶剂油洗涤后，放在点燃的煤气灯上加热，除去遗留的溶剂油。待内坩埚冷却至室温时放入装有细砂（经过煅烧）的外坩埚中，使细砂表面距离内坩埚的口部边缘约 12mm，并使内坩埚底部与外坩埚底部之间保持厚度 5～8mm 的砂层。对闪点在 300℃ 以上的试样进行测定时，2 只坩埚底部之间的砂层厚度允许酌量减薄，但在实验时必须保持规定的升温速度。

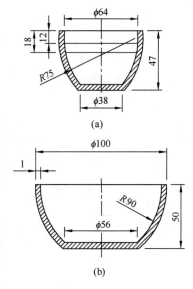

图 9-14　坩埚
(a) 内坩埚；(b) 外坩埚

3. 试样注入内坩埚时，对于闪点低于等于 210℃ 的试样，液面距离坩埚口部边缘为 12mm（即内坩埚内的上刻线处）；对于闪点在 210℃ 以上的试样，液面距离口部边缘为 18mm（即内坩埚内的下刻线处）。试样向内坩埚注入时不应溅出，而且液面以上的内坩埚壁不应沾有试样。

4. 将装好试样的坩埚平衡地放置在支架上的铁环（或电炉）中，再将温度计垂直地固定在温度计夹上，并使温度计的水银球位于内坩埚中央，与坩埚底和试样液面的距离大致相等。

5. 测定装置应放在避风和较暗的地方并用防护屏围着，使闪点现象能够看得清楚。

### 9.6.4 实验步骤

1. 闪点

1) 加热坩埚，使试样逐渐升温，当试样温度达到预计闪点前 60℃ 时，调整加热速度，当试样温度达到闪点前 40℃ 时，能控制升温速度为每分钟升高 4±1℃。

2) 试样温度达到预计闪点前 10℃ 时，将点火器的火焰放到距离试样液面 10～14mm 处，并在该处水平面上沿着坩埚内径作直线移动，从坩埚的一边移至另一边所经过的时间为 2～3s。试样温度每升高 2℃ 应重复一次点火实验。点火器的火焰长度应预先调整为 3～4mm。

3) 试样液面上方最初出现蓝色火焰时，立即从温度计读出温度作为闪点的测定结果，同时记录大气压力。试样蒸气的闪火同点火器火焰的闪光不应混淆，如果闪火现象不明显，必须在试样升高 2℃ 时继续点火证实。

2. 燃点

1) 测得试样闪点后，若还需测定燃点，应继续对外坩埚进行加热，使试样的升温速度为每分钟升高 4±1℃，然后按上述闪点实验步骤 2) 用点火器进行点火实验。

2）试样接触火焰后立即着火并能继续燃烧不少于5s，此时立即从温度计读出温度作为燃点的测定结果。

### 9.6.5 结果计算

1. 大气压力低于99.3kPa（745mmHg）时，实验所得的闪点或燃点 $t_0$（℃）按下式进行修正（精确到1℃）：

$$t_0 = t + \Delta t \tag{9-12}$$

式中　$t_0$——相当于101.3kPa（760mmHg）大气压力的闪点或燃点（℃）；

　　　$t$——在实验条件下测得的闪点或燃点（℃）；

　　　$\Delta t$——修正数（℃）。

2. 大气压力在72.0～101.3kPa（540～760mmHg）范围内，修正数 $\Delta t$（℃）可按下面两式计算：

$$\Delta t = (0.00015t + 0.028)(101.3 - P) \times 7.5 \tag{9-13}$$

$$\Delta t = (0.00015t + 0.028)(760 - P_1) \tag{9-14}$$

式中　　　$P$——实验条件下的大气压力（kPa）；

　　　　　$t$——在实验条件下测得的闪点或燃点（300℃以上仍按300℃计）（℃）；

0.00015、0.028——实验常数；

　　　7.5——大气压力单位换算系数；

　　　$P_1$——实验条件下的大气压力（mmHg）。

大气压力在64.0～71.9kPa（480～539mmHg）范围内，测得的闪点或燃点的修正数 $\Delta t$（℃）也可按上述式（9-14）计算，还可以从表9-6查出。

在下列大气压力［kPa（mmHg）］时修正数 Δt（℃）　　　　　　表9-6

| 闪点（℃） | 72.0 | 74.6 | 77.3 | 80.0 | 82.6 | 85.3 | 88.0 | 90.6 | 93.3 | 96.0 | 98.6 |
|---|---|---|---|---|---|---|---|---|---|---|---|
| 燃点（℃） | 540 | 560 | 580 | 600 | 620 | 640 | 660 | 680 | 700 | 720 | 740 |
| 100 | 9 | 9 | 8 | 7 | 6 | 5 | 4 | 3 | 2 | 2 | 1 |
| 125 | 10 | 9 | 8 | 8 | 7 | 6 | 5 | 4 | 3 | 2 | 1 |
| 150 | 11 | 10 | 9 | 8 | 7 | 6 | 5 | 4 | 3 | 2 | 1 |
| 175 | 12 | 11 | 10 | 9 | 8 | 6 | 5 | 4 | 3 | 2 | 1 |
| 200 | 13 | 12 | 10 | 9 | 8 | 7 | 6 | 5 | 4 | 2 | 1 |
| 225 | 14 | 12 | 11 | 10 | 9 | 7 | 6 | 5 | 4 | 2 | 1 |
| 250 | 14 | 13 | 12 | 11 | 9 | 8 | 7 | 5 | 4 | 3 | 1 |
| 275 | 15 | 14 | 12 | 11 | 10 | 8 | 7 | 6 | 4 | 3 | 1 |
| 300 | 16 | 15 | 13 | 12 | 10 | 9 | 7 | 6 | 4 | 3 | 1 |

### 9.6.6 结果评定

1. 重复性，同一操作者重复测定的2个闪点结果之差不应大于下列数值：当闪点不大于150℃时，重复性为4；当测点大于150℃时，重复性为6。

2. 同一操作者重复测定的2个燃点结果之差不应大于6℃。

3. 取重复测定2个闪点结果的算术平均值作为试样的闪点，取重复测定2个燃点结果的算术平均值作为试样的燃点。

## 9.7 石油沥青蜡含量测定法

本实验用裂解蒸馏法测定石油沥青中的蜡含量，即将试样裂解蒸馏所得的馏出油用无水乙醚-无水乙醇混合溶剂溶解，在−20℃下冷却、过滤、冷洗。将滤得的蜡用石油醚溶解，从溶液中蒸出溶剂、干燥、称重求出蜡含量，适用于以天然原油的减压渣油生产的石油沥青。

### 9.7.1 试剂和仪器

1. 试剂：无水乙醚、无水乙醇、石油醚（60～90℃），均为化学纯。

2. 仪器：石油沥青蜡含量测定仪，如图9-15所示。

1）自动制冷装置：其冷浴槽可容纳由吸滤瓶、玻璃过滤漏斗、试样冷却筒和柱杆塞组成的冷冻过滤组件三套以上，或将冷冻过滤组件按图9-16组装成冷冻过滤装置。该两种装置的冷浴温度能够降至−22℃，并且能够控制在±0.1℃。

2）蜡冷冻过滤装置：由吸滤瓶、玻璃过滤漏斗、试样冷却筒和柱杆塞等组成，其安装总图如图9-16所示。玻璃过滤漏斗中滤板的孔径为20～30μm。

图9-15 石油沥青蜡含量测定仪

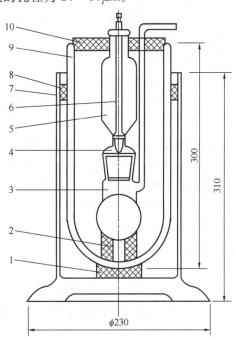

图9-16 冷冻过滤装置

1—橡胶托垫；2—托垫；3—吸滤瓶；4—玻璃过滤漏斗；5—试样冷却筒；6—柱杆塞；7—玻璃罩；8—固定圈；9—冷浴槽；10—塞子

3）玻璃裂解蒸馏烧瓶：形状如图9-17所示，烧瓶支管即为冷凝管。

4）锥形瓶：150mL。

5）真空泵：抽气速率不小于1L/s。

6）温度计：应符合《石油产品试验用玻璃液体温度计技术条件》GB/T 514—2005。

7）真空干燥箱：满足控制温度100～110℃，残压21～23kPa。

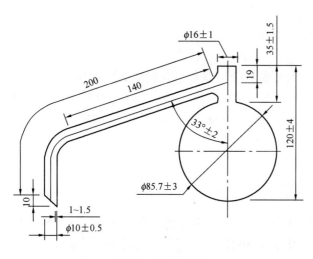

图 9-17 裂解烧瓶

**9.7.2 实验步骤**

1. 向裂解蒸馏瓶中装入试样约 50g，称准至 0.1g。用软木塞盖严蒸馏瓶。用已知质量的 150mL 锥形瓶作接受器，浸在装有碎冰的烧杯中。在接受器的软木塞侧开一小槽以使不凝气体逸出。用燃气灯火焰或具有同样加热效果的花盆电炉加热蒸馏瓶中的试样，但仲裁实验时用火焰加热。加热时必须让火焰或电炉加热面将烧瓶周围包住。

2. 调节火焰强度或电路的加热强度，使从加热开始起在 5～8min 内达到初馏（支管头上流下第 1 滴），以每秒 2 滴（4～5mL/min）的速度连续蒸馏至馏出终止，然后在 1min 内将烧瓶底烧红，必须使蒸馏从加热开始至结束在 25min 内完成。蒸馏结束后，在支管中残留的馏出油不应流入接受器中，馏出油称准至 0.05g。

3. 为避免蒸发损失，加热馏出油至微温并小心摇动接受瓶，可使馏出液充分混合。从这个混合油中称取适量的试样，加入已知质量的 100mL 锥形瓶中，准确至 1mg，使其经冷却过滤后所得的蜡量在 50～100mg 之间，但馏出油的采样量不得超过 10g。

4. 准备好符合控温精度的自动制冷装置，或图 9-16 所示的冷冻过滤装置，但仲裁实验时用自动制冷装置。设定制冷温度，使其冷浴温度保持在 -20～21℃，或在图 9-16 所示的冷冻过滤装置中加入乙醇，用干冰降温，温度保持在 -20～21℃，把温度计浸没在 150mm 深处。冷浴中液态冷媒的量应能使冷冻过滤组件浸在冷浴中时，其液面高度比试样冷却筒中的无水乙醚-无水乙醇液面高出约 100mm 以上。

5. 将吸滤瓶、玻璃过滤漏斗、试样冷却筒和柱杆塞组成冷冻过滤组件按图 9-16 所示组装好。

6. 在盛有馏出油的 100mL 锥形瓶中，加 10mL 无水乙醚充分溶解后移入试样冷却筒。用 15mL 无水乙醚分两次冲洗锥形瓶后倒入试样冷却筒，再向试样冷却筒加入 25mL 无水乙醇进行混合。

7. 将冷冻过滤组件放入已经预冷的冷浴中，冷却 1h，使蜡充分结晶。在带有磨口塞的试管中装入 30mL 无水乙醚-无水乙醇混合液（作洗液用），并放入冷浴中冷却至 -20～21℃。

8. 拔下柱杆塞，过滤被析出的蜡。用适当方法将柱杆塞在试样冷却筒中吊置起来，保持自然过滤 30min。

9. 启动抽滤装置，保持滤液的过滤速度为每秒 1 滴左右。当蜡层上的滤液将滤尽时，一次加入 30mL 预冷至 -20℃的无水乙醚-无水乙醇（1:1）混合溶剂，洗涤蜡层、柱杆塞和试样冷却筒内壁，继续过滤，然后用真空泵抽滤。当冷洗剂在蜡层上看不见时，继续抽滤 5min，将蜡中的溶剂抽干。

10. 从冷浴槽中取出冷冻过滤组件，取下吸滤瓶，换装在已知重量的蜡回收瓶上，待达到室温后，用100mL热至30～40℃的石油醚将玻璃过滤漏斗、试样冷却筒和柱杆塞上的蜡溶解。

11. 将蜡回收瓶放在适宜的热源上蒸馏，除去石油醚后放入真空干燥箱中干燥1h。真空干燥箱中的温度为105±5℃，残压为21～35kPa。然后将蜡回收瓶放入干燥器中冷却1h，称准至0.1mg。

### 9.7.3 计算结果

按上述实验步骤1、2的裂解蒸馏操作一次，按上述实验步骤3～11的脱蜡操作进行三次，沥青中的蜡含量$X$（％）按下式计算：

$$X = 100\% \times (D \times P)/(S \times d) \qquad (9\text{-}15)$$

式中 $S$——试样采样量（g）；

$D$——馏出油量（g）；

$d$——馏出油中试样采取量（g）；

$P$——所得蜡质量（g）。

相互间的差别不超过表9-7数值时认为正确。

石油沥青蜡含量测量要求 表9-7

| 蜡含量（％） | 重复性 | 再现性 |
| --- | --- | --- |
| 0.0～1.0 | 0.1 | 0.3 |
| >1.0～3.0 | 0.3 | 0.5 |
| >3.0 | 0.5 | 1.0 |

在方格纸上将所得蜡质量（g）作为横坐标，蜡含量百分数（％）作为纵坐标，求出关系直线，用内插法求出蜡质量为0.075g时的蜡含量百分数作为报告的蜡含量（％）。

注：关系直线的方向系数只取正值，有两条直线时，取内插值。

## 9.8 沥青防水嵌缝密封材料实验

### 9.8.1 概述

实验有关规范见表9-8。

实验有关规范 表9-8

| 规范名称 | 规范代号 |
| --- | --- |
| 建筑窗用弹性密封胶 | JC/T 485—2007 |
| 硅酮和硅酮建筑密封胶 | GB/T 14683—2017 |
| 建筑防水沥青嵌缝油膏 | JC/T 207—2011 |
| 建筑密封材料术语 | GB/T 14682—2006 |

1. 水泥砂浆基材及制备

水泥砂浆基材的制备直接受基材几何形状的影响，规定基材尺寸为75mm×25mm×12mm，原材料选用P·O42.5级水泥、标准砂和蒸馏水。

1）对水泥砂浆基材的一般规定和要求

水泥砂浆基材表面应具有足够的内聚强度，以承受密封材料实验过程中产生的应力，与密封材料黏结的表面应无浮浆、无松动砂粒和脱模剂。用规定的搅拌机按标准方法混合砂浆，砂浆的质量配合比为水泥∶砂∶水＝1∶2∶0.4。

2）制备表面光滑的基材

将砂浆在 2min 内分两层填入模具，每层以约 3kHz 的频率振实，然后用刮刀修平表面。在 20±1℃、90±5％的环境中养护基材，24h 后拆模。将基材在 20±1℃的水中放置 28d，然后湿磨砂浆基材的表面，或用金刚石锯片注水锯切，取出干燥至恒重后备用。用此方法制备的水泥砂浆基材的表面应光滑平整，允许有少量小孔。

3）制备表面粗糙的基材

将砂浆一次填满模具，并使砂浆少许富余，按规定用跳桌振动砂浆 30 次，在温度 20±1℃和 90±5％相对湿度下放置。装模 2～3h 后修饰砂浆，除去浮沫并用刮刀修平，在温度 20±1℃和 90±5％相对湿度下养护。成型约 20h 后，用金属丝沿长度方向反复用力刷基材表面，直至砂粒暴露，然后拆模并将基材放入 20±1℃水中养护 28d，取出干燥至恒重后备用。用此方法制备的水泥砂浆基材的表面应是粗糙的，不允许有任何孔洞。

2. 玻璃基材与制备

从公称厚度 6.0±0.1mm、折射率 0.85 的清洁浮法玻璃板上制取基材。如果在实验中把光的照射不作为影响因素，其公称厚度可较大，如 8mm。

### 9.8.2 密度的测定

本方法适用于非定形密封材料密度的测定，其原理是在已知容积的金属环内填充等体积的试样，测量试样的质量，以试样的质量和体积计算试样的密度。标准实验条件为温度 23±2℃、相对湿度 50±5％。实验前，待测样品及所用器具应在标准条件下放置至少 24h。

1. 主要仪器设备

1）金属环：用黄铜或不锈钢制成，高 12mm、内径 65mm、厚 2mm，环的上表面和下表面要平整光滑，与上板和下板密封良好。

2）上板和下板：使用玻璃板，表面要平整，与金属环密封良好，上板有 V 形缺口，上板厚度为 2mm，下板厚度为 3mm，尺寸均为 85mm×85mm。

3）滴定管：容量 50mL。

4）天平：感量 0.1g。

2. 实验步骤

1）标定金属环容积。将环置于下板中部，与下板密切接合，为防止滴定时漏水，可用密封材料等密封下板与环的接缝处，用滴定管往金属环中滴注约 23℃的水，即将满盈时盖上上板，继续滴注水，直至环内气泡消除。从滴定管的读数差求取金属环的容积。

2）质量的测定。把金属环置于下板中部，测定其质量。在环内填充试样，将试样在环和下板上填嵌密实，不得有空隙，一直填充到金属环的上部，然后用刮刀沿环上部刮平，测定质量。

3）试样体积的校正。对试样表面出现凹陷的试样应进行体积校正，将上板小心盖在填有试样的环上，上板的缺口对准试样凹陷处，用滴定管往试样表面的凹陷处滴注水，直至环内气泡全部消除，从滴定管的读数差求取试样表面凹陷处的容积。

3. 结果计算

材料密度按下式计算，取三个试件的平均值：

$$\rho = \frac{m_1 - m_0}{V - V_C}$$ (9-16)

式中 $\rho$——材料密度（g/cm³）；

$V$——金属环的容积（cm³ 或 mL）；

$m_0$——下板和金属环的质量（g）；

$m_1$——下板、金属环及试样的质量（g）；

$V_C$——试样凹陷处的容积（g/cm³ 或 mL）。

#### 9.8.3 表干时间测定

本方法适用于测定用挤枪或刮刀施工的嵌缝密封材料的表面干燥性能，其原理是在规定条件下将密封材料试样填充到规定形状的模框中，用在试样表面放置薄膜或接触的方法测量其干燥程度，反映薄膜或手指上无黏附试样所需的时间。标准实验条件为温度 $23\pm2$℃，相对湿度 $50\pm5\%$。

1. 实验器具

1）黄铜板：平面尺寸 19mm×38mm，厚度约 6.4mm。

2）模框：矩形，用钢或铜制成，内部尺寸 25mm×95mm，外形尺寸 50mm×120mm，厚度 3mm。

3）玻璃板：平面尺寸 80mm×130mm，厚度 5mm。

4）聚乙烯薄膜：2 张，平面尺寸 25mm×130mm，厚度约 0.1mm。

5）刮刀、无水乙醇等。

2. 试件制备

用丙酮等溶剂清洗模框和玻璃板，将模框居中放置在玻璃板上，用在 $23\pm2$℃下至少放置过 24h 的试样填满模框，勿混入空气。多组分试样在填充前应按生产厂的要求将各组分混合均匀，用刮刀刮平试样，使之厚度均匀，同时制备两个试件。

3. 实验与结果

将制备好的试件在标准条件下静置一定时间，然后在试样表面纵向 1/2 处放置聚乙烯薄膜，薄膜上中心位置加放黄铜板。30s 后移去黄铜板，将薄膜以 90°角从试样表面在 15s 内匀速揭下。相隔适当时间在另外部位重复上述操作，直至无试样黏附在聚乙烯条上为止。记录试件成型后至试样不再黏附在聚乙烯条上所经历的时间。

用下列简便方法也可进行实验，即将制备好的试件在标准条件下静置一定的时间，然后用无水乙醇擦净手指端部，轻轻接触试件上三个不同部位的试样。相隔适当时间重复上述操作，直至无试样黏附在手指上为止。记录试件成型后至试样不黏附在手指上所经历的时间。

#### 9.8.4 流动性测定

本方法适用于非下垂型密封材料的下垂度和自流平型密封材料的流平性测定，其原理是在规定条件下，将非下垂型密封材料填充到规定尺寸的模具中，在不同温度下以垂直或水平位置保持规定时间，报告试样流出模具端部的长度。

1. 主要仪器设备

1）下垂度模具：图 9-18，无气孔且光滑的槽形模具，宜用阳极氧化或非阳极氧化铝合金制成，长度 150±0.2mm，两端开口，其中一端底面延伸 50±0.5mm。槽的横截面内部尺寸为宽 20±0.2mm，深 10±0.2mm。其他尺寸的模具也可使用，如宽 10±0.2mm、深 10±0.2mm。

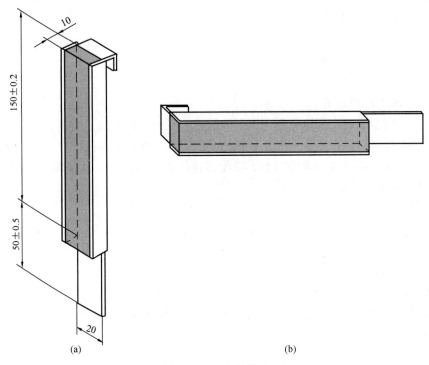

图 9-18 下垂度模具
(a) 试件垂直放置；(b) 试件水平放置

2）流平性模具：图 9-19，两端封闭的槽形模具，用 1mm 厚耐蚀金属制成，槽的内部尺寸为 150mm×20mm×15mm。

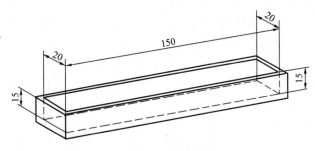

图 9-19 流平性模具

3）鼓风干燥箱：温度能控制在 50±2℃、70±2℃。

4）低温恒温箱：图 9-20，温度能控制在 5±2℃。

5）钢板尺：刻度单位为 0.5mm。

176

6) 聚乙烯条：厚度不大于 0.5mm，宽度能遮盖下垂度模具槽内侧底面的边缘，在实验条件下，长度变化不大于 1mm。

2. 试件制备

按规定实验要求确定所用模具的数量，将下垂度模具用丙酮等溶剂清洗干净并干燥。把聚乙烯条衬在模具底部，使其盖住模具上部边缘，并固定在外侧，然后把已在 23±2℃ 下放置 24h 的密封材料用刮刀填入模具内。制备试件时要避免形成气泡，在模具内表面上将密封材料压实，修整密封材料的表面，使其与模具的表面和末端齐平，放松模具背面的聚乙烯条。

图 9-20　低温恒温箱

3. 实验步骤

对每一实验温度（70℃、50℃、5℃）及实验步骤 A 或 B，各测试一个试件。工程实际中可根据协商，选择实验步骤 A 或 B 进行测试。

1) 实验步骤 A

将制备好的试件立即垂直放置在已调节至 70±2℃ 或 50±2℃ 的干燥箱和 5±2℃ 的低温箱内，模具的延伸端向下，放置 24h。然后从干燥箱或低温箱中取出试件，用钢板尺在垂直方向上测量每一试件中试样从底面往延伸端向下移动的距离（mm）。

2) 实验步骤 B

将制备好的试件立即水平放置在已调节至 70±2℃ 或 50±2℃ 的干燥箱和 5±2℃ 的低温箱内，使试样的外露面与水平面垂直，放置 24h。然后从干燥箱或低温箱中取出试件，用钢板尺测量在水平方向上每一试件中试样超出槽形模具前端的最大距离（mm）。

如果实验失败，允许重复一次实验，但只能重复一次。当试样从槽形模具中滑脱时，模具内表面可按生产方的建议进行处理，然后重复进行实验。

4. 流平性的测定

1) 将流平性模具用丙酮溶剂清洗干净并干燥，然后将试样和模具在 23±2℃ 下放置至少 24h。每组制备一个试件。

2) 将试样和模具在 5±2℃ 的低温箱中处理 16~24h，然后沿水平放置的模具的一端到另一端注入约 100g 试样，在此温度下放置 4h，观察试样表面是否光滑平整。

多组分试样在低温处理后取出，按规定配比将各组分混合 5min，然后放入低温箱内静置 30min，再按上述方法实验。

### 9.8.5　拉伸黏结性测定

本方法适用于测定建筑密封材料的拉伸强度、断裂伸长率以及与基材的黏结状况，其原理是将待测密封材料黏结在两个平行基材的表面之间，制成试件。将试件拉伸至破坏，以计算拉伸强度、断裂伸长率及绘制应力-应变曲线的方法表示密封材料的拉伸性能。标准实验条件为温度 23±2℃，相对湿度 50±5%。

1. 主要仪器设备

1) 黏结基材：水泥砂浆板、玻璃板或铝板（用于制备试件，每个试件用两个基材），也可选用其他材质和尺寸的基材，但密封材料试样黏结尺寸及面积应与前面相同。

2）隔离垫块：表面应防黏，用于制备密封材料截面为 12mm×12mm 的试件。如隔离垫块的材质与密封材料相黏结，其表面应进行防黏处理，如薄涂蜡层。

图 9-21　电子式拉力实验机

3）防黏材料：防黏薄膜或防黏纸，如聚乙烯薄膜等。

4）拉力实验机：图 9-21，配有记录装置，拉伸速度可调范围为 5～6mm/min。

5）冷箱：容积能容纳拉力实验机拉伸装置，温度可调至 -20±2℃。

6）鼓风干燥箱：温度可调至 70±2℃。

7）容器：用于浸泡处理试件。

2. 试件制备

1）用脱脂纱布清除水泥砂浆板表面浮灰，用丙酮等溶剂清洗铝板或玻璃板并干燥。按密封材料生产方的要求制备试件，每种基材同时制备三个试件。

2）在防黏材料上将两块黏结基材与两块隔离垫块组装成空腔，然后将在 23±2℃ 下预先处理 24h 的密封材料样品嵌填在空腔内，制成试件。嵌填试样时须注意避免形成气泡，将试样挤压在基材的黏结面上，黏结密实，修整试样表面，使之与基材与垫块的上表面齐平。

3）将试件侧放，尽早去除防黏材料，以使试样充分固化。在固化期内，应使隔离垫块保持原位。

3. 试件处理

试件可选择下列方法处理，处理后的试件在测试之前，应于标准实验条件下放置至少 24h。将制备好的试件于标准实验条件下放置 28d，接着再将试件按下述程序处理三个循环：在 70±2℃ 干燥箱内存放 3d；在 23±2℃ 蒸馏水中存放 1d；在 70±2℃ 干燥箱内存放 2d；在 23±2℃ 蒸馏水中存放 1d。

4. 实验步骤

1）实验在 23±2℃ 和 -20±2℃ 两个温度下进行，每个测试温度测三个试件。

2）当试件在 -20℃ 温度下进行测试时，需预先将试件在 -20±2℃ 温度下至少放置 4h。

3）除去试件上的隔离垫块，将试件装入拉力实验机，以 5～6mm/min 的速度将试件拉伸至破坏，记录应力-应变曲线。

5. 结果计算

1）拉伸强度按下式计算，取三个试件的算术平均值：

$$T_S = \frac{P}{S} \tag{9-17}$$

式中　$T_S$——拉伸强度（MPa）；

$P$——最大拉力值（N）；

$S$——试件截面面积（$mm^2$）。

2）断裂伸长率按下式计算，取三个试件的算术平均值：

$$E = \frac{B_1 - B_0}{B_0} \times 100\%$$ (9-18)

式中　$E$——断裂伸长率（%）；

$B_0$——试件的原始宽度（mm）；

$B_1$——试件破坏时的拉伸宽度（mm）。

### 9.8.6　浸水后拉伸黏结性测定

本方法适用于测定浸水对建筑密封材料拉伸强度、断裂伸长率以及与基材黏结状况的影响，其原理是将密封材料试样黏结在两个平行基材的表面之间，制成实验试件和参比试件。将实验试件在规定条件下浸水，然后将实验试件和参比试件拉伸至破坏，报告实验试件和参比试件的拉伸强度、断裂伸长率以及应力-应变曲线。实验室标准实验条件为：温度 23±2℃、相对湿度 50±5%。

1. 主要仪器设备及材料

1）黏结基材：水泥砂浆板、玻璃板或铝板（用于制备试件每个试件用两个基材），也可选用其他材质和尺寸的基材，但密封材料试样黏结尺寸及面积应与前面相同。

2）隔离垫块：表面应防黏，用于制备密封材料截面为 12mm×12mm 的试件，如果隔离垫块的材质与密封材料相黏结，其表面应进行防黏处理，如薄涂蜡层。

3）防黏材料：防黏薄膜或防黏纸，如聚乙烯薄膜等，宜按密封材料生产厂的建议使用，用于制备试件。

4）拉力实验机：配有记录装置，能以 5～6mm/min 的速度拉伸试件。

5）鼓风干燥箱：温度可调至 70±2℃。

6）容器：用于浸泡试件。

2. 试件制备

1）用脱脂纱布清除水泥砂浆板表面浮灰，用丙酮等溶剂清洗铝板或玻璃板并干燥。

2）按密封材料生产方的要求制备试件，每种基材应同时制备三个实验试件和三个参比试件。

3）在防黏材料上将两块黏结基材与两块隔离垫块组装成空腔，然后将在 23±2℃下预先处理 24h 的密封材料样品嵌填在空腔内，制成试件。嵌填试样时注意事项同前。

4）将试件侧放，尽早去除防黏材料，以使试样充分固化。在固化期内应使隔离垫块保持原位。

3. 实验步骤

1）将处理后的试件放入 23±2℃蒸馏水中浸泡 4d，接着将实验试件于标准实验条件下放置 1d。

2）除去试件上的隔离垫块，将实验试件和参比试件装入实验机，以 5～6mm/min 的速度拉伸至试件破坏，记录应力-应变曲线。拉伸实验在 23±2℃的温度下进行。

4. 结果计算

1）拉伸强度按下式计算，取三个试件的算术平均值：

$$T_\text{s} = \frac{P}{S} \tag{9-19}$$

式中　$T_\text{s}$——拉伸强度（MPa）；

　　　$P$——最大拉力值（N）；

　　　$S$——试件截面面积（$mm^2$）。

2）断裂伸长率按下式计算，取三个试件的算术平均值：

$$E = \frac{B_1 - B_0}{B_0} \times 100\% \tag{9-20}$$

式中　$E$——断裂伸长率（%）；

　　　$B_0$——试件的原始宽度（mm）；

　　　$B_1$——试件破坏时的拉伸宽度（mm）。

## 复 习 思 考 题

9-1　在沥青各项性能实验中，为什么要严格控制温度等实验条件？

9-2　针入度仪和黏度计分别用于测定沥青的何种指标？影响针入度测定准确性的因素有哪些？

9-3　延度的大小反映了沥青的何种性质？延度仪的拉伸速度对测试结果有何影响？

9-4　沥青软化点实验中所用的液体为何有水和甘油之分？

9-5　为什么评定沥青牌号的依据是多方面的？

# 沥 青 实 验 报 告

组别＿＿＿＿＿＿＿＿＿＿＿＿同组实验者＿＿＿＿＿＿＿＿＿＿＿＿＿＿＿
日期＿＿＿＿＿＿＿＿＿＿＿＿指导教师＿＿＿＿＿＿＿＿＿＿＿＿＿＿＿＿

1. 实验目的
2. 实验记录与计算
1）针入度测定

| 实验次数 | 水温（℃） | 针入度（1/10mm） | 针入度平均值（1/10mm） |
|---|---|---|---|
| 1 | | | |
| 2 | | | |
| 3 | | | |

注：试样品种＿＿＿＿＿＿＿＿，实验室温度＿＿＿＿＿＿＿。

2）延度测定

| 试样编号 | 水温（℃） | 延伸度（mm） | 针入度平均值（cm） |
|---|---|---|---|
| 1 | | | |
| 2 | | | |
| 3 | | | |

注：实验室温度＿＿＿＿＿，实验室湿度＿＿＿＿＿，实验拉伸速度＿＿＿＿＿。

3）软化点测定

| 软化点（℃） | 第一环 | |
|---|---|---|
| | 第二环 | |
| | 平均值 | |

注：杯内液体种类、名称＿＿＿＿＿＿＿＿＿＿，测定方法＿＿＿＿＿＿＿＿＿。

4）沥青密度实验（液体沥青为例）

| 测量次数 | 比重瓶质量（g） | 比重瓶满水时的质量（g） | 比重瓶满试样时的质量（g） | 密度（g/cm³） | | 相对密度 | |
|---|---|---|---|---|---|---|---|
| | | | | 测值 | 平均值 | 测值 | 平均值 |
| | | | | | | | |
| | | | | | | | |

3. 分析与讨论

# 第10章 砖 实 验

## 10.1 概 述

砖作为砌体工程材料具有悠久的生产和使用历史，传统概念上的砖材料是指以黏土为原材料、用烧结方法制成的尺寸较小的实心砌墙材料。近些年来，砖材料无论是使用的原材料，或者是制造工艺都发生了很大的变化，非黏土砖和非烧结工艺砖是当前及今后砖材料发展的主流。目前，在砌体工程使用最多的是烧结多孔砖、空心砖和利用地方性资源与工业废料生产的免烧砖。

### 10.1.1 检验分类与等级判定

1. 检验分类

砖的检验分为出厂检验和型式检验。每批产品出厂时必须进行出厂检验，出厂检验项目主要有尺寸偏差、外观质量和强度等级。当有下列之一情况时应进行型式检验：①新厂生产试制定型产品时；②正式生产后，原材料、工艺等发生较大的改变，可能影响产品性能时；③出厂检验结果与上次型式检验结果有较大差异时；④国家质量监督机构提出进行型式检验时。

检验批量大小以3.5万~15万块为一批，不足3.5万块按一批计。当外观质量检验的试样采用随机抽样时，应在每一检验批的产品堆垛中抽取；当尺寸偏差检验的样品用随机抽样法时，应从外观质量检验后的样品中抽取；其他检验项目的样品用随机抽样法，从外观质量检验后的样品中抽取。抽样数量见表10-1。

砖检验项目及抽样数量 表10-1

| 检验项目 | 外观质量 | 尺寸偏差 | 泛霜 | 石灰爆裂 | 冻融 | 吸水率与饱和系数 | 强度等级 | 体积密度 |
|---|---|---|---|---|---|---|---|---|
| 抽样数量（块） | 50 | 20 | 5 | 5 | 5 | 5 | 10 | 5 |

2. 质量等级判定

1）出厂检验质量等级的判定

按出厂检验项目和在时效范围内最近一次型式检验中的孔型、孔洞率、孔洞排列、抗风化性能、石灰爆裂、泛霜项目中最低质量等级进行判定，其中有一项不合格者，判该批产品不合格。

2）型式检验质量等级的判定

在强度、抗风化性能合格基础上，按尺寸偏差、外观质量、孔型孔洞率、孔洞排列、泛霜、石灰爆裂检验中最低质量等级判定，其中有一项不合格者，判该批产品质量不合格。

3）在外观检验中，有欠火砖、酥砖或螺旋纹砖时，判该批产品质量不合格。

**10.1.2 规格与技术要求**

普通烧结砖和蒸压灰砂砖的外形为直角六面体，其公称尺寸为 240mm×115mm×53mm，配砖的规格为 175mm×115mm×53mm。烧结多孔砖的外形也是直角六面体，其长、宽、高尺寸应符合 290mm、240mm、190mm、180mm、175mm、140mm、115mm、90mm 模数，孔洞尺寸应符合表 10-2 的规定。烧结空心砖和空心砌块的外形也是直角六面体，在与砂浆的结合界面上设有增加结合力的深度在 1mm 以上的凹线槽。空心砖和实心砌块的长、宽、高尺寸应符合 290mm、190mm、140mm、90mm 和 390mm、240mm、180mm、115mm 模数。烧结空心砖和空心砌块的壁厚应大于 10mm，肋厚应大于 7mm，孔洞为矩形条孔或其他孔形，且平行于大面和条面。

烧结多孔砖的孔洞尺寸　　　　　　　　　　　　　　表 10-2

| 圆孔直径（mm） | 非圆孔内切圆直径（mm） | 手抓孔（mm） |
|---|---|---|
| ≤22 | ≤15 | (30～40)×(75～85) |

1. 尺寸允许偏差

烧结普通砖的尺寸允许偏差应符合表 10-3 规定；烧结多孔砖的尺寸允许偏差应符合表 10-4 规定；烧结空心砖和空心砌块的尺寸允许偏差应符合表 10-5 规定；蒸压灰砂砖的尺寸偏差和外观质量见表 10-6。

烧结普通砖的尺寸允许偏差　　　　　　　　　　　　表 10-3

| 公称尺寸（mm） | 样本平均偏差 | 样本极差≤ |
|---|---|---|
| 240 | ±2.0 | 6 |
| 115 | ±1.5 | 5 |
| 53 | ±1.5 | 4 |

烧结多孔砖的尺寸允许偏差　　　　　　　　　　　　表 10-4

| 项目名称 | 技术指标（mm） |
|---|---|
| 长度 | +2，-1 |
| 宽度 | +2，-1 |
| 高度 | ±1 |

烧结空心砖和空心砌块的尺寸允许偏差　　　　　　　　表 10-5

| 尺寸（mm） | 样本平均偏差 | 样本极差≤ |
|---|---|---|
| >300 | ±3.0 | 7.0 |
| 200～300 | ±2.5 | 6.0 |
| 100～200 | ±2.0 | 5.0 |
| <100 | ±1.7 | 4.0 |

蒸压灰砂砖的尺寸偏差和外观质量 表 10-6

| 项 目 | | | 指标 | | |
|---|---|---|---|---|---|
| | | | 优等品 | 一等品 | 合格品 |
| 尺寸允许偏差（mm） | 长度 | L | ±2 | ±2 | ±3 |
| | 宽度 | B | ±2 | | |
| | 高度 | H | ±1 | | |
| 缺棱掉角 | 个数，不多于（个） | | 1 | 1 | 2 |
| | 最大尺寸不得大于（mm） | | 10 | 15 | 20 |
| | 最小尺寸不得大于（mm） | | 5 | 10 | 10 |
| 高度差不得大于（mm） | | | 1 | 2 | 3 |

### 2. 外观质量要求

烧结普通砖的外观质量应符合表 10-7 的规定；烧结多孔砖的外观质量应符合表 10-8 的规定；烧结空心砖和空心砌块的外观质量应符合表 10-9 的规定。

烧结普通砖的外观质量（mm） 表 10-7

| 项 目 | 指标 |
|---|---|
| 1）两条面高度差不大于 | 2 |
| 2）弯曲不大于 | 2 |
| 3）杂质凸出高度不大于 | 2 |
| 4）缺棱掉角的三个破坏尺寸不得同时大于 | 5 |
| 5）裂纹长度不大于 | |
| （1）大面上宽度方向及其延伸至条面的长度不得大于 | 30 |
| （2）大面上长度方向及其延伸至顶面的长度或条、顶面上水平裂纹的长度不得大于 | 50 |
| 6）完整面不少于 | 一条面和一顶面 |
| 7）颜色 | 基本一致 |

注：为装饰而施加的色差、凹凸纹、拉毛、压花等不算作缺陷。凡有下列缺陷之一者，不得称为完整面：①缺损在条面或顶面上造成的破坏面尺寸同时大于 10mm×10mm；②条面或顶面上裂纹宽度大于 1mm，其长度超过 30mm；③压陷、粘底、焦花在条面或顶面上的凹陷或凸出超过 2mm，区域尺寸同时大于 10mm×10mm。

烧结多孔砖的外观质量（mm） 表 10-8

| 项目名称 | | 技术指标 |
|---|---|---|
| 弯曲 | | ≤1 |
| 缺棱掉角 | 个数（个） | ≤2 |
| | 三个方向投影尺寸的最大值 | ≤15 |
| 裂纹延伸的投影尺寸累计 | | ≤20 |

| 烧结空心砖和空心砌块的外观质量（mm） | 表 10-9 |
|---|---|
| 项　目 | 指标 |
| 1）弯曲不大于 | 4 |
| 2）缺棱掉角的三个破坏尺寸不得同时大于 | 30 |
| 3）垂直度差不大于 | 4 |
| 4）未贯穿裂纹长度不大于 | |
| （1）大面上宽度方向及其延伸到条面的长度 | 100 |
| （2）大面上长度方向或条面上水平方向的长度 | 120 |
| 5）贯穿裂纹长度不大于 | |
| （1）大面上宽度方向及其延伸到条面的长度 | 40 |
| （2）壁、肋沿长度方向、宽度方向及其水平方向的长度 | 40 |
| 6）肋、壁内残缺长度不大于 | 40 |
| 7）完整面不少于 | 条面和一大面 |

注：凡有下列缺陷之一者，不能称为完整面：①缺损在大面、条面上造成的破坏面尺寸同时大于 20mm×30mm；②大面、条面上裂纹宽度大于 1mm，其长度超过 70mm；③压陷、粘底、焦花在大面、条面上的凹陷或凸出超过 2mm，区域尺寸大于 20mm×30mm。

3. 孔洞率及其结构

多孔砖的孔型、孔洞率及孔洞排列应符合表 10-10 的规定；空心砖及空心砌块的孔洞及其排数应符合表 10-11 的规定。

| 多孔砖的孔型、孔洞率及孔洞排列 | | | | 表 10-10 |
|---|---|---|---|---|
| 孔洞率 | 开孔方向 | 孔型 | 壁厚 | 孔洞尺寸 |
| 不小于 25%<br>不大于 35% | 与承压方向一致 | 铺浆面宜为盲孔或半盲孔 | 外壁厚≥18mm<br>肋厚≥15mm | 砖长方向≤1/6 砖长<br>砖宽度方向≤4/15 砖宽 |

| 空心砖及空心砌块孔洞排列及其结构 | | | | 表 10-11 |
|---|---|---|---|---|
| 孔洞排列 | 孔洞排数/排 | | 孔洞率（%） | 孔型 |
| | 宽度方向 | 高度方向 | | |
| 有序交错排列 | $b \geq 200$mm　≥7<br>$b < 200$mm　≥5 | ≥2 | ≥40 | 矩形孔 |

注：$b$ 为宽度尺寸。

4. 强度

烧结普通砖和多孔砖根据抗压强度分为 MU30、MU25、MU20、MU15、MU10 五个强度等级，见表 10-12 的规定；烧结空心砖和空心砌块的强度等级要求见表 10-13；蒸压灰砂砖的强度等级根据抗压强度和抗折强度分为 MU25、MU20、MU15、MU10 四级，见表 10-14。

| 烧结普通砖和烧结多孔砖的强度（MPa） | | 表 10-12 |
|---|---|---|
| 强度等级 | 抗压强度平均值<br>不小于 | 强度标准值不小于 |
| MU30 | 30.00 | 22.00 |
| MU25 | 25.00 | 18.00 |

| 强度等级 | 抗压强度平均值<br>不小于 | 强度标准值不小于 |
|---|---|---|
| MU20 | 20.00 | 14.00 |
| MU15 | 15.00 | 10.00 |
| MU10 | 10.00 | 6.5 |

**烧结空心砖及空心砌块的强度**（MPa）　　　　　　　　表 10-13

| 强度等级 | 抗压强度 | | |
|---|---|---|---|
| | 抗压强度平均值不小于 | 变异系数不大于 0.21 | 变异系数大于 0.21 |
| | | 强度标准值不小于 | 单块最小抗压强度值不小于 |
| MU10.0 | 10.0 | 7.0 | 8.0 |
| MU7.5 | 7.5 | 5.0 | 5.8 |
| MU5.0 | 5.0 | 3.5 | 4.0 |
| MU3.5 | 3.5 | 2.5 | 2.8 |

**蒸压灰砂砖的力学性能**（MPa）　　　　　　　　表 10-14

| 强度等级 | 抗压强度 | | 抗折强度 | |
|---|---|---|---|---|
| | 平均值不小于 | 单块值不小于 | 平均值不小于 | 单块值不小于 |
| MU25 | 25.0 | 20.0 | 5.0 | 4.0 |
| MU20 | 20.0 | 16.0 | 4.0 | 3.2 |
| MU15 | 15.0 | 12.0 | 3.3 | 2.6 |
| MU10 | 10.0 | 8.0 | 2.5 | 2.0 |

注：优等品的强度级别不得小于 MU15。

5. 密度

烧结空心砖和空心砌块的密度应符合表 10-15 的规定。

**烧结空心砖和空心砌块的密度**（kg/m³）　　　　　　　　表 10-15

| 密度 | 五块试样密度平均值 |
|---|---|
| 800 | ≤800 |
| 900 | 801～900 |
| 1000 | 901～1000 |
| 1100 | 1001～1100 |

6. 抗风化性能

我国大陆地区风化区的划分见表 10-16，对严重风化区中的 1～5 地区，必须进行冻融实验，其他地区砖的抗风化性能符合规定时可不做冻融实验。冻融实验后，每块砖样不允许出现裂纹、分层、掉皮、缺棱、掉角等冻坏现象。蒸压灰砂砖的抗冻性指标见表 10-17，砖的抗风化性能要求见表 10-18。空心砖和空心砌块的抗风化性能要求见表 10-19。

**我国大陆地区风化区的划分**      表 10-16

| 严重风化区 | | 非严重风化区 | |
| --- | --- | --- | --- |
| 1. 黑龙江省 | 11. 河北省 | 1. 山东省 | 11. 福建省 |
| 2. 吉林省 | 12. 北京市 | 2. 河南省 | 12. 广东省 |
| 3. 辽宁省 | 13. 天津市 | 3. 安徽省 | 13. 广西壮族自治区 |
| 4. 内蒙古自治区 | 14. 西藏自治区 | 4. 江苏省 | 14. 海南省 |
| 5. 新疆维吾尔自治区 | | 5. 湖北省 | 15. 云南省 |
| 6. 宁夏回族自治区 | | 6. 江西省 | 16. 上海市 |
| 7. 甘肃省 | | 7. 浙江省 | 17. 重庆市 |
| 8. 青海省 | | 8. 四川省 | |
| 9. 陕西省 | | 9. 贵州省 | |
| 10. 山西省 | | 10. 湖南省 | |

**蒸压灰砂砖的抗冻性指标**      表 10-17

| 强度等级 | 冻后抗压强度平均值（MPa）<br>不小于 | 单块砖的干质量损失（%）<br>不大于 |
| --- | --- | --- |
| MU25 | 20.0 | 2.0 |
| MU20 | 16.0 | 2.0 |
| MU15 | 12.0 | 2.0 |
| MU10 | 8.0 | 2.0 |

**砖的抗风化性能要求**      表 10-18

| 项目<br><br>种类 | 严重风化区 | | | | 非严重风化区 | | | |
| --- | --- | --- | --- | --- | --- | --- | --- | --- |
| | 5h沸煮吸水率（%）<br>不大于 | | 饱和系数<br>不大于 | | 5h沸煮吸水率（%）<br>不大于 | | 饱和系数<br>不大于 | |
| | 平均值 | 单块最大值 | 平均值 | 单块最大值 | 平均值 | 单块最大值 | 平均值 | 单块最大值 |
| 黏土砖、<br>建筑渣土砖 | 18 | 20 | 0.85 | 0.87 | 19 | 20 | 0.88 | 0.90 |
| 粉煤灰砖 | 21 | 23 | | | 23 | 25 | | |
| 页岩砖<br>煤矸石砖 | 16 | 18 | 0.74 | 0.77 | 18 | 20 | 0.78 | 0.80 |

注：粉煤灰掺入量（体积比）小于30%时，按黏土砖规定判定。

**空心砖和空心砌块的抗风化性能要求**      表 10-19

| 项目<br><br>种类 | 严重风化区 | | | | 非严重风化区 | | | |
| --- | --- | --- | --- | --- | --- | --- | --- | --- |
| | 5h沸煮吸水率（%）<br>不大于 | | 饱和系数<br>不大于 | | 5h沸煮吸水率（%）<br>不大于 | | 饱和系数<br>不大于 | |
| | 平均值 | 单块最大值 | 平均值 | 单块最大值 | 平均值 | 单块最大值 | 平均值 | 单块最大值 |
| 黏土空心砖<br>与砌块 | 21 | 20 | 0.85 | 0.87 | 23 | 20 | 0.88 | 0.90 |
| 粉煤灰空心砖<br>与砌块 | 22 | 23 | | | 30 | 25 | | |

| 项目 | 严重风化区 | | | | 非严重风化区 | | | |
|---|---|---|---|---|---|---|---|---|
| | 5h沸煮吸水率（%）不大于 | | 饱和系数不大于 | | 5h沸煮吸水率（%）不大于 | | 饱和系数不大于 | |
| 种类 | 平均值 | 单块最大值 | 平均值 | 单块最大值 | 平均值 | 单块最大值 | 平均值 | 单块最大值 |
| 页岩空心砖与砌块 | 16 | 18 | 0.74 | 0.77 | 18 | 20 | 0.78 | 0.80 |
| 煤矸石空心砖与砌块 | 19 | 21 | | | 21 | 23 | | |

注：1. 粉煤灰掺入量（质量分数）小于30%时，按黏土空心砖和空心砌块规定判定。

2. 淤泥、建筑渣土及其他固体废弃物掺入量（质量分数）小于30%时，按相应产品类别规定判定。

风化区是根据风化指数划分的。风化指数是指日气温从正温降至负温或负温升至正温的每年平均天数与每年从霜冻之日起至消失霜冻之日止这一期间降雨总量（以"mm"计）的平均值的乘积。风化指数大于等于12700为严重风化区；风化指数小于12700为非严重风化区。各地如有可靠数据，也可按计算的风化指数划分本地区的风化区。

7. 泛霜

每块砖、空心砖和空心砌块不允许出现严重泛霜。

8. 石灰爆裂

石灰爆裂性能要求见表10-20。

**石灰爆裂性能要求** 表10-20

| 砖种类 | 石灰爆裂要求 |
|---|---|
| 烧结普通砖多孔砖 | 最大破坏尺寸大于2mm且小于等于15mm的爆裂区域，每组砖样不得多于15处。其中大于10mm的不得多于7处。不允许出现最大破坏尺寸大于15mm的爆裂区域。实验后抗压强度损失不得大于5MPa |
| 烧结空心砖空心砌块 | 最大破坏尺寸大于2mm且小于等于15mm的爆裂区域，每组砖样不得多于10处。其中大于10mm的不得多于5处。不允许出现最大破坏尺寸大于15mm的爆裂区域 |

# 10.2 尺寸偏差测量与外观质量检查

砖在生产过程中，模具尺寸精度不够，温度、湿度、压力、时间等生产条件控制不严，原材料杂质太多等原因，都会造成其尺寸偏差和外观质量问题，从而影响砌体工程的质量，尤其对清水墙砌体，影响更为明显。实际工程中，也经常把砖的尺寸作为"度量单位"来标量有关尺寸。对于烧结普通砖砌体工程，当考虑10mm灰缝时，4块砖长、8块砖宽或16块砖厚都均为1m。因此，测量检查砖的尺寸偏差和外观质量具有重要的工程意义。

## 10.2.1 尺寸偏差测量

1. 量具：分度值为0.5mm的砖用卡尺。

2. 检验样品数量：烧结普通砖和多孔砖为20块，空心砖、空心砌块为100块。

3. 测量方法：长度的测量应在砖的两个大面的中间处分别测量两个尺寸；宽度的测量应在砖的两个大面的中间处分别测量两个尺寸；高度的测量应在两个条面的中间处分别测量两个尺寸。当被测处有缺损或凸出时，可在其旁边测量，但应选择不利的一侧。当其中每一尺寸测量不足 0.5mm 时，按 0.5mm 计。每一方向尺寸以两个测量值的算术平均值表示。样本平均偏差为 20 块试样同一方向测量尺寸的算术平均值减去其公称尺寸的差值。样本极差为抽检的 20 块试样中同一方向最大测量值与最小测量值之差。

4. 结果评定：测量结果分别以长、高和宽的最大偏差值表示，不足 1mm 者按 1mm 计。尺寸偏差符合表 10-3～表 10-6 相应等级规定时，判定尺寸偏差为该等级；否则，判定为不合格。

### 10.2.2 外观质量检查

砖的外观质量检查内容包括砖的颜色一致性、两条面高度差、弯曲程度、杂质凸出高度、裂缝长度、缺棱掉角及完整面情况等。

1. 量具

分度值为 0.5mm 的砖用卡尺（图 10-1）和分度值为 1mm 的钢直尺。

2. 检查取样与测量方法

进行外观质量检查时，对烧结普通砖和多孔砖取试样数量 20 块；对烧结空心砖和空心砌块取试样数量 50 块。

1）缺损检查

缺棱掉角在砖上造成的破损程度，以破损部分对长、宽、高三个棱边的投影尺寸来度量，称为破坏尺寸，如图 10-2 所示。$l$ 为长度方向的投影尺寸（mm），$b$ 为宽度方向的投影尺寸（mm），$d$ 为高度方向的投影尺寸（mm）。

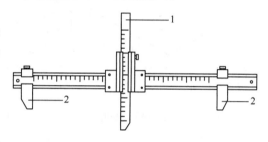

图 10-1　砖用卡尺
1—垂直尺；2—支脚

缺损造成的破坏面系指缺损部分对条、顶面（空心砖为条、大面）的投影面积，见图 10-3。空心砖内壁残缺及肋残缺尺寸，以长度方向的投影尺寸来度量（图 10-4），$l$ 为裂纹总长度（mm）。

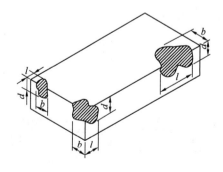

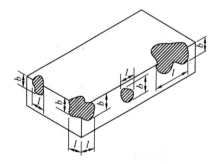

图 10-2　缺棱掉角破坏尺寸量法　　图 10-3　缺损在条、顶面上造成破坏面量法

2）裂纹检查

裂纹分为长度方向、宽度方向和水平方向三种，以被测方向的投影长度表示。如果裂

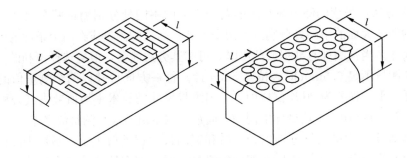

图 10-4　多孔砖裂纹通过孔洞时长度量法

纹从一个面延伸至其他面上时，则累计其延伸的投影长度，如图 10-5 所示。多孔砖的孔洞与裂纹相通时，则将孔洞包括在裂纹内一并测量。裂纹长度以在三个方向上分别测得的最长裂纹作为测量结果。

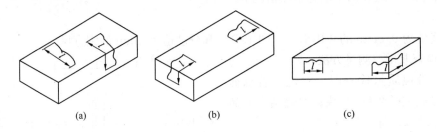

图 10-5　裂纹长度量法

（a）宽度方向裂纹长度量法；（b）长度方向裂纹长度量法；（c）水平方向裂纹长度量法

3）弯曲检查

弯曲应分别在大面和条面上测量，如图 10-6 所示。测量时将砖用卡尺的两支脚沿棱边两端放置，择其弯曲最大处将垂直尺推至砖面，但不应将因杂质或碰伤造成的凹处计算在内，以弯曲中测得的较大值者作为测量结果。

4）杂质凸出高度及颜色检查

杂质在砖面上造成的凸出高度，以杂质距砖面的最大距离表示，如图 10-7 所示。测量时将砖用卡尺的两支脚置于凸出两边的砖平面上，以垂直尺测量。颜色检查抽试样 20 块，装饰面朝上，随机分两排并列，在自然光下距离 2m 处目测。

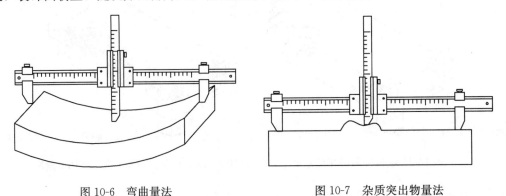

图 10-6　弯曲量法　　　　　　图 10-7　杂质突出物量法

3. 外观质量判定

对普通砖、多孔砖的外观质量判定时应采用二次抽样方案进行，即根据前述规定的质量指标，检查出其中不合格样品数 $d_1$。当 $d_1 \leqslant 11$ 时，外观质量合格；当 $d_1 \geqslant 11$ 时，外观质量不合格。当 $7 < d_1 < 11$ 时，需再次从该产品批中抽样 50 块检验，检查出不合格品数 $d_2$。当（$d_1 + d_2$）$\leqslant 18$ 时，外观质量合格；当（$d_1 + d_2$）$\geqslant 19$ 时，外观质量不合格。

# 10.3 砖体积密度和孔洞率实验

## 10.3.1 砖体积密度测定

砖在自然条件下，单位体积所具有的质量称为体积密度。工程中，根据砖体积密度的大小可计算砌体工程的荷重，也可间接判定砖的密实程度。每次实验用砖样 5 块，所取试样应外观完整。

1. 主要仪器设备

1）电热鼓风干燥箱：最高温度 200℃。

2）台秤：分度值不应大于 5g。

3）钢直尺：分度值不应大于 1mm。

4）砖用卡尺：分度值为 0.5mm。

2. 实验步骤

1）清理试样表面，并编号，然后将试样置于 105±5℃ 鼓风干燥箱中烘干至恒量（在干燥过程中，前后两次称量相差不超过 0.2%，前后两次称量时间间隔为 2h），称其质量 $m$，检查外观情况，不得有缺棱、掉角等破损，如有破损者，须重新换备用试样。

2）将干燥后的试样取出，测量其长、宽、高尺寸各两个，分别取其平均值计算体积 $V$。

3. 计算与结果评定

表观密度按下式计算：

$$\rho = \frac{m}{V} \times 10^9 \qquad (10\text{-}1)$$

式中　$\rho$——表观密度（kg/m³），精确至 0.1kg/m³；

　　　$m$——试样干质量（kg）；

　　　$V$——试样体积（mm³）。

实验结果以 5 个试样的算术平均值表示，精确至 1kg/m³。

## 10.3.2 砖孔洞率及孔洞结构测定

由于普通烧结砖有用料多、能耗高、尺寸小、自重大等缺点，近年来，国家与地方政府都制定了限制生产、使用普通烧结砖的政策，鼓励生产、使用多孔砖及空心砖。与普通烧结砖相比，多孔砖和空心砖可节约黏土原料 20%～30%，节约燃料 10%～20%，减轻自重 30%，同时还可改善砖砌墙体的保温隔热性能。本方法适用于对烧结多孔砖、空心砖和空心砌块孔洞率及孔结构的测定。

1. 量具与材料

1）台秤：分度值不应大于 5g。

2）水池或水箱或水桶。

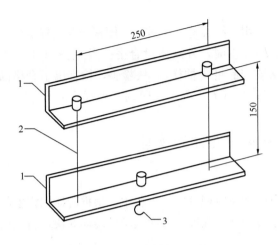

图 10-8　吊架

1—角钢；2—拉筋；3—钩子（与两端拉筋等距离）

3）吊架：图 10-8。

4）砖用卡尺：分度值为 0.5mm。

2. 实验步骤

1）试样数量为 5 块。按外观质量的规定测量试样的长度 $L$、宽度 $B$、高度 $H$ 尺寸各 2 个，分别取其算术平均值，精确至 1mm。

2）将试样浸入室温的水中，水面应高出试样 20mm 以上，24h 后将其分别移到水中，称出试样的悬浸质量 $m_1$。

3）称取悬浸质量的方法如下：将秤置于平稳的支座上，在支座的下方与磅秤中线重合处放置水池或水箱或水桶。在秤底盘上放置吊架，用铁丝把试样悬挂在吊架上，此时试样应离开水桶的底面且全部浸泡在水中，将秤读数减去吊架和铁丝的质量，即为悬浸质量 $m_1$。

4）盲孔砖称取悬浸质量时，有孔洞的面朝上，称重前晃动砖体排出孔中的空气，待静置后称量。通孔砖任意放置。

5）将试样从水中取出，放在铁丝网架上滴水 1min，再用拧干的湿布拭去内、外表面的水，立即称其面干潮湿状态的质量 $m_2$，精确至 5g。

6）测量试样最薄处的壁厚、肋厚尺寸，精确至 1mm。

3. 计算与结果评定

砖的孔洞率按下式计算：

$$Q = \left(1 - \frac{m_2 - m_1}{D \times L \times B \times H}\right) \times 100\% \tag{10-2}$$

式中　$Q$——孔洞率（%），精确至 0.1%；

　　　$m_1$——试样的悬浸质量（kg）；

　　　$m_2$——试样面干潮湿状态的质量（kg）；

　　　$L$——试样长度（m）；

　　　$B$——试样宽度（m）；

　　　$H$——试样高度（m）；

　　　$D$——水的密度（1000kg/m³）。

以 5 块试样孔洞率的算术平均值作为实验结果，精确至 1%。孔结构以孔洞排数及壁厚、肋厚最小尺寸表示。

## 10.4　砖抗压强度实验

砖的强度是砖材料最主要的性能指标和评定其强度等级的重要依据，工程中主要是利用砖材料具有较高的抗压强度，从而大量应用于砌体结构。本节主要介绍砖的抗压强度实验方法。

### 10.4.1 主要仪器设备

1. 压力实验机：图 10-9，下加压板为球铰支座，预期最大破坏荷载应在量程的 20%～80%之间，示值相对误差不大于±1%。

2. 抗压试件制备平台：试件制备平台必须平整、水平，可用金属或其他材料制作。

3. 水平尺、钢直尺：图 10-10，钢直尺分度值不应大于 1mm。

4. 振动台：图 10-11，振幅 0.3～0.6mm，振动频率为 2600～3000 次/min。

5. 砂浆搅拌机：图 10-12。

6. 试样模具切割设备等。

图 10-9　压力实验机

图 10-10　水平尺

图 10-11　小型精密振动台系统

图 10-12　砂浆搅拌机

### 10.4.2 试件数量与制备

试样数量为 10 块。

**1. 一次成型制样**

1）一次成型制样适用于采用样品中间部位切割，变错叠加灌浆制成强度实验试样的方式。

2）将试样锯成两个半截砖，两个半截砖用于叠合部分的长度不得小于 100mm，如图 10-13 所示。如果不足 100mm 应另取备用试样补足。

3）将已切割开的半截砖放入室温的净水中浸 20～30min 后取出，在铁丝网架上滴水 20～30min，以断口相反方向装入制样模具中。用插板控制两个半砖间距不应大于 5mm，砖大面与模具间距不应大于 3mm，砖断面、顶面与模具间，垫以橡胶垫或其他密封材料，模具内表面抹油或脱膜剂。制样模具及插板如图 10-14 所示。

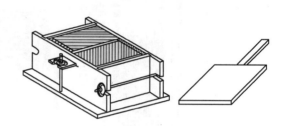

图 10-13　半截砖长度图　　　　图 10-14　一次成型制样模具及插板

4）将净浆材料按照配制要求，置于搅拌机中搅拌均匀。

5）将装好试样的模具置于振动台上，加入适量搅拌均匀的净浆材料，振动时间为 0.5～1min，停止振动，静置至净浆材料达到初凝时间（约 15～19min）后拆模。

**2. 二次成型制样**

1）二次成型制样适用于采用整块样品上下表面灌浆制成强度实验试样的方式。

2）将整块试样放入室温的净水中浸 20～30min 后取出，在铁丝网架上滴水 20～30min。

3）按照净浆材料配制要求，置于搅拌机中搅拌均匀。

4）模具内表面抹油或脱膜剂，加入适量搅拌均匀的净浆材料，将整块试样一个承压面与净浆接触，装入制样模具中，承压面找平层厚度不应大于 3mm。接通振动台电源，振动 0.5～1min，停止振动，静置至净浆材料初凝时间（约 15～19min）后拆模。按同样方法完成整块试样另一承压面的找平。二次成型制样模具如图 10-15 所示。

**3. 非成型制样**

1）非成型制样适用于试样无需进行表面找平处理制样的方式。

2）将试样锯成两个半截砖，两个半截砖用于叠合部分的长度不得小于 100mm，如果不足 100mm 应另取备用试样补足。

3）两半截砖切断口相反叠放，叠合部分不得小于 100mm，如图 10-16 所示，即为抗压强度试样。

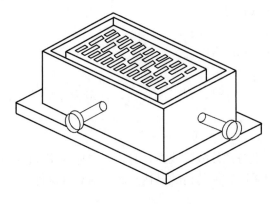

图 10-15 二次成型制样模具

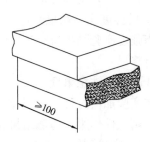

图 10-16 半砖叠合示意图

### 10.4.3 试件养护

一次成型制样、二次成型制样在不低于 10℃ 的不通风室内养护 4h。非成型制样不需养护，试样气干状态直接进行实验。

### 10.4.4 实验步骤

1) 测量每个试件连接面或受压面的长、宽尺寸各两个，分别取其平均值，精确至 1mm。

2) 将试件平放在加压板的中央，垂直于受压面加荷，应均匀平稳，不得发生冲击或振动。加荷速度以 $5\pm0.5$kN/s 为宜，直至试件破坏为止，记录最大破坏荷载 $P$。

### 10.4.5 计算与结果评定

1. 每块砖试样的抗压强度按下式计算，精确至 0.01MPa：

$$R_P = \frac{P}{LB} \tag{10-3}$$

式中　$R_P$——单块试样抗压强度测定值（MPa）；

　　　$P$——最大破坏荷载（N）；

　　　$L$——受压面（连接面）的长度（mm）；

　　　$B$——受压面（连接面）的宽度（mm）。

2. 强度标准差、变异系数按下式计算：

$$\sigma = \sqrt{\frac{1}{9}\sum_{i=1}^{10}(f_i - \overline{f})^2} \tag{10-4}$$

$$C_V = \frac{\sigma}{\overline{f}} \tag{10-5}$$

式中　$\overline{f}$——10 块试样的抗压强度平均值（MPa）；

　　　$f_i$——单块试样抗压强度测定值（MPa）；

　　　$\sigma$——10 块试样的抗压强度标准差（MPa），精确至 0.01MPa；

　　　$C_V$——砖抗压强度变异系数精确至 0.01。

3. 砖强度等级评定

按本章表 10-12 中抗压强度平均值、强度标准值评定砖的强度等级。

样本量 $n=10$ 时的强度标准值按式（10-6）计算：

$$f_k = \overline{f} - 1.83\sigma \tag{10-6}$$

式中　$f_k$——强度标准值（MPa），精确至 0.1MPa。

4. 砖强度实验结果判定

当强度实验结果符合 10.1 节的有关规定时，判强度合格，且定为相应等级；否则，判不合格。

### 10.4.6　注意事项

在实验加荷过程中，当发生停电、设备意外故障或损坏时，如施加的荷载已接近破坏荷载，则试件作废，检测结果无效；如果所施加的荷载已达到破坏荷载（试件已破裂，指针回转），则检测结果有效。

## 10.5　砖抗折强度实验

砖材料的抗折强度与抗压强度相比要小得多，但对砖材料来讲，抗折强度仍有其重要的工程意义，如基础和路面工程，都要求砖材料应具有一定的抗折强度。

### 10.5.1　主要仪器设备

1. 抗折实验机（图 10-17）：示值相对误差不大于 $\pm1\%$，下加压板为球铰支座，预期最大破坏荷载应在量程的 20%～80% 之间。

图 10-17　抗折实验机

2. 抗折夹具：抗折实验为三点加荷形式，其上压辊和下支辊的曲率半径为 15mm，下支辊应有一个铰接固定。

3. 钢直尺：分度值不应大于 1mm。

### 10.5.2　试样数量及要求

烧结普通砖、烧结多孔砖、烧结空心砖及空心砌块试样数量均为 10 块，蒸压灰砂砖试样 5 块。非烧结砖应放在温度为 $20\pm5℃$ 的水中浸泡 24h 取出，用湿布拭去其表面水分进行抗折强度实验。

### 10.5.3　实验步骤

1. 测量试样的宽度和高度尺寸各 2 个，分别取算术平均值，精确至 1mm。

2. 调整抗折夹具下支辊的跨距为砖规格长度减去 40mm，对规格长度为 190mm 的砖，其跨距为 160mm。

3. 将试样大面平放在下支辊上，试样两端面与下支辊的距离应相同，当试样有裂缝或凹陷时，应使有裂缝或凹陷的大面朝下，以 50～150N/s 的速度均匀加荷，直至试样断裂，记录最大破坏荷载。

### 10.5.4　计算与结果评定

每块试样的抗折强度按下式计算，精确至 0.01MPa：

$$R_c = \frac{3PL}{2BH^2} \tag{10-7}$$

式中　$R_c$——抗折强度（MPa）；

　　　$P$——破坏荷载（N）；

　　　$L$——跨距（mm）；

　　　$B$——试样宽度（mm）；

　　　$H$——试样高度（mm）。

实验结果以试样抗折强度的平均值和单块最小值表示。

## 10.6　砖的冻融实验

砖常用于外墙砌体工程，其耐久性如何将直接影响建筑工程的使用寿命和工程质量，砖的抗风化性能是其重要的耐久性指标之一。烧结普通砖的抗风化性能通常以其抗冻性、吸水率及饱和系数来判别，由于不同地区的风化指数不同，对在不同地区使用的砖材料，应有不同的抗风化性能要求。

### 10.6.1　主要仪器设备

1. 低温实验箱：图 10-18，放入试样后箱内温度可调至−20℃或−20℃以下。

2. 水槽：保持槽中水温 10～20℃为宜。

3. 台秤：分度值为 5g。

4. 电热鼓风干燥箱：最高温度 200℃。

### 10.6.2　实验步骤

1. 试样数量为 10 块，其中 5 块用于冻融实验，5 块用于未冻融强度对比实

图 10-18　低温实验箱

验。取砖试样 5 块，用毛刷清理试样表面，并编号。将试样放入鼓风干燥箱中，在 105±5℃下干燥至恒量（在干燥过程中，前后两次称量相差不超过 0.2%，前后两次称量时间间隔为 2h），称其质量 $m_0$，并检查外观，将缺棱掉角和裂纹作标记。

2. 将试样浸在 10～20℃的水中，24h 后取出，用湿布拭去表面水分，以大于 20mm 的间距大面侧向立放于预先降温至−15℃以下的冷冻箱中。当箱内温度再次降至−15℃时开始计时，在−15～−20℃下冷冻（烧结砖冻 3h，非烧结砖冻 5h）。然后取出放入 10～20℃的水中融化（烧结砖为 2h，非烧结砖为 3h）。如此为一次冻融循环。

3. 每 5 次冻融循环，检查一次冻融过程中出现的破坏情况，如冻裂、缺棱、掉角、剥落等。

4. 冻融循环后，检查并记录试样在冻融过程中的冻裂长度、缺棱掉角和剥落等破坏情况。若试件在冻融过程中，发现试件呈明显破坏，应停止本组样品的冻融实验，并记录冻融次数，判定本组样品冻融实验不合格。

5. 经冻融循环后的试样，放入电热鼓风干燥箱中，干燥至恒量，称其质量 $m_1$。将干

燥后的试样进行抗压强度实验。

### 10.6.3 计算与结果评定

1. 质量损失率按下式计算，精确至 $0.1\%$：

$$\Delta m = \frac{m_0 - m_1}{m_0} \times 100\% \tag{10-8}$$

式中　$\Delta m$——质量损失率（%）；

　　$m_0$——试样冻融前干质量（g）；

　　$m_1$——试样冻融后干质量（g）。

2. 强度损失率按下式计算：

$$P_m = \frac{P_0 - P_1}{P_0} \times 100\% \tag{10-9}$$

式中　$P_m$——强度损失率（%）；

　　$P_0$——试样冻融前强度（MPa）；

　　$P_1$——试样冻融后强度（MPa）。

3. 试样抗压强度的实验步骤和计算按前述进行。

当抗风化性能实验项目符合前述有关规定时，判风化性能合格；否则，判不合格。

# 10.7　砖的泛霜实验

黏土原料中可能会含有硫、镁等可溶性盐类，在使用砖的过程中，这些盐类会随着水分的蒸发呈白色粉末状离析在砖的表面，这种现象称为泛霜。砖的泛霜现象对建筑物会造成很多方面的影响，如污染墙面，影响清水墙的外观质量，在潮湿环境中因盐析结晶膨胀使墙体产生粉化脱落等。因此，国家标准对砖的泛霜现象作出了明确规定：优等砖应无泛霜现象，一等砖不得出现中等泛霜现象，合格砖不得出现严重泛霜现象。

### 10.7.1　主要仪器设备

1. 砖瓦泛霜实验箱：图 10-19，控制温度 $-32℃$，箱体容积 100L，能放置 10 块试件。

2. 耐磨耐腐蚀的浅盘：5 个，容水深度 $25\sim35mm$。

3. 鼓风干燥箱：最高温度 $200℃$。

4. 温度计、湿度计等。

### 10.7.2　实验步骤

1. 取砖试样 5 块。普通砖、多孔砖用整砖，空心砖用 1/2 块，也可以用表观密度实验后的试样从长度方向的中间处锯取。

2. 将黏附在试样表面的粉尘刷掉并编号，然后放入 $105\pm5℃$ 的鼓风干燥箱中干燥 24h，取出冷却至常温。

3. 把试样顶面朝上分别置于 5 个浅盘中，往浅盘中注入蒸馏水，水面高度不低于 20mm，用透

图 10-19　砖瓦泛霜实验箱

明材料覆盖在浅盘上，并将试样暴露在外面，记录时间。

4. 试样浸在盘中的时间为7d，开始2d内经常加水以保持盘内水面高度，以后则保持浸在水中即可。实验过程中要求环境温度为16～32℃，相对湿度30%～70%。

5. 经过7d后取出试样，在同样的环境条件下放置4d。然后在105±5℃的鼓风干燥箱中连续干燥24h，取出冷却至常温，记录干燥后的泛霜程度。7d后开始记录泛霜情况，每天一次。

### 10.7.3 结果评定

砖的泛霜程度根据记录情况以最严重者表示，划分标准如表10-21所示。

砖的泛霜程度划分                            表 10-21

| 泛霜程度 | 划分标准 |
|---|---|
| 无泛霜 | 试样表面的盐析几乎看不到 |
| 轻微泛霜 | 试样表面出现一层细小明显的霜膜，但试样表面仍清晰 |
| 中等泛霜 | 试样部分表面或棱角出现明显霜层 |
| 严重泛霜 | 试样表面出现起砖粉、掉屑及脱皮现象 |

## 10.8 砖的石灰爆裂实验

在生产砖时，原料中也可能含有石灰石杂质颗粒，因烧结使石灰石生成生石灰，生石灰消解时将产生体积膨胀，从而导致砖墙体发生膨胀性破坏。因此，国家标准对砖的石灰爆裂有明确规定：优等砖不允许出现尺寸大于2mm的爆裂区域，一等砖不允许出现尺寸大于10mm的爆裂区域，合格砖不允许出现尺寸大于15mm的爆裂区域。

图10-20 砖瓦蒸煮实验箱

### 10.8.1 主要仪器设备

1. 蒸煮实验箱：图10-20，最高沸煮温度100℃，容积100L，时间可控，加热功率4kW。

2. 钢直尺：分度值不大于1mm。

### 10.8.2 实验步骤

1. 取未经雨淋或浸水且为近期生产的5块砖样。普通砖用整砖，多孔砖可用1/2块，空心砖用1/4块实验。多孔砖、空心砖试样也可以用孔洞率测定或表观密度实验后的试样锯取。

2. 检查每块试样，把不属于石灰爆裂的外观缺陷作标记。

3. 将试样平行侧立于蒸煮箱内的篦子板上，试样间隔不得小于50mm，箱内水面应低于篦上板40mm，加盖蒸6h后取出。

4. 检查每块试样上因石灰爆裂（含实验前已出现的爆裂）而造成的外观缺陷，记录其尺寸（mm）。

### 10.8.3 结果评定

以试样石灰爆裂区域尺寸的最大者表示，根据相应等级的规定，判定石灰爆裂相应等级。否则，判不合格。

## 10.9 砖吸水率与饱和系数实验

砖属于多孔材料，而且孔隙具有微小、连通的特征，因此砖具有较大的吸水率。如果砖的吸水率过大，将会影响墙体的热工性能和正常使用。砖的吸水率应符合国标有关规定，对空心砖和空心砌块来讲：优等品的吸水率应不大于 22%，一等品的吸水率应不大于 25%，合格品的吸水率不作要求。

### 10.9.1 主要仪器设备

1. 鼓风干燥箱：最高温度 200℃。

2. 台秤：分度值不应大于 5g。

3. 蒸煮箱。

### 10.9.2 实验步骤

1. 试样数量：吸水率实验为 5 块，饱和系数实验为 5 块（所取试样尽可能用整块试样，如需制取应为整块试样的 1/2 或 1/4）。

2. 清理试样表面，然后置于 105±5℃鼓风干燥箱中干燥至恒重（在干燥过程中，前后两次称量相差不超过 0.2%，前后两次称量时间间隔为 2h），除去粉尘后，称其干质量 $m_0$。

3. 将干燥试样浸入水中 24h，水温 10～30℃。

4. 取出试样，用湿毛巾拭去表面水分，立即称量。称量时试样毛细孔渗出于秤盘中水的质量亦应计入吸水质量中，所得质量为浸泡 24h 的湿质量 $m_{24}$。

5. 将浸泡 24h 后的湿试样侧立放入蒸煮箱的篦子板上，试样间距不小于 10mm，注入清水，箱内水面应高于试样表面 50mm，加热至沸腾，沸煮 3h，饱和系数实验沸煮 5h，停止加热，冷却至常温。

6. 分别称取沸煮 3h 的湿质量 $m_3$ 和沸煮 5h 的湿质量 $m_5$。

### 10.9.3 计算与结果评定

1. 常温水浸泡 24h 试样吸水率按下式计算，精确至 0.1%：

$$W_{24} = \frac{m_{24} - m_0}{m_0} \times 100\% \qquad (10\text{-}10)$$

式中　$W_{24}$——常温水浸泡 24h 试样吸水率（%）；

　　　$m_0$——试样干质量（g）；

　　　$m_{24}$——试样浸水 24h 的湿质量（g）。

2. 试样沸煮 3h 吸水率按下式计算，精确至 0.1%：

$$W_3 = \frac{m_3 - m_0}{m_0} \times 100\% \qquad (10\text{-}11)$$

式中　$W_3$——试样沸煮 3h 吸水率（%）；

　　　$m_3$——试样沸煮 3h 的湿质量（g）；

$m_0$——试样干质量（g）。

3. 每块试样的饱和系数按下式计算，精确至 0.01：

$$K = \frac{m_{24} - m_0}{m_5 - m_0} \qquad\qquad (10\text{-}12)$$

式中　$K$——试样饱和系数；

　　$m_{24}$——常温水浸泡 24h 试样湿质量（g）；

　　$m_0$——试样干质量（g）；

　　$m_5$——试样沸煮 5h 的湿质量（g）。

砖的吸水率以 5 块试样的算术平均值表示，精确至 1%。饱和系数也以 5 块试样的算术平均值表示，精确至 0.01%。

## 复 习 思 考 题

10-1 普通砖的质量标准包括哪几个方面？对外观检查有何意义？

10-2 寒冷地区对砖的性能指标有何要求？如何评定？

10-3 欠火砖及过火砖同正品砖比较，有何特征？

10-4 为什么不能直接对普通砖进行抗压强度实验？抗压试块如何制作？

10-5 蒸煮在砖的石灰爆裂实验中的作用是什么？

10-6 砖的吸水率及饱和系数实验有何工程意义？

# 砖 实 验 报 告

## （以普通烧结砖为例）

组别＿＿＿＿＿＿＿＿＿　同组实验者＿＿＿＿＿＿＿＿＿＿

日期＿＿＿＿＿＿＿＿＿　指导教师＿＿＿＿＿＿＿＿＿

1. 实验目的

2. 实验记录与计算

1）外观质量检查

| 检查内容 | 尺寸偏差 | 弯曲变形 | 棱角情况 | 裂纹长度 | 杂质凸度 | 颜色均匀度 |
|---|---|---|---|---|---|---|
| 检查结果 | | | | | | |

2）表观密度测定

| 试块编号 | 砖的尺寸（mm） | | | 砖体积（mm³） | 砖质量（g） | 砖表观密度（kg/m³） | 砖表观密度平均值（kg/m³） |
|---|---|---|---|---|---|---|---|
| | 长 $l$ | 宽 $b$ | 厚 $h$ | | | | |
| | | | | | | | |
| | | | | | | | |
| | | | | | | | |
| | | | | | | | |
| | | | | | | | |

3）抗折强度测定

| 试块编号 | 试块尺寸（mm） | | 跨距（mm） | 破坏荷载（N） | 抗折强度测定值（MPa） | 抗折强度最小值（MPa） | 抗折强度平均值（MPa） |
|---|---|---|---|---|---|---|---|
| | 宽 | 厚 | | | | | |
| | | | | | | | |
| | | | | | | | |
| | | | | | | | |
| | | | | | | | |
| | | | | | | | |
| | | | | | | | |
| | | | | | | | |
| | | | | | | | |
| | | | | | | | |

4）抗压强度测定

| 试块编号 | 受压面尺寸（mm） | | 受压面积（mm²） | 破坏荷载（N） | 抗压强度测定值（MPa） | 抗压强度最小值（MPa） | 抗压强度平均值（MPa） |
|---|---|---|---|---|---|---|---|
| | 长 | 宽 | | | | | |
| | | | | | | | |
| | | | | | | | |
| | | | | | | | |
| | | | | | | | |
| | | | | | | | |
| | | | | | | | |
| | | | | | | | |
| | | | | | | | |
| | | | | | | | |

根据＿＿＿＿＿＿＿＿标准，该砖的强度等级为＿＿＿＿＿＿＿。

3. 分析与讨论

# 第11章　土的基本物理性能实验

土是一种特殊而重要的土木工程材料，土的含水率、密度与土粒相对密度是最基本的物理性能指标，其他物理性能指标一般可由这三个基本指标推算得出。掌握土的物理特性指标、变化规律以及指标的测定方法，对深刻了解土的技术性质和合理用土具有重要意义。本章主要介绍土的含水率、密度、土粒相对密度和颗粒分析等基本物理性能指标的实验原理与测试方法。

## 11.1　土的含水率实验

土的含水率是指土在 $105\sim110℃$ 温度下，烘干到恒重时所失去的水分质量和达到恒重后干土质量的比值，以百分数表示。土的含水率是土的基本物理指标之一，它反映了土的干湿状态，是计算干密度、孔隙比、饱和度、液性指数等指标的基本数据和评价土工程性质的重要依据，是研究土的物理力学性质必不可少的重要指标。含水率的变化会直接影响土的强度、稳定性等一系列力学性质的变化，同一类土，当其含水率增大时，其强度降低。天然土层的含水率变化范围很大，它与土的种类、埋藏条件及其所处的自然地理环境等有关。一般干的粗砂土，其值接近于零，而饱和砂土可达 $35\%$，坚硬黏性土的含水率为 $20\%\sim30\%$，饱和状态的软黏性土（如淤泥）可达 $60\%$ 或更大。

### 11.1.1　烘干法测量土的含水率

烘干法是测定土含水率最常用的方法，即先称土样的湿土质量，然后置于烘箱内维持 $105\sim110℃$ 烘至恒重，再称干土质量，湿土与干土的质量之差（即土中水的质量）与干土质量的比值即为土的含水率。本实验方法适用于粗粒土、细粒土、有机质土和冻土的含水率的测定。

1. 主要仪器设备

1）电热鼓风烘箱（图 11-1）：能控制温度在 $105\sim110℃$。

2）干燥器（图 11-2）：可用变色硅胶颗粒作为干燥剂。

3）称量盒：直径 50mm，高 30mm。

4）天平（图 11-3）：称量 200g、最小分度值 0.01g，称量 1000g、最小分度值 0.1g。

2. 实验步骤

1）取具有代表性的试样 $15\sim30g$ 或用环刀中的试样（有机质土、砂类土和整体状构造冻土试样数量为 50g），放入称量盒内，盖上盒盖，将盒外附着的土擦净后，测出称量盒加湿土质量，精确至 0.01g。

2）打开盒盖，将盒置于烘箱内，在 $105\sim110℃$ 的温度下烘至恒重。黏土、粉土的烘干时间不得少于 8h，砂土不得少于 6h。对含有机质超过干土质量 $5\%$ 的土，应将温度控制在 $65\sim70℃$ 的恒温下烘至恒重。

图 11-1　电热鼓风烘箱

图 11-2　干燥器

图 11-3　电子天平

3）从烘箱中取出称量盒，盖上盒盖，放入干燥器内冷却至室温，测出称量盒加干土质量，精确至 0.01g。

4）对于层状和网状构造的冻土含水率测定，按下列步骤进行：用四分法切取 200～500g 试样（视冻土结构均匀程度而定，结构均匀少取，反之多取）放入搪瓷盘中，称盘和试样质量，精确至 0.1g。待冻土试样融化后，调成均匀糊状（土太湿时，多余的水分让其自然蒸发或用吸球吸出，但不得将土粒带出；土太干时，可适当加水），称土糊和盘质量，精确至 0.1g。从糊状土中取样测定含水率，其余按上述步骤进行。

3. 注意事项

1）打开土样后，应立即取样并称取湿土质量，以免水分蒸发。烘干土从烘箱内取出时，切勿外露在空气中，以免干土吸收水蒸气。

2）土样必须按要求烘至恒重，否则影响测试精度，刚刚烘干的土样要冷却后才能称重。

3）使用称量盒前，应先检查盒盖与盒底号码是否一致，发现不一致时应另换相符者进行称量。

4. 结果计算

试样的含水率按下式计算，精确至 0.1%：

$$w_0 = \left(\frac{m_0}{m_d} - 1\right) \times 100\% \tag{11-1}$$

式中　　$w_0$ ——试样含水率（%）；

　　　　$m_d$ ——干土质量（g）；

　　　　$m_0$ ——湿土质量（g）。

### 11.1.2　酒精燃烧法和炒干法测量土含水率简介

1. 酒精燃烧法测量土含水率

使用的主要仪器设备有天平（称量 200g、感量 0.01g）、干燥器、称量盒、滴管、调土刀、火柴等，酒精浓度 95%。实验要点如下：

1）取代表性土样（黏性土 10g 左右，砂类土 20～30g），放在铝称量盒内称出湿土的质量。

2）用滴管把酒精注入盛有土样的称量盒中，到出现自由液面为止。应采用滴管加酒精于称量盒，酒精瓶使用后应立即加盖，并远离燃烧的称量盒。

3）将盒底在桌面上轻轻敲击，使酒精浸透全部试样，然后点燃烧烤试样至火焰自熄。燃烧的称量盒应放在瓷盘内，以免烧坏桌面。

4）冷却 1min 后再按上述方法重复燃烧。第二次加酒精于土中时，应等火焰完全熄灭后进行，切勿用酒精瓶倒入，以免火焰燃及瓶内酒精，发生爆炸危险。黏性土应连续烧 4 次，砂类土连续烧 3 次。待最后一次燃烧火焰熄灭后，盖上盒盖，在干燥器中冷却至室温，立即称干土质量。

本方法需进行两次平行测定，计算方法、平行差值要求与烘干法相同。

2. 炒干法测量土的含水率

使用的主要仪器设备有电炉或火炉、天平（感量 0.5g）、台称（感量 1.0g）、金属盘等。实验要点如下：

1）按粒径范围选取代表性试样，数量见表 11-1。

炒干法试样数量　　　　　　　　　　　　　表 11-1

| 粒径范围（mm） | 5.0 以下 | 10.0 以下 | 20.0 以下 | 40.0 以下 | 40.0 以上 |
|---|---|---|---|---|---|
| 试样质量（g） | 500 | 1000 | 1500 | 3000 | 3000 以上 |

2）将试样放入金属盘内，称量湿土质量。

3）把金属盘上的试样在电炉或火炉上炒干，炒干时间与试样数量、炉温等有关，大约 10min。

4）取下金属盘称量干土质量。

炒干法需进行两次平行测定，含水率计算方法与烘干法相同。

## 11.2　土的密度实验

土的密度是指单位体积土所具有的质量，它反映了土的密实程度。通过密度指标来换算土的重度、孔隙比、孔隙率、饱和度等其他技术指标。在工程设计中，可利用密度指标直接或间接地判定土的工程性质、土体稳定性及地基压缩时的沉降量等。土密度的实验方法有环刀法、蜡封法、灌水法和灌砂法。对于细粒土，宜采用环刀法；对于易碎裂、难以切削的土，可用蜡封法；对于现场粗粒土，则用灌水法或灌砂法。

### 11.2.1 环刀法测定土的密度

环刀法是测定土样密度的基本方法，本方法在测定试样密度的同时，可将试样用于土的固结和直剪实验。环刀法的实验原理是采用具有一定容积的环刀，切取土样并称量所取土的质量，环刀内土的质量与环刀容积之比即为土的密度。本实验方法适用于细粒土密度的测量。

1. 主要仪器设备

1）环刀（图11-4）：不锈钢材质，内径有 61.8mm 和 79.8 mm 两种规格，高度均为 20mm。

2）电子天平（图11-3）：称量 200g，最小分度值 0.01g。

3）切土刀（图11-5）、钢丝锯、凡士林等。

图 11-4　环刀　　　图 11-5　切土刀（上）、刮土刀（中）、调土刀（下）

2. 实验步骤

1）在环刀内壁涂上一薄层凡士林后，称量其质量，精确至 0.1g，并记下环刀编号。

2）把环刀刃口向下放在土样上，将环刀垂直下压，并用切土刀沿环刀外侧切削土样，边压边削至土样高出环刀。用环刀法切取土样时，不要用力过猛或图省事不削成土柱，否则，易使土样开裂扰动。对于较软的土宜先用钢丝锯将土样锯成几段，然后用环刀切取。

3）根据试样的软硬程度采用钢丝锯或切土刀仔细整平环刀两端的土样。修平环刀两端余土时，不得在试样表面反复压抹，以免对土产生扰动。

4）擦净环刀外壁，称量环刀与土的总质量，准确至 0.1g。此质量减去步骤1）称出的环刀质量为试样质量。

3. 计算与结果评定

1）试样的湿密度按下式计算，精确至 0.01g/cm³：

$$\rho_0 = \frac{m_0}{V} \tag{11-2}$$

式中　$\rho_0$——试样的湿密度（g/cm³）；

　　$V$——环刀容积（cm³）；

　　$m_0$——试样质量（g）。

2）试样的干密度按下式计算，精确到 $0.01g/cm^3$：

$$\rho_d = \frac{\rho_0}{1 + 0.01w_0} \tag{11-3}$$

式中　$\rho_d$——试样的干密度（$g/cm^3$）；

　　　$\rho_0$——试样的湿密度（$g/cm^3$）；

　　　$w_0$——湿土样的含水率（%）。

本实验应进行两次平行测定，两次测定的差值应不大于 $0.03g/cm^3$，取两次测值的平均值作为实验结果。

### 11.2.2 蜡封法测定土的密度

蜡封法测量土的密度是根据阿基米德原理，通过测定蜡封试样在水中的质量，换算出不规则试样的体积，在称量土试样质量的基础上，根据密度定义计算土的湿密度。本实验方法适用于易破裂土和形状不规则坚硬土的密度测量。蜡封法密度测定示意见图 11-6。

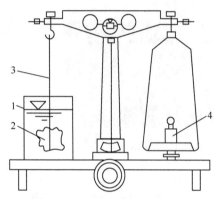

图 11-6　蜡封法密度测定示意
1—盛水杯；2—蜡封试样；
3—细线；4—砝码

1. 主要仪器设备

1）天平：称量 500g、最小分度值 0.1g，称量 200g，最小分度值 0.01g。

2）熔蜡加热器、烧杯、钢针、吸水纸和细线若干。

2. 实验步骤

1）从原状土样中切取体积不小于 $30cm^3$ 的代表性试样，清除表面浮土及尖锐棱角，系上细线，称量试样质量，准确至 0.01g，并取切削余土测定其含水率。

2）持细线将试样缓缓浸入刚过熔点的蜡液中，浸没后立即提出，检查试样周围的蜡膜，当有气泡时应用针刺破，再用蜡液补平，冷却后称蜡封试样的质量。

3）将蜡封试样挂在天平的一端，浸没于盛有纯水的烧杯中，称蜡封试样在纯水中的质量，并测定纯水的温度。由于蜡封试样在水中的质量与水的密度有关，而水的密度与温度有关，此时测定水温即是为了消除因水密度变化而产生的影响。

4）取出试样，擦干蜡面上的水分，再称蜡封试样质量。当浸水后试样质量增加时，应另取试样重做实验。

3. 注意事项

1）石蜡的燃点较低，熔化时不应使温度太高，以免发生危险。试样蜡封时，应避免石蜡浸入土体的空隙中。因各种蜡的密度不相同，实验前应测定石蜡的密度。

2）蜡液温度以蜡液达到熔点以后不出现气泡为准。蜡液温度过高，对土样的含水率和结构都会造成一定的影响；蜡液温度过低，蜡融化不均匀，不易封好蜡皮。

4. 计算与结果评定

试样的湿密度按下式计算，精确至 $0.01g/cm^3$：

$$\rho_0 = \frac{m_0}{\dfrac{m_n - m_{nw}}{\rho_{wT}} - \dfrac{m_n - m_0}{\rho_n}}$$
(11-4)

式中　$m_0$——试样质量（g）;

$\quad\quad m_n$——蜡封试样质量（g）;

$\quad\quad m_{nw}$——蜡封试样在纯水中的质量（g）;

$\quad\quad \rho_n$——石蜡的密度（g/cm³）;

$\quad\quad \rho_{wT}$——纯水在 $T$℃时的密度（g/cm³），可查表 11-2。

水在不同温度下的密度　　　　表 11-2

| 温度（℃） | 水的密度（g/cm³） | 温度（℃） | 水的密度（g/cm³） | 温度（℃） | 水的密度（g/cm³） |
|---|---|---|---|---|---|
| 4.0 | 1.0000 | 15.0 | 0.9991 | 26.0 | 0.9968 |
| 5.0 | 1.0000 | 16.0 | 0.9989 | 27.0 | 0.9965 |
| 6.0 | 0.9999 | 17.0 | 0.9988 | 28.0 | 0.9962 |
| 7.0 | 0.9999 | 18.0 | 0.9986 | 29.0 | 0.9959 |
| 8.0 | 0.9999 | 19.0 | 0.9984 | 30.0 | 0.9957 |
| 9.0 | 0.9998 | 20.0 | 0.9982 | 31.0 | 0.9953 |
| 10.0 | 0.9997 | 21.0 | 0.9980 | 32.0 | 0.9950 |
| 11.0 | 0.9996 | 22.0 | 0.9978 | 33.0 | 0.9947 |
| 12.0 | 0.9995 | 23.0 | 0.9975 | 34.0 | 0.9944 |
| 13.0 | 0.9994 | 24.0 | 0.9973 | 35.0 | 0.9940 |
| 14.0 | 0.9992 | 25.0 | 0.9970 | 36.0 | 0.9937 |

本实验应进行两次平行测定，两次测定的差值不得大于 0.03g/cm³，取两次测值的平均值作为实验结果。

### 11.2.3　灌砂法测定土的密度

灌砂法测量土的密度是利用已标定好的单位质量标准砂的体积不变原理，按灌入标准砂的质量计算试坑容积，以试坑中挖出土的质量与试坑容积之比计算土的密度。本实验方法适用于现场测定粗粒土的密度。灌砂法比较复杂，需要一套量砂设备，但能准确地测定试坑的容积，适用于半干旱、干旱地区的土密度测定。

1. 主要仪器设备

1）密度测定器：由容砂瓶、灌砂漏斗和底盘组成，如图 11-7 所示。灌砂漏斗高 135mm、直径 165mm，尾部有孔径为 13mm 的圆柱形阀门。容砂瓶容积为 4L，容砂瓶和灌砂漏斗之间用螺纹接头连接，底盘承托灌砂漏斗和容砂瓶。

2）天平：称量 10kg，最小分度值 5g，称量 500g，最小分度值 0.1g。

3）土样筛：孔径 0.25mm、0.5mm。

4）小铁铲、盛土容器、标准砂若干。

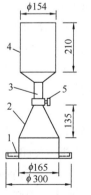

图 11-7　土密度测定器

1—底盘；2—灌砂漏斗；3—螺纹接头；

4—容砂瓶；5—阀门

2. 实验前准备

1）使用的标准砂应清洗洁净，宜选用粒径 $0.25\sim0.50$mm、密度 $1.47\sim1.61$g/cm³ 的洁净干燥砂。选用粒径在 $0.25\sim0.5$mm 的标准砂，主要是考虑在此范围内，标准砂的密度变化较小。

2）组装容砂瓶与灌砂漏斗，螺纹连接处应旋紧，并作以标记，以后每次拆卸再衔接时都要接在这一位置。称量组装好的容砂瓶与灌砂漏斗的总质量 $m_{r1}$，精确至 5g。

3）将密度测定器竖立，灌砂漏斗口向上，关闭阀门，向灌砂漏斗中注满标准砂，打开阀门使灌砂漏斗内的标准砂漏入容砂瓶内，继续向漏斗内注砂漏入瓶内，当砂停止流动时迅速关闭阀门，倒掉漏斗内多余的砂，称量容砂瓶、灌砂漏斗和标准砂的总质量 $m_{r3}$，精确至 5g。

4）倒出容砂瓶内的标准砂，通过漏斗向容砂瓶内注水至水面高出阀门，关阀门，倒掉漏斗中多余的水，称量容砂瓶、漏斗和水的总质量 $m_{r2}$，精确到 5g。测定水温，精确到 $0.5℃$。

5）重复测定三次，三次测值之间的差值不得大于 3mL，取三次测值的平均值。

3. 容砂瓶的容积与标准砂密度的计算

1）容砂瓶的容积按下式计算：

$$V_r = \frac{m_{r2} - m_{r1}}{\rho_{wT}} \tag{11-5}$$

式中　$V_r$——容砂瓶容积（mL）；

$m_{r2}$——容砂瓶、漏斗和水的总质量（g）；

$m_{r1}$——容砂瓶和漏斗的质量（g）；

$\rho_{wT}$——不同水温时水的密度（g/cm³），可查表 11-2。

2）标准砂的密度按下式计算：

$$\rho_s = \frac{m_{r3} - m_{r1}}{V_r} \tag{11-6}$$

式中　$\rho_s$——标准砂的密度（g/cm³）；

$m_{r3}$——容砂瓶、漏斗和标准砂的总质量（g）。

所需标准砂的量按下列方法确定，即将标准砂灌满容砂瓶，并称取灌满标准砂的密度测定器的总质量 $m_{r3}$。把灌满标准砂的密度测定器倒置（即灌砂漏斗口向下）在一洁净的平面上，打开阀门，直至砂停止流动。迅速关闭阀门，称取剩余标准砂和密度测定器的总质量，计算流失的标准砂的质量，该流失量即为灌满漏斗所需标准砂的质量 $m_{r4}$。重复上述步骤三次，取其平均值。

4. 实验步骤

1）按规定尺寸挖好试坑，并称取挖出的试样质量 $m_p$，并取代表性土样测定含水率。

2）向容砂瓶内注满砂，关闭阀门，称量容砂瓶、漏斗和砂的总质量，精确至 10g。

3）将密度测定器倒置（容砂瓶向上）于挖好的坑口上，打开阀门，使标准砂注入试坑。在注砂过程中不应振动。当砂注满试坑时关闭阀门，称量容砂瓶、漏斗和余砂的总质量 $m_{r5}$，精确至 10g。注满试坑所用的标准砂的质量按下式计算：

$$m_s = m_{r3} - m_{r4} - m_{r5} \tag{11-7}$$

5. 结果计算

试样的湿、干密度（$\rho_0$、$\rho_d$）分别按下式计算，精确至 $0.01\mathrm{g/cm^3}$：

$$\rho_0 = \frac{m_p}{\dfrac{m_s}{\rho_s}} \tag{11-8}$$

$$\rho_d = \frac{\dfrac{m_p}{1+0.01\omega_1}}{\dfrac{m_s}{\rho_s}} \tag{11-9}$$

式中    $m_p$——挖出的试样质量（g）；

$\omega_1$——挖出的湿土试样的含水率（%）。

### 11.2.4  灌水法测定土的密度

灌水法测量土的密度与灌砂法的原理基本一样，所不同的是以水代替标准砂，即在试坑内铺一层塑料薄膜，灌水后测量试坑的体积。本实验方法适用于现场测定粗粒土的密度。

1. 主要仪器设备

1）储水筒：直径应均匀，并附有刻度及出水管。

2）台秤：称量 50kg，最小分度值 10g。

3）水准尺、铁锹、套环、秒表、塑料薄膜袋等。

2. 实验步骤

1）根据试样最大粒径，选定试坑的尺寸，见表 11-3。开挖试坑时，坑壁和坑底应规则，试坑直径与深度只能略小于薄膜塑料袋的尺寸。

试坑尺寸

表 11-3

| 试样最大粒径 | 试坑尺寸（mm） | |
|---|---|---|
| （mm） | 直径 | 深度 |
| 5~20 | 150 | 200 |
| 40 | 200 | 250 |
| 60 | 250 | 300 |

2）将选定实验场地处的试坑地面整平，除去表面松散的土层，并用水准尺找平。

3）按确定的试坑直径划出坑口轮廓线，在轮廓线内下挖至实验要求的深度，边挖边将坑内的试样装入盛土容器内，称试样质量 $m_p$，精确到 10g，并测定试样的含水率。

4）试坑挖好后，放上相应尺寸的套环，将大于试坑容积的塑料薄膜袋平铺于坑内，翻过套环压住薄膜四周。薄膜袋的尺寸应与试坑的大小相适应，铺设时应使薄膜塑料袋紧贴坑壁，否则测得的容积就偏小，求得的密度值偏大。

5）记录储水筒内初始水位高度，拧开储水筒出水管开关，将水缓慢注入塑料薄膜袋中。当袋内水面接近套耳边缘时，将水流调小，直至袋内水面与套环边缘齐平时关闭出水管，持续 3~5min，记录储水筒内水位高度。当袋内出现水面下降时，应另取塑料薄膜袋重做实验。

3. 结果计算

1）试坑的体积按下式计算：

$$V_p = (H_1 - H_2) \times A_w - V_0 \tag{11-10}$$

式中    $V_p$——试坑体积（$\mathrm{cm^3}$）；

$H_1$——储水筒内初始水位高度（cm）；

$H_2$——储水筒内注水终止时水位高度（cm）；

$A_w$——储水筒断面积（cm²）；

$V_0$——套环体积（cm³）。

2）土试样的湿密度按下式计算：

$$\rho_0 = \frac{m_p}{V_p}$$ 　　　　　　　　　　　　　（11-11）

式中　$\rho_0$——试样的湿密度（g/cm³）；

　　　$V_p$——试坑的体积（cm³）；

　　　$m_p$——试样的质量（g）。

# 11.3　土粒相对密度实验

土粒密度与同体积（指与土粒体积相同，不是与土的体积相同）4℃时水的密度之比，称为土粒相对密度，它在数值上为单位体积土粒的质量。颗粒相对密度主要取决于土的矿物成分，其范围在 2.65～2.76 之间，见表 11-4。测定土的相对密度，据此可计算土的孔隙比、饱和度，并为土的其他物理力学实验（如颗粒分析的密度计法实验、固结实验等）提供必要的基础数据。根据土粒径的不同，土粒相对密度实验可分别采用比重瓶法、浮称法或虹吸筒法。本实验方法适用于粒径小于 5mm 的各类土。

常见土的土粒相对密度　　　　　　　　　　　　　　　表 11-4

| 土的种类 | 砂土 | 粉土 | 黏性土 | |
| --- | --- | --- | --- | --- |
| | | | 粉质黏土 | 黏土 |
| 颗粒相对密度 | 2.65～2.69 | 2.70～2.71 | 2.72～2.73 | 2.74～2.76 |

### 11.3.1　主要仪器设备

1. 短颈比重瓶：图 11-8，容积为 100mL 或 50mL。瓶的大小对相对密度实验结果影响不大，规范允许采用 100mL 的比重瓶，也允许采用 50mL 的比重瓶。

2. 恒温水槽：图 11-9，精确度应为 ±1℃。

图 11-8　短颈比重瓶

图 11-9　恒温水槽

3. 砂浴电炉：图 11-10，应能控制调节温度的变化。

4. 天平：称量 200g，最小分度值 0.001g。

5. 温度计：刻度为 0～50℃，最小分度值为 0.5℃。

6. 滴管等。

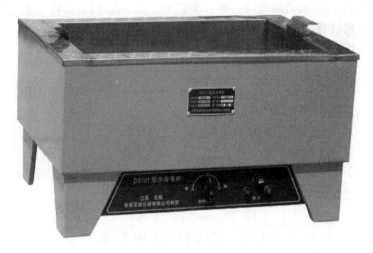

图 11-10　砂浴电炉

### 11.3.2　比重瓶的校准

比重瓶的校正有称量校正法和计算校正法，前一种方法准确度较高，后一种方法引入了某些假设，但对相对密度影响不大，故以称量校正法为准。

1. 将比重瓶洗净、烘干，置于干燥器内，冷却后称其质量，精确至 0.001g。

2. 把煮沸经冷却的纯水注入比重瓶。注满纯水，塞紧瓶塞，多余水自瓶塞毛细管中溢出。将比重瓶放入恒温水槽直至瓶内水温稳定，取出比重瓶，擦干外壁，称瓶和水的总质量，精确至 0.001g。测定恒温水槽内水温，精确至 0.5℃。

3. 调节多个恒温水槽内的温度，温度差宜为 5℃，测定不同温度下的瓶和水的总质量。在每个温度下均应进行两次平行测定，两次测定的差值不得大于 0.002g，取两次测值的平均值。

### 11.3.3　实验步骤

1. 将比重瓶烘干，称烘干试样 15g（当用 50mL 的比重瓶时，称烘干试样 10g）装入比重瓶，称试样和瓶的总质量，精确至 0.001g。

2. 向比重瓶内注入半瓶纯水，摇动比重瓶，并放在砂浴上煮沸，煮沸时间自悬液沸腾起砂土应不少于 30min，黏土、粉土不少于 1h。对含有可溶盐、有机质和亲水性胶体的土必须用中性液体（煤油）代替纯水。采用真空抽气法排气时，真空表读数宜接近当地一个负大气压值，抽气时间不得少于 1h。用中性液体实验时，不能用煮沸法，应用真空抽气法。

3. 将煮沸经冷却的纯水（或抽气后的中性液体）注入装有试样悬液的比重瓶。应将纯水注满，塞紧瓶塞，多余的水分自瓶塞毛细管中溢出。将比重瓶置于恒温水槽内至温度稳定，且瓶内上部悬液澄清，取出比重瓶，擦干瓶外壁，称比重瓶、水、试样总质量，精确至 0.001g。测定瓶内的水温，精确至 0.5℃。

4. 从温度与瓶、水总质量的关系曲线中查得各实验温度下的瓶、水总质量。

**11.3.4 注意事项**

1. 煮沸排气时，应防止悬液溅出瓶外，火力要小，并防止煮干。土中气体要排尽，否则，会影响实验结果的准确性。

2. 瓶中悬液与蒸馏水的温度应一致，测定 $m_{bw}$ 及 $m_{bws}$ 时，须将比重瓶外水分擦干。

**11.3.5 结果计算**

土粒相对密度按下式计算：

$$\gamma_S = \frac{m_d}{m_{bw} + m_d - m_{bws}} \times \gamma_{TW} \tag{11-12}$$

式中　$m_{bw}$ ——比重瓶、水总质量（g）；

　　　$m_{bws}$ ——比重瓶、水、试样总质量（g）；

　　　$m_d$ ——试样干质量（g）；

　　　$\gamma_{TW}$ ——$T℃$时纯水或中性液体的相对密度，水的相对密度可查表 11-2 求得，中性液体的相对密度应实测至 0.001g。

# 11.4　土颗粒分析实验

土的颗粒组成在一定程度上反映了土的性质，工程上常依据颗粒组成对土进行分类。粗粒土主要是依据颗粒组成进行分类的；细粒土由于矿物成分、颗粒形状及胶体含量等因素，不能单以颗粒组成进行分类，还要借助于塑性图或塑性指数进行分类。颗粒分析实验可分为筛析法和密度计法。对于粒径大于 0.075mm 的土粒可用筛析法测定，而对于粒径小于 0.075mm 的土粒则用密度计法来测定。筛析法是将土样通过各种不同孔径的筛子，并按筛子孔径的大小将颗粒加以分组，然后再称量并计算出各个粒组占总量的百分数。本方法适用于粒径在 0.075~60mm 土的颗粒分析实验。

**11.4.1 主要仪器设备**

1. 分析筛：粗筛孔径为 60mm、40mm、20mm、10mm、5mm、2mm，细筛孔径为 2.0mm、1.0mm、0.5mm、0.25mm、0.075mm。

2. 天平：称量 5000g，最小分度值 1g；称量 200g，最小分度值 0.01g。

3. 振筛机、烘箱、研钵、瓷盘、毛刷等。

**11.4.2 实验步骤**

1. 按表 11-5 的规定称取试样质量，精确至 0.1g。试样数量超过 500g 时，精确至 1g。

2. 将试样过 2mm 筛，称筛上和筛下的试样质量。当筛下的试样质量小于试样总质量的 10% 时，不作细筛分析，当筛上的试样质量小于试样总质量的 10% 时，不作粗筛分析。

3. 取筛上的试样倒入依次叠好的粗筛中，筛下的试样倒入依次叠好的细筛中，进行筛析。细筛宜置于振筛机上振筛，振筛时间为 10~15min。再按由上而下的顺序将各筛取下，称各级筛上及底盘内试样的质量，精确至 0.1g。

4. 筛后各级筛上和底盘内试样质量的总和与筛前试样总质量的差值，不得大于试样总质量的 1%。根据土的性质和工程要求可适当增减不同筛径的分析筛。

5. 含有细粒土颗粒的筛析法实验步骤如下：

1）将天平调平，并将每节筛子清理干净，称出每节筛子（包括底盘）的质量，精确至 0.1g。

2）按表 11-5 的规定称取试样质量，精确至 0.1g。将试样过 2mm 筛，称筛上和筛下的试样质量。

3）当粒径小于 0.075mm 的试样质量大于试样总质量的 10％时，应按密度计法或移液管法测定小于 0.075mm 的颗粒组成。

土颗粒分析取样数量 表 11-5

| 颗粒尺寸（mm） | <2 | <10 | <20 | <40 | <60 |
|---|---|---|---|---|---|
| 取样数量（g） | 100～300 | 300～1000 | 1000～2000 | 2000～4000 | 4000 以上 |

### 11.4.3 结果计算

1. 小于某粒径的试样质量占试样总质量的百分比按下式计算：

$$X = \frac{m_A}{m_B} \tag{11-13}$$

式中　$X$ ——小于某粒径的试样质量占试样总质量的百分比（％）；

　　　$m_A$ ——小于某粒径的试样质量（g）；

　　　$m_B$ ——试样总质量（g）。

2. 以小于某粒径的试样质量占试样总质量的百分比为纵坐标，颗粒粒径为横坐标，在单对数坐标上绘制颗粒大小分布曲线，见图 11-11。

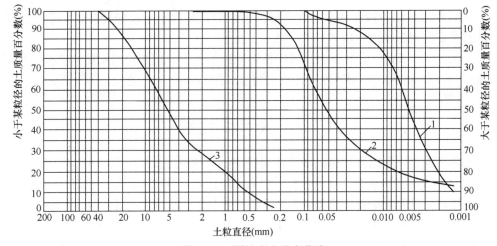

图 11-11　颗粒大小分布曲线
1—土样 1；2—土样 2；3—土样 3

3. 必要时应计算级配指标（不均匀系数和曲率系数）。

1）不均匀系数 $C_u$ 按下式计算：

$$C_u = \frac{d_{60}}{d_{10}} \tag{11-14}$$

式中　$d_{60}$ ——限制粒径，颗粒大小分布曲线上的某粒径，小于该粒径的土含量占总质量的 60％；

　　　$d_{10}$ ——有效粒径，颗粒大小分布曲线上的某粒径，小于该粒径的土含量占总质量的 10％。

2）曲率系数 $C_c$ 按下式计算：

$$C_c = \frac{d_{30}^2}{d_{10} \times d_{60}}$$ (11-15)

式中　$d_{30}$——颗粒大小分布曲线上的某粒径，小于该粒径的土含量占总质量的 30%。

3）当砂土的 $C_u \geqslant 5$，且 $C_c = 1 \sim 3$ 时，级配良好；当有一指标或两个都不满足时，则级配较差。砂土可按表 11-6 分为砾砂、粗砂、中砂、细砂和粉砂，分类时根据粒组含量栏从上到下以最先符合者确定。

砂土的分类　　　　　　　　　　　表 11-6

| 土的名称 | 粒组含量 |
|---|---|
| 砾砂 | 粒径大于 2mm 的颗粒含量占总重 25%～50% |
| 粗砂 | 粒径大于 0.5mm 的颗粒含量超过总重 50% |
| 中砂 | 粒径大于 0.25mm 的颗粒含量超过总重 50% |
| 细砂 | 粒径大于 0.075mm 的颗粒含量超过总重 85% |
| 粉砂 | 粒径大于 0.075mm 的颗粒含量超过总重 50% |

### 11.4.4　注意事项

1. 在筛析过程中，应避免或尽量减少微小颗粒的飞扬。过筛后，要检查筛孔中是否夹有颗粒，若夹有颗粒，应将颗粒轻轻刷下，放入该筛盘上的土样中，一并称量。

2. 颗粒粒径分配曲线应在半对数坐标纸上绘制，并取小于某粒径的试样质量占试样总质量的百分比为纵坐标，取粒径的对数为横坐标。

3. 当大于 0.075mm 的颗粒超过试样总质量的 10% 时，应先进行筛析法实验，然后经过洗筛过 0.075mm 筛，再用密度计法或移液管法进行实验。

# 11.5　土的最优含水率实验

在实际工程中，当把土用作路堤、江河堤坝、机场跑道及建筑物填土地基等填筑材料时，需要对土的压实性能进行测定。为了提高土的强度，降低土的压缩性和渗透性，改善土的工程性质，控制现场施工质量，需在实验室内给定的击实条件下，求得干密度与含水率的关系，并求出压实填土所能达到的最大干密度和相应的最优含水率。击实实验是利用标准化的击实仪器和规定的标准方法，测出土的最大干密度及最优含水率，为工程设计施工提供土的压实参数。击实实验原理是利用土的压实程度与含水率、压实功能和压实方法有密切的关系而进行的。当压实功能和压实方法不变时，土的干密度随含水率增加而增加。当干密度达到某一最大值后，含水率继续增加反而使干密度减小。能使土达到最大干密度的含水率，称为最优含水率，与其相应的干密度称为最大干密度。击实实验分轻型击实和重型击实，轻型击实实验适用于粒径小于 5mm 的黏性土，重型击实实验适用于粒径不大于 20mm 的土。采用三层击实时，最大粒径不大于 40mm。轻型击实实验的单位体积击实功约 592.2kJ/m³，重型击实实验的单位体积击实功约 2864.9kJ/m³。

### 11.5.1　主要仪器设备

1. 击实仪：图 11-12，击实筒和击锤尺寸应符合表 11-7 的规定。击实仪的击锤应配导筒，击锤与导筒间应有足够的间隙使锤能自由下落，电动操作的击锤必须有控制落距的跟踪装置和锤击点按一定角度（轻型 53.5°，重型 45°）均匀分布的装置（重型击实仪中心点每圈要加一击）。

图 11-12　击实仪（左图为电动击实仪，右图为手动击实仪）

2. 天平：称量 200g，最小分度值 0.01g。

3. 台秤：图 11-13，称量 10kg，最小分度值 5g。

4. 标准筛：孔径为 20mm、40mm 和 5mm。

5. 试样推出器（脱模器）：图 11-14，宜用螺旋式千斤顶或液压式千斤顶，如无此种装置，亦可用刮刀和修土刀从击实筒中取出试样。

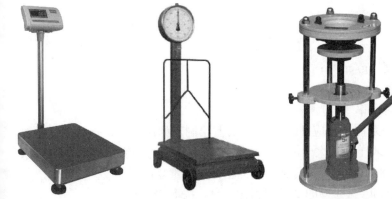

图 11-13　台秤（左为数字式台秤，
右为指针式台秤）

图 11-14　脱模器（左为手动脱模器，
右为电动脱模器）

| 实验方法 | 锤底直径 (mm) | 锤质量 (kg) | 落高 (mm) | 击实筒 | | | 护筒高度 (mm) |
| --- | --- | --- | --- | --- | --- | --- | --- |
| | | | | 内径 (mm) | 筒高 (mm) | 容积 (cm³) | |
| 轻型 | 51 | 2.5 | 305 | 102 | 116 | 947.4 | 50 |
| 重型 | 51 | 4.5 | 457 | 152 | 116 | 2103.9 | 50 |

### 11.5.2 试样制备

试样制备分为干法和湿法。干法制备试样即用四分法取代表性土样 20kg（重型为 50kg），风干碾碎，过 5mm 筛（重型过 20mm 或 40mm），将筛下土样拌匀，并测定土样的风干含水率。根据土的塑限预估最优含水率，制备 5 个不同含水率的一组试样，相邻 2 个含水率的差值宜为 2%。湿法制备试样即取天然含水率的代表性土样 20kg（重型为 50kg），碾碎，过 5mm 筛（重型过 20mm 或 40mm），将筛下土样拌匀，并测定土样的天然含水率。根据土样的塑限预估最优含水率，选择至少 5 个含水率的土样，分别将天然含水率的土样风干或加水进行制备，使制备好的土样水分均匀分布。

### 11.5.3 实验步骤

1. 将击实仪平稳置于刚性基础上，击实筒与底座连接好，安装好护筒，在击实筒内壁均匀涂一薄层润滑油。称取一定量试样，倒入击实筒内，分层击实。轻型击实试样为 2～5kg，分 3 层，每层 25 击。重型击实试样为 4～10kg，分 5 层，每层 56 击；若分 3 层，每层 94 击。每层试样高度宜相等，两层交界处的土面应刨毛。击实完成时，超出击实筒顶的试样高度应小于 6mm。

2. 卸下护筒，用直刮刀修平击实筒顶部的试样，拆除底板，试样底部若超出筒外，也应修平，擦净筒外壁，称筒与试样的总质量，精确至 1g，并计算试样的湿密度。

3. 用推土器将试样从击实筒中推出，取两个代表性试样测定其含水率，两个含水率的差值应不大于 1%。

4. 对不同含水率的试样依次击实。

### 11.5.4 结果计算

1. 试样的干密度按下式计算：

$$\rho_d = \frac{\rho_0}{1 + 0.01 w_i} \tag{11-16}$$

式中　$\rho_d$ ——试样的干密度（g/cm³）；

　　　$\rho_0$ ——试样的湿密度（g/cm³）；

　　　$w_i$ ——某点试样的含水率（%）。

2. 干密度和含水率的关系曲线，应在直角坐标纸上绘制，如图 11-15 所示，取曲线峰值点相应的纵坐标为击实试样的最大干密度，取相应的横坐标为击实试样的最优含水率。当关系曲线不能绘出峰值点时，应进行补点，但土样不宜重复使用。

3. 气体体积等于零即饱和度 100% 的试样饱和含水率，按下式计算：

$$w_{sat} = \left( \frac{\rho_w}{\rho_d} - \frac{1}{\gamma_s} \right) \times 100\% \tag{11-17}$$

式中　$w_{sat}$ ——试样饱和含水率（%）；

$\rho_w$ ——温度为 4℃ 时水的密度（g/cm³）；

$\rho_d$ ——试样的干密度（g/cm³）；

$\gamma_S$ ——土颗粒的相对密度。

4. 在轻型击实实验中，当试样中粒径大于 5mm 的土质量小于或等于试样总质量的 30% 时，应对最大干密度和最优含水率分别按式（11-18）、式（11-19）进行校正。

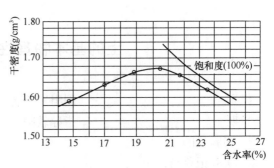

图 11-15　$\rho_d$-$w$ 关系曲线

$$\rho'_{dmax} = \frac{1}{\dfrac{1-P_5}{\rho_{dmax}} + \dfrac{P_5}{\rho_w \times \gamma_{s2}}} \qquad (11\text{-}18)$$

式中　$\rho'_{dmax}$ ——校正后试样的最大干密度（g/cm³）；

　　　$P_5$ ——粒径大于 5mm 土的质量百分数（%）；

　　　$\gamma_{s2}$ ——粒径大于 5mm 土粒的饱和面干相对密度。饱和面干相对密度是指当土粒呈饱和面干状态时的土粒总质量与相当于土粒总体积的纯水在 4℃ 时质量的比值。

$$w'_{opt} = w_{opt}(1-P_5) + P_5 \times w_{ab} \qquad (11\text{-}19)$$

式中　$w'_{opt}$ ——校正后试样的最优含水率（%）；

　　　$w_{opt}$ ——击实试样的最优含水率（%）；

　　　$w_{ab}$ ——粒径大于 5mm 土粒的吸着含水率（%）。

## 复 习 思 考 题

11-1　环刀的刀刃为什么向内倾斜？环刀法密度实验适用于什么类型的土？

11-2　测定含水率的酒精燃烧法和炒干法各有什么优点和缺点？最优含水率有什么用途？

11-3　比重瓶法土粒相对密度实验中，哪些不规范操作会导致测定的土粒相对密度偏小？

11-4　削土刀是否能用力反复刮平土面？为什么？

11-5　实验室进行颗粒分析的方法有几种？各适用条件是什么？

11-6　如何测定土的相对密度？相对密度与重度、密度有什么异同？

11-7　土的含水率测定方法有几种？各自适用条件是什么？

11-8　用筛析法进行颗粒分析时，如何要保证较高的测试精度？

# 土的基本物理性能实验报告

组别＿＿＿＿＿＿＿＿＿＿＿＿　同组实验者＿＿＿＿＿＿＿＿＿＿＿＿＿

日期＿＿＿＿＿＿＿＿＿＿＿＿　指导教师＿＿＿＿＿＿＿＿＿＿＿＿＿

1. 实验目的
2. 实验记录与评定

1）土的含水率实验

| 试盒编号 | 称量盒质量（g） | 称量盒加湿土质量（g） | 称量盒加干土质量（g） | 水质量（g） | 干土质量（g） | 含水率（％） | 平均含水率（％） |
|---|---|---|---|---|---|---|---|
|  |  |  |  |  |  |  |  |
|  |  |  |  |  |  |  |  |

2）土的密度实验（环刀法）

| 环刀编号 | 环刀加土质量（g） | 环刀质量（g） | 湿土质量（g） | 环刀体积（cm³） | 密度（g/cm³） | 误差（g/cm³） | 平均密度（g/cm³） |
|---|---|---|---|---|---|---|---|
|  |  |  |  |  |  |  |  |
|  |  |  |  |  |  |  |  |

3）土的相对密度实验

| 试样编号 | 比重瓶号 | 液体相对密度 | 瓶质量（g） | 瓶、干土质量（g） | 干土质量（g） | 瓶、液总质量（g） | 瓶、液、土总质量（g） | 与干土同体积的液体质量（g） | 相对密度 | 平均相对密度 |
|---|---|---|---|---|---|---|---|---|---|---|
|  |  |  |  |  |  |  |  |  |  |  |
|  |  |  |  |  |  |  |  |  |  |  |

4）土的颗粒分析实验（筛分法）

| 孔径（mm） | 留筛土质量（g） | 累积留筛土质量（g） | 小于该孔径的土质量（g） | 小于该孔径的土质量百分数（％） |
|---|---|---|---|---|
| 60 |  |  |  |  |
| 40 |  |  |  |  |
| 20 |  |  |  |  |
| 10 |  |  |  |  |
| 5 |  |  |  |  |
| 2 |  |  |  |  |
| 1 |  |  |  |  |
| 0.5 |  |  |  |  |
| 0.25 |  |  |  |  |
| 0.075 |  |  |  |  |
| 底盘总计 |  |  |  |  |

(1) 绘制下图：

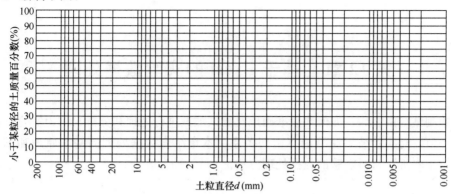

(2) $d_{60} =$ _____ mm, $d_{30} =$ _____ mm, $d_{10} =$ _____ mm。

(3) 计算级配指标：

$$不均匀系数\ c_u = \frac{d_{60}}{d_{10}} =$$

$$曲率系数\ c_c = \frac{d_{30}^2}{d_{60}d_{10}} =$$

(4) 此种土的级配是较好还是较差？属于什么土（说明判据）？

5）土击实实验

| 土样编号 | 土粒相对密度 | 土样类别 | 每层击数 | 风干含水率（%） | 估计最优含水率（%） |
|---|---|---|---|---|---|
| | | | | | |

| 实验点号 | | 1 | 2 | 3 | 4 | 5 | 6 | 7 |
|---|---|---|---|---|---|---|---|---|
| 干密度 | 筒湿土质量（g） | | | | | | | |
| | 筒质量（g） | | | | | | | |
| | 湿土质量（g） | | | | | | | |
| | 筒体积（cm³） | | | | | | | |
| | 湿密度（g/cm³） | | | | | | | |
| | 干密度（g/cm³） | | | | | | | |
| 含水率 | 盒号 | | | | | | | |
| | 盒加湿土质量（g） | | | | | | | |
| | 盒加干土质量（g） | | | | | | | |
| | 盒质量（g） | | | | | | | |
| | 水质量（g） | | | | | | | |
| | 干土质量（g） | | | | | | | |
| | 含水率（%） | | | | | | | |
| | 平均含水率（%） | | | | | | | |

3. 分析与讨论

# 第 12 章　基于 Excel 的实验数据处理

实验测试结束之后，如何快速准确地对测试数据进行处理和分析，作为实验过程的最后一个环节，对实验结果和结论有密切关系，本章结合数据处理的基本原理和 Excel 功能，介绍土木工程材料实验的数据处理方法。

## 12.1　回　归　分　析

客观事物的运动和变化都与其周围事物发生联系和影响，反映到数学问题上即变量和变量之间的相互关系，回归分析就是一种研究变量与变量之间关系的数学处理方法。

在处理实际问题时，要找出事物之间的确切关系有时比较困难，造成这种情况的原因极其复杂，影响因素很多，其中包括尚未被发现的或者还不能控制的影响因素，而且测量过程总存在有测量误差，因此所有这些因素的综合作用就造成了变量之间关系的不确定性。回归分析是应用数学方法，对这些数据去粗取精，去伪存真，从而得到反映事物内部规律的数据方法。概括来说，回归分析主要解决以下几个方面的问题：

1. 确定几个特定的变量之间是否存在相关关系，如果存在，找出它们之间的数学表达式。

2. 根据一个或几个变量的值，预测或控制另一变量的取值，并绘出其精度。

3. 进行因素分析，找出主要影响因素、次要影响因素，以及这些因素之间的相关程度。

回归分析目前在实验的数据处理、寻找经验公式、因素分析等方面有着广泛的用途。

### 12.1.1　最小二乘法原理

假设 $x$ 和 $y$ 是具有某种相关关系的物理量，它们之间的关系可用下式表达：

$$y = f(x, c_1, c_2, \cdots\cdots, c_n) \tag{12-1}$$

式中，$c_1, c_2, \cdots\cdots, c_n$ 是 $N$ 个待定常数，曲线的具体形状是未定的。为求得具体曲线，可同时测定 $x$ 和 $y$ 的数值。

设 $x$、$y$ 关系的最佳形式为：

$$\hat{y} = f(x, \hat{c}_1, \hat{c}_2, \cdots\cdots, \hat{c}_n) \tag{12-2}$$

式中，$\hat{c}_1, \hat{c}_2, \cdots\cdots, \hat{c}_n$ 是 $c_1, c_2, \cdots\cdots, c_n$ 的最佳估计值。如果不存在测量误差，各测值应在曲线方程式（12-1）上，由于存在测量误差，总有：

$$e_i = y_i - \hat{y}_i \qquad i = 1, 2, \cdots\cdots, m \tag{12-3}$$

通常称 $e_i$ 为残差，它是误差的实测值。如果实测值中有较多的 $y$ 值落到式（12-2）上，则所得曲线就能较为满意地反映被测物理量之间的关系。

如果误差服从正态分布，则概率 $p(e_1, e_2, \cdots\cdots, e_n)$ 为：

$$p(e_1, e_2, \cdots\cdots, e_n) = \frac{1}{\sigma\sqrt{2\pi}} \exp\left[-\sum_{i=1}^{m} \frac{(\hat{y}_i - y_i)^2}{2\sigma^2}\right] \qquad (12\text{-}4)$$

当 $p(e_1, e_2, \cdots\cdots, e_n)$ 最大时，求得的曲线就应当是最佳形式。显然，此时下式应最小：

$$S = \sum_{i=1}^{m} (y_i - \hat{y}_i)^2 = \sum_{i=1}^{m} e_i^2 \qquad (12\text{-}5)$$

即残差平方和最小，这就是最小二乘法原理的由来，同时下式成立：

$$\frac{\partial S}{\partial \hat{c}_1} = 0, \frac{\partial S}{\partial \hat{c}_2} = 0, \cdots\cdots, \frac{\partial S}{\partial \hat{c}_n} = 0 \qquad (12\text{-}6)$$

即要求求解如下联立方程组：

$$\left. \begin{array}{l} \sum_{i=1}^{m} \left[y_1 - f(x_1, \hat{c}_1, \hat{c}_1, \cdots\cdots, \hat{c}_n)\right]\left(\frac{\partial f}{\partial \hat{c}_1}\right) = 0 \\[2mm] \sum_{i=1}^{m} \left[y_2 - f(x_2, \hat{c}_1, \hat{c}_1, \cdots\cdots, \hat{c}_n)\right]\left(\frac{\partial f}{\partial \hat{c}_2}\right) = 0 \\[2mm] \cdots\cdots \\[2mm] \sum_{i=1}^{m} \left[y_m - f(x_m, \hat{c}_1, \hat{c}_1, \cdots\cdots, \hat{c}_n)\right]\left[\frac{\partial f}{\partial \hat{c}_n}\right] = 0 \end{array} \right\}$$

该方程组称为正规方程，解该方程组可得未定常数，通常称之为最小二乘解。

### 12.1.2 直线回归分析

直线回归相关关系可表示为：

$$\hat{y} = a + bx \qquad (12\text{-}7)$$

直线的斜率 $b$ 称为回归系数，它表示为当 $x$ 增加一个单位时，$y$ 平均增加的数量。

直线回归的残差可写为：

$$e_i = y_i - \hat{y}_i = y_i - (a + bx) \qquad (12\text{-}8)$$

其平方和为：

$$S = \sum_{i=1}^{m} e_i^2 = \sum_{i=1}^{m} \left[y_i - (a + bx_i)\right]^2 \qquad (12\text{-}9)$$

平方和最小，即：

$$\left. \begin{array}{l} \dfrac{\partial S}{\partial a} = -2\sum_{i=1}^{m} (y_i - a - bx_i) = 0 \\[3mm] \dfrac{\partial S}{\partial b} = -2\sum_{i=1}^{m} x_i(y_i - a - bx_i) = 0 \end{array} \right\} \qquad (12\text{-}10)$$

则正规方程为：

$$\left. \begin{array}{l} am + b\sum_{i=1}^{m} x_i = \sum_{i=1}^{m} y_i \\[3mm] a\sum_{i=1}^{m} x_i + b\sum_{i=1}^{m} x_i^2 = \sum_{i=1}^{m} x_iy_i \end{array} \right\} \qquad (12\text{-}11)$$

令平均值为：

$$\overline{x} = \sum_{i=1}^{m} \frac{x_i}{m}$$

$$\overline{y} = \sum_{i=1}^{m} \frac{y_i}{m}$$

$$(12\text{-}12)$$

则由式（12-7）可得：

$$\left.\begin{array}{r} a + b\overline{x} = \overline{y} \\ a = \overline{y} - b\overline{x} \end{array}\right\}$$

$$(12\text{-}13)$$

同样，从式（12-11）可得：

$$b = \frac{\sum\limits_{i=1}^{m} x_i y_i - \dfrac{1}{m}(\sum\limits_{i=1}^{m} x_i)(\sum\limits_{i=1}^{m} y_i)}{\sum\limits_{i=1}^{m} x_i^2 - \dfrac{1}{m}(\sum\limits_{i=1}^{m} x_i)^2} = \frac{\sum\limits_{i=1}^{m}(x_i - \overline{x})(y_i - \overline{y})}{\sum\limits_{i=1}^{m}(x_i - \overline{x})^2}$$

$$(12\text{-}14)$$

由于式（12-13）和式（12-14）中所有的量都是实验数据，因此可得回归直线方程式中的常数 $a$ 及回归系数 $b$。

## 12.2 基于 Excel 的实验数据处理程序

各个程序的操作细节可参照本书的相应章节或材料实验规程，程序的改进方法可结合 Excel 的应用技巧进行，本节仅就程序的应用作简要介绍。

### 12.2.1 钢筋拉伸实验

使用该程序时，只要输入钢筋的直径、截面面积及屈服荷载、最大荷载，系统将自动算出钢筋的屈服点和抗拉强度，程序界面如图 12-1 所示。

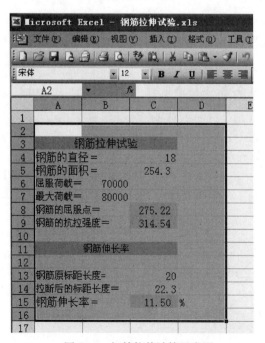

图 12-1 钢筋拉伸计算示意图

### 12.2.2 水泥实验

具体实验操作过程见第 3 章水泥实验章节。

1. 水泥密度实验

程序计算界面如图 12-2 所示，包括两组实验数据，也可根据实际情况改进程序，增加实验组数。在判定实验操作所得的结果是否合理和是否满足要求的同时，也是控制最终算术平均值是否正确和材料是否满足规范要求的关键所在。

2. 负压筛法检验水泥细度

程序计算界面如图 12-3 所示，包括两组实验数据，对实验结果是否符合要求的评定是关键。

3. 水泥胶砂实验

水泥胶砂抗折强度和水泥胶砂抗压强度程序计算界面如图 12-4 所示，对实验结果是否符合要求的评定是关键。

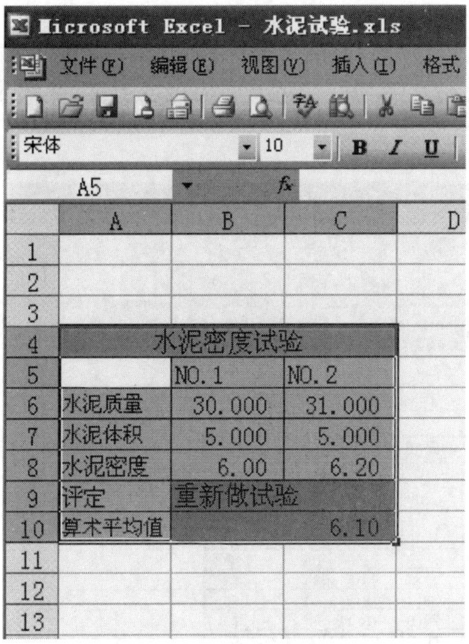

| | A | B | C | D |
|---|---|---|---|---|
| 1 | | | | |
| 2 | | | | |
| 3 | | | | |
| 4 | 水泥密度试验 | | | |
| 5 | | NO.1 | NO.2 | |
| 6 | 水泥质量 | 30.000 | 31.000 | |
| 7 | 水泥体积 | 5.000 | 5.000 | |
| 8 | 水泥密度 | 6.00 | 6.20 | |
| 9 | 评定 | 重新做试验 | | |
| 10 | 算术平均值 | | 6.10 | |
| 11 | | | | |
| 12 | | | | |
| 13 | | | | |

图 12-2　水泥密度计算示意图

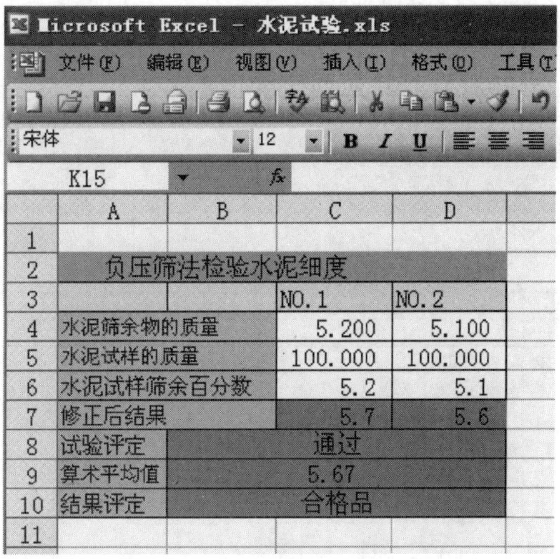

| | A | B | C | D |
|---|---|---|---|---|
| 1 | | | | |
| 2 | 负压筛法检验水泥细度 | | | |
| 3 | | | NO.1 | NO.2 |
| 4 | 水泥筛余物的质量 | | 5.200 | 5.100 |
| 5 | 水泥试样的质量 | | 100.000 | 100.000 |
| 6 | 水泥试样筛余百分数 | | 5.2 | 5.1 |
| 7 | 修正后结果 | | 5.7 | 5.6 |
| 8 | 试验评定 | | 通过 | |
| 9 | 算术平均值 | | 5.67 | |
| 10 | 结果评定 | | 合格品 | |
| 11 | | | | |

图 12-3　负压筛法检验水泥细度计算示意图

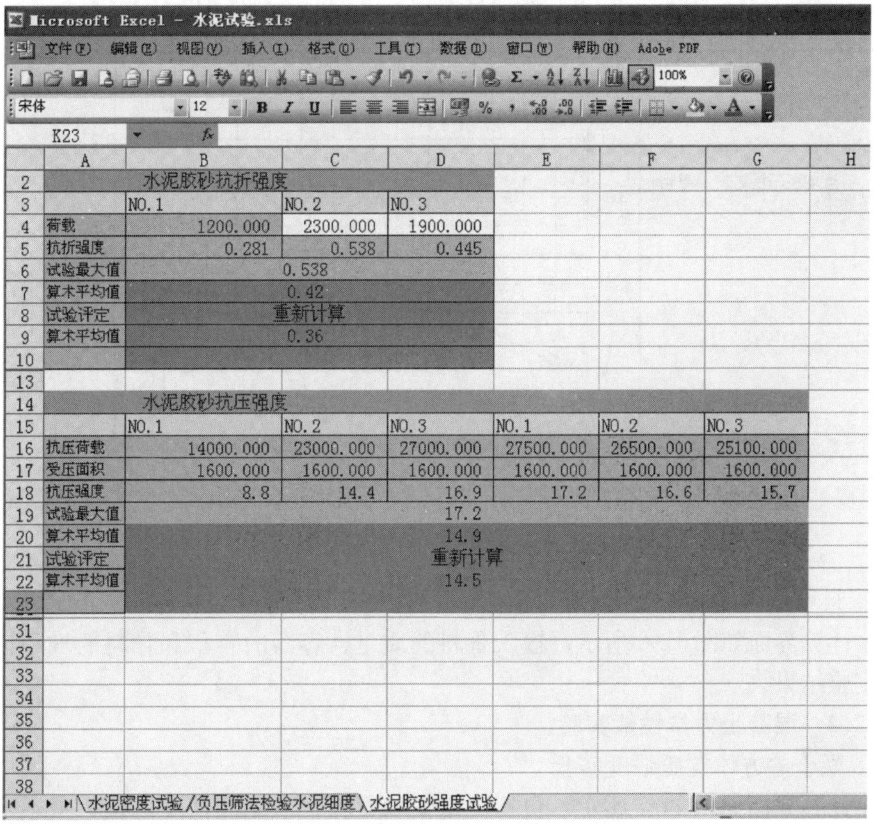

| | A | B | C | D | E | F | G | H |
|---|---|---|---|---|---|---|---|---|
| 2 | 水泥胶砂抗折强度 | | | | | | | |
| 3 | | NO.1 | NO.2 | NO.3 | | | | |
| 4 | 荷载 | 1200.000 | 2300.000 | 1900.000 | | | | |
| 5 | 抗折强度 | 0.281 | 0.538 | 0.445 | | | | |
| 6 | 试验最大值 | 0.538 | | | | | | |
| 7 | 算术平均值 | 0.42 | | | | | | |
| 8 | 试验评定 | 重新计算 | | | | | | |
| 9 | 算术平均值 | 0.36 | | | | | | |
| 10 | | | | | | | | |
| 13 | | | | | | | | |
| 14 | 水泥胶砂抗压强度 | | | | | | | |
| 15 | | NO.1 | NO.2 | NO.3 | NO.1 | NO.2 | NO.3 | |
| 16 | 抗压荷载 | 14000.000 | 23000.000 | 27000.000 | 27500.000 | 26500.000 | 25100.000 | |
| 17 | 受压面积 | 1600.000 | 1600.000 | 1600.000 | 1600.000 | 1600.000 | 1600.000 | |
| 18 | 抗压强度 | 8.8 | 14.4 | 16.9 | 17.2 | 16.6 | 15.7 | |
| 19 | 试验最大值 | 17.2 | | | | | | |
| 20 | 算术平均值 | 14.9 | | | | | | |
| 21 | 试验评定 | 重新计算 | | | | | | |
| 22 | 算术平均值 | 14.5 | | | | | | |
| 23 | | | | | | | | |
| 31 | | | | | | | | |
| 32 | | | | | | | | |
| 33 | | | | | | | | |
| 34 | | | | | | | | |
| 35 | | | | | | | | |
| 36 | | | | | | | | |
| 37 | | | | | | | | |
| 38 | | | | | | | | |

水泥密度试验 / 负压筛法检验水泥细度 / 水泥胶砂强度试验 /

图 12-4　水泥胶砂强度计算示意图

### 12.2.3　骨料实验

**1. 混合料级配分析**

程序计算界面如图 12-5 所示，本程序可根据筛分的数据自动计算组成级配，并绘制级配比例图表。

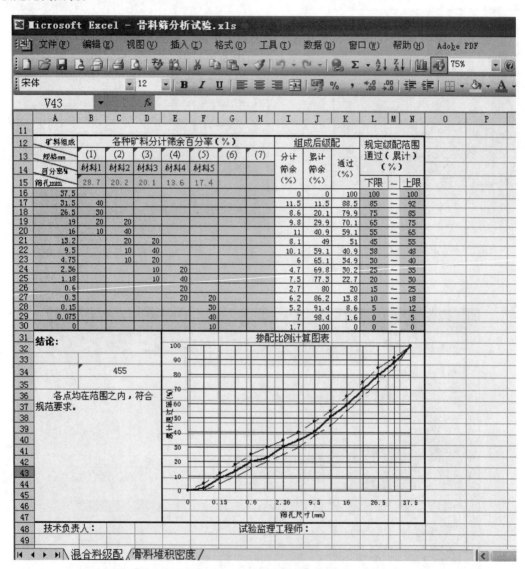

图 12-5　混合料级配分析计算示意图

**2. 骨料堆积密度**

程序计算界面如图 12-6 所示，输入骨料的质量、容器的容积和骨料的堆积密度可自动算出实验结果。

### 12.2.4　混凝土力学性能实验

**1. 混凝土立方体抗压强度实验**

程序计算界面如图 12-7 所示，包括三组实验数据。三个测值中的最大或最小值，如有一个与中间值的差超过中间值的 15%，则把最大及最小值一并舍除，取中间值作为该

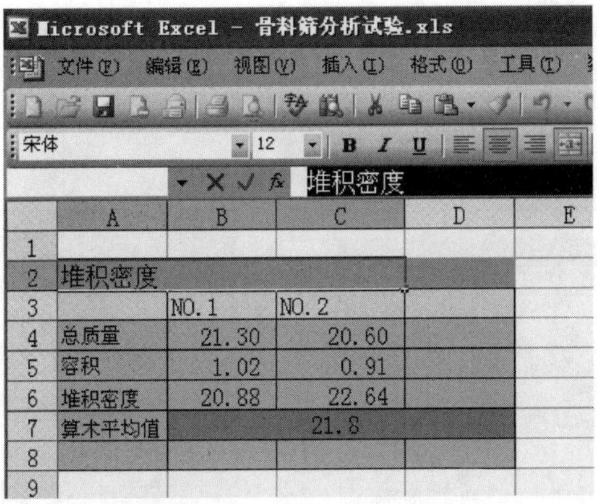

图 12-6 骨料堆积密度计算示意图

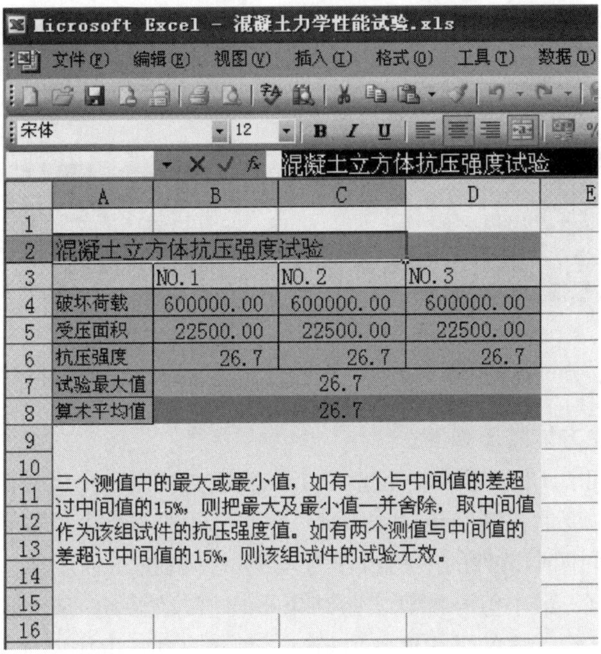

图 12-7 砂浆立方体抗压强度计算示意图

组试件的抗压强度值；如有两个测值与中间值的差超过中间值的15%，则该组试件的实验无效。本程序在进行算术平均值求解时，以实验最大值为参照点，对三个测试结果进行判断，并选择合适的计算方式，求得混凝土立方体的抗压强度值。

2. 棱柱体强度实验

棱柱体轴心抗压强度实验和混凝土抗折强度实验程序计算界面如图12-8所示，棱柱体抗压强度实验的算术平均值的处理方法和混凝土立方体抗压强度实验程序相同。

3. 圆柱体强度实验

圆柱体轴心抗压强度实验和圆柱体劈裂抗拉强度实验程序计算界面如图12-9所示，圆柱体抗压强度实验的算术平均值的处理方法和混凝土立方体抗压强度实验程序相同。

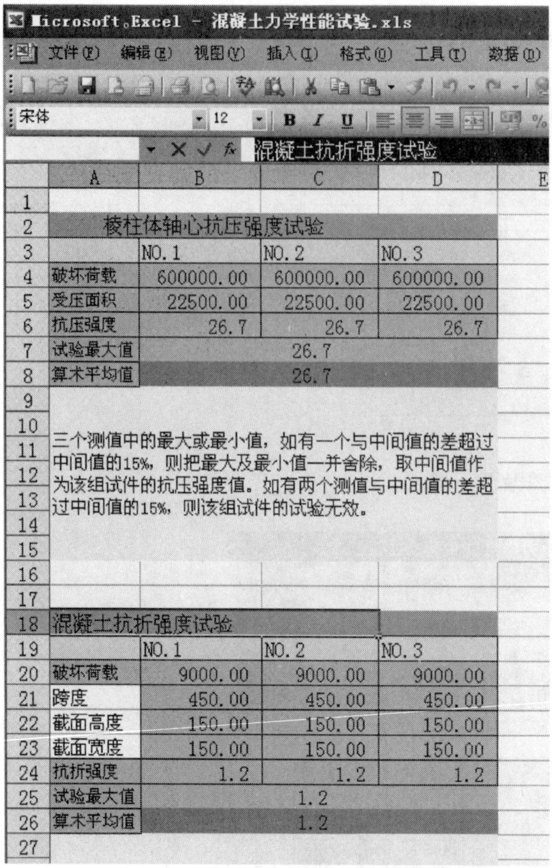

図 Microsoft Excel - 混凝土力学性能试验.xls
文件(F)　编辑(E)　视图(V)　插入(I)　格式(O)　工具(T)　数据(D)

宋体　12　**B** *I* U　%

混凝土抗折强度试验

| | A | B | C | D | E |
|---|---|---|---|---|---|
| 1 | | | | | |
| 2 | 棱柱体轴心抗压强度试验 | | | | |
| 3 | | NO.1 | NO.2 | NO.3 | |
| 4 | 破坏荷载 | 600000.00 | 600000.00 | 600000.00 | |
| 5 | 受压面积 | 22500.00 | 22500.00 | 22500.00 | |
| 6 | 抗压强度 | 26.7 | 26.7 | 26.7 | |
| 7 | 试验最大值 | | 26.7 | | |
| 8 | 算术平均值 | | 26.7 | | |
| 9 | | | | | |
| 10–13 | 三个测值中的最大或最小值，如有一个与中间值的差超过中间值的15%，则把最大及最小值一并舍除，取中间值作为该组试件的抗压强度值。如有两个测值与中间值的差超过中间值的15%，则该组试件的试验无效。 | | | | |
| 18 | 混凝土抗折强度试验 | | | | |
| 19 | | NO.1 | NO.2 | NO.3 | |
| 20 | 破坏荷载 | 9000.00 | 9000.00 | 9000.00 | |
| 21 | 跨度 | 450.00 | 450.00 | 450.00 | |
| 22 | 截面高度 | 150.00 | 150.00 | 150.00 | |
| 23 | 截面宽度 | 150.00 | 150.00 | 150.00 | |
| 24 | 抗折强度 | 1.2 | 1.2 | 1.2 | |
| 25 | 试验最大值 | | 1.2 | | |
| 26 | 算术平均值 | | 1.2 | | |
| 27 | | | | | |

图 12-8　棱柱体强度实验计算示意图

図 Microsoft Excel - 混凝土力学性能试验.xls
文件(F)　编辑(E)　视图(V)　插入(I)　格式(O)　工具(T)　数据(D)　窗口(W)

宋体　12　**B** *I* U　%　Σ

A41

| | A | B | C | D | E |
|---|---|---|---|---|---|
| 1 | | | | | |
| 2 | 圆柱体抗压强度试验 | | | | |
| 3 | 破坏荷载 | NO.1 | NO.2 | NO.3 | |
| 4 | 破坏荷载 | 600000.00 | 600000.00 | 600000.00 | |
| 5 | 计算直径 | 150.00 | 150.00 | 150.00 | |
| 6 | 受压面积 | 17662.50 | 17662.50 | 17662.50 | |
| 7 | 抗压强度 | 34.0 | 34.0 | 34.0 | |
| 8 | 试验最大值 | | 34.0 | | |
| 9 | 算术平均值 | | 34.0 | | |
| 10 | | | | | |
| 11–14 | 三个测值中的最大或最小值，如有一个与中间值的差超过中间值的15%，则把最大及最小值一并舍除，取中间值作为该组试件的抗压强度值。如有两个测值与中间值的差超过中间值的15%，则该组试件的试验无效。 | | | | |
| 19 | 圆柱体劈裂抗拉强度 | | | | |
| 20 | | NO.1 | NO.2 | NO.3 | |
| 21 | 破坏荷载 | 300000.00 | 300000.00 | 300000.00 | |
| 22 | 计算直径 | 150.00 | 150.00 | 150.00 | |
| 23 | 试件的高度 | 300.00 | 300.00 | 300.00 | |
| 24 | 劈裂抗拉强度 | 4.2 | 4.2 | 4.2 | |
| 25 | 试验最大值 | | 4.2 | | |
| 26 | 算术平均值 | | 4.2 | | |
| 27 | | | | | |

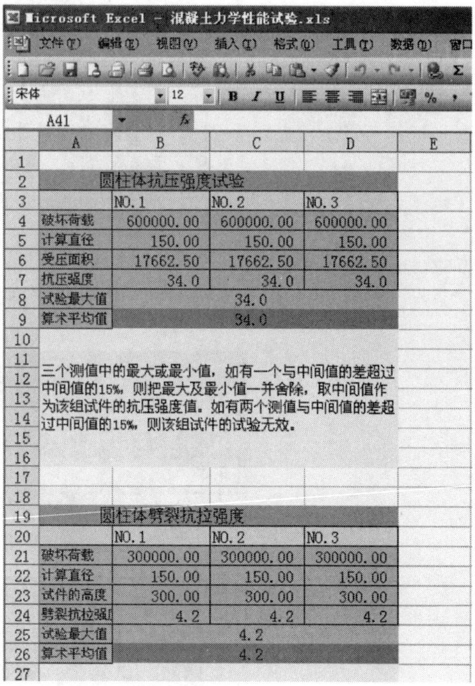

图 12-9　圆柱体强度实验计算示意图

### 12.2.5　砂浆立方体抗压强度

程序计算界面如图 12-10 所示，包括六个实验数据，以六个试件测试值的算术平均值为该组试件的抗压强度值，精确至 0.1MPa。当六个试件的最大值或最小值与平均值的差超过 20% 时，以中间四个试件的平均值作为该组试件的抗压强度值。程序首先根据六个实验值，选择最大值、最小值并计算实验结果平均值，然后进行判定是否超过 20%，如不超过，直接选定已经计算的平均值；如超过，程序自动选取中间四个试件的平均值作为该组试件的抗压强度值。

### 12.2.6　砖抗压强度

程序计算界面如图 12-11 所示，包括 10 个实验数据。程序自动选取实验的最大值和最小值，首先计算 10 块试样的抗压强度平均值，然后计算 10 块试样的抗压强度标准差，最后得到砖的抗压强度标准值。

### 12.2.7　土的压实度（环刀法）

程序计算界面如图 12-12 所示，程序可同时计算多组数据。根据环刀质量、湿土样质量，可计算出土的湿密度；根据环刀质量、湿土样质量，可计算出土的湿密度；根据土盒质量、湿土质量和干土质量，计算出土的含水量、干密度和压实密度。

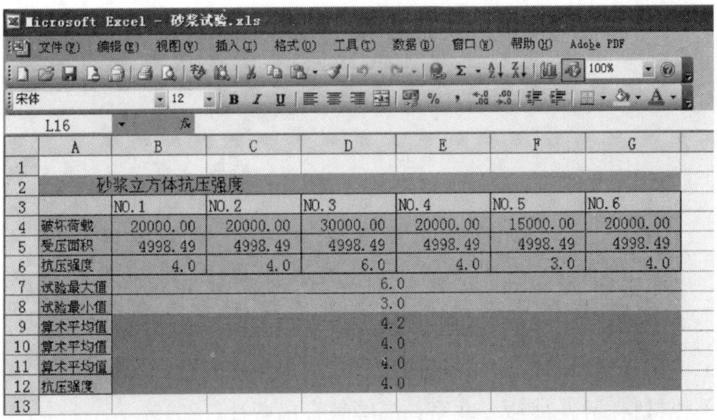

Microsoft Excel - 砂浆试验.xls

| | A | B | C | D | E | F | G |
|---|---|---|---|---|---|---|---|
| 1 | | | | | | | |
| 2 | 砂浆立方体抗压强度 | | | | | | |
| 3 | | NO.1 | NO.2 | NO.3 | NO.4 | NO.5 | NO.6 |
| 4 | 破坏荷载 | 20000.00 | 20000.00 | 30000.00 | 20000.00 | 15000.00 | 20000.00 |
| 5 | 受压面积 | 4998.49 | 4998.49 | 4998.49 | 4998.49 | 4998.49 | 4998.49 |
| 6 | 抗压强度 | 4.0 | 4.0 | 6.0 | 4.0 | 3.0 | 4.0 |
| 7 | 试验最大值 | 6.0 | | | | | |
| 8 | 试验最小值 | 3.0 | | | | | |
| 9 | 算术平均值 | 4.2 | | | | | |
| 10 | 算术平均值 | 4.0 | | | | | |
| 11 | 算术平均值 | 4.0 | | | | | |
| 12 | 抗压强度 | 4.0 | | | | | |
| 13 | | | | | | | |

图 12-10　砂浆立方体抗压强度计算示意图

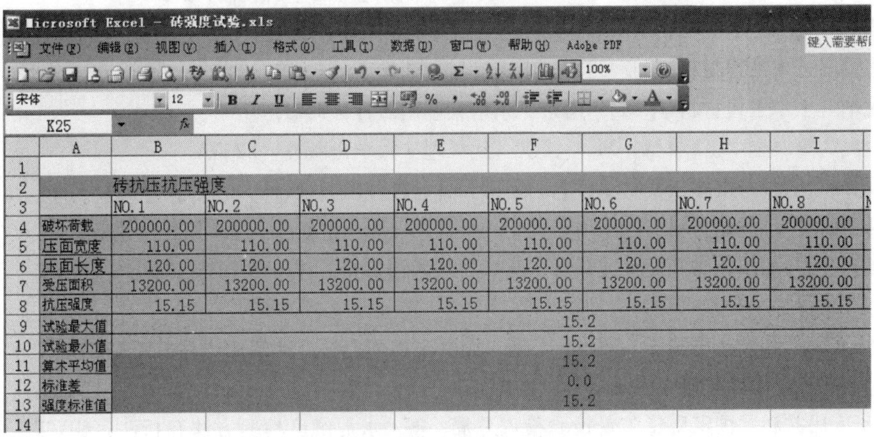

Microsoft Excel - 砖强度试验.xls

| | A | B | C | D | E | F | G | H | I |
|---|---|---|---|---|---|---|---|---|---|
| 1 | | | | | | | | | |
| 2 | 砖抗压抗压强度 | | | | | | | | |
| 3 | | NO.1 | NO.2 | NO.3 | NO.4 | NO.5 | NO.6 | NO.7 | NO.8 |
| 4 | 破坏荷载 | 200000.00 | 200000.00 | 200000.00 | 200000.00 | 200000.00 | 200000.00 | 200000.00 | 200000.00 |
| 5 | 压面宽度 | 110.00 | 110.00 | 110.00 | 110.00 | 110.00 | 110.00 | 110.00 | 110.00 |
| 6 | 压面长度 | 120.00 | 120.00 | 120.00 | 120.00 | 120.00 | 120.00 | 120.00 | 120.00 |
| 7 | 受压面积 | 13200.00 | 13200.00 | 13200.00 | 13200.00 | 13200.00 | 13200.00 | 13200.00 | 13200.00 |
| 8 | 抗压强度 | 15.15 | 15.15 | 15.15 | 15.15 | 15.15 | 15.15 | 15.15 | 15.15 |
| 9 | 试验最大值 | 15.2 | | | | | | | |
| 10 | 试验最小值 | 15.2 | | | | | | | |
| 11 | 算术平均值 | 15.2 | | | | | | | |
| 12 | 标准差 | 0.0 | | | | | | | |
| 13 | 强度标准值 | 15.2 | | | | | | | |
| 14 | | | | | | | | | |

图 12-11　砖抗压强度计算示意图

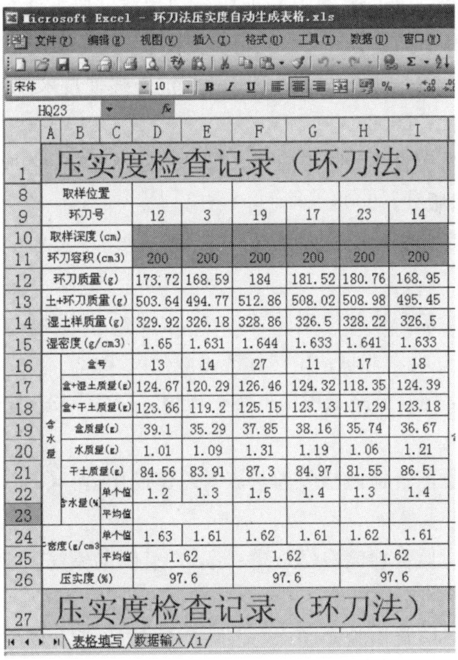

Microsoft Excel - 环刀法压实度自动生成表格.xls

| | | | D | E | F | G | H | I |
|---|---|---|---|---|---|---|---|---|
| 1 | 压实度检查记录（环刀法） | | | | | | | |
| 8 | 取样位置 | | | | | | | |
| 9 | 环刀号 | | 12 | 3 | 19 | 17 | 23 | 14 |
| 10 | 取样深度(cm) | | | | | | | |
| 11 | 环刀容积(cm3) | | 200 | 200 | 200 | 200 | 200 | 200 |
| 12 | 环刀质量(g) | | 173.72 | 168.59 | 184 | 181.52 | 180.76 | 168.95 |
| 13 | 土+环刀质量(g) | | 503.64 | 494.77 | 512.86 | 508.02 | 508.98 | 495.45 |
| 14 | 湿土样质量(g) | | 329.92 | 326.18 | 328.86 | 326.5 | 328.22 | 326.5 |
| 15 | 湿密度(g/cm3) | | 1.65 | 1.631 | 1.644 | 1.633 | 1.641 | 1.633 |
| 16 | 含水量 | 盒号 | 13 | 14 | 27 | 11 | 17 | 18 |
| 17 | | 盒+湿土质量(g) | 124.67 | 120.29 | 126.46 | 124.32 | 118.35 | 124.39 |
| 18 | | 盒+干土质量(g) | 123.66 | 119.2 | 125.15 | 123.13 | 117.29 | 123.18 |
| 19 | | 盒质量(g) | 39.1 | 35.29 | 37.85 | 38.16 | 35.74 | 36.67 |
| 20 | | 水质量(g) | 1.01 | 1.09 | 1.31 | 1.19 | 1.06 | 1.21 |
| 21 | | 干土质量(g) | 84.56 | 83.91 | 87.3 | 84.97 | 81.55 | 86.51 |
| 22 | | 含水量(% 单个值 | 1.2 | 1.3 | 1.5 | 1.4 | 1.3 | 1.4 |
| 23 | | 平均值 | | | | | | |
| 24 | 干密度(g/cm3 | 单个值 | 1.63 | 1.61 | 1.62 | 1.61 | 1.62 | 1.61 |
| 25 | | 平均值 | 1.62 | | 1.62 | | 1.62 | |
| 26 | 压实度(%) | | 97.6 | | 97.6 | | 97.6 | |
| 27 | 压实度检查记录（环刀法） | | | | | | | |

表格填写 / 数据输入 / 1

图 12-12　土的压实度计算示意图

# 参 考 文 献

[1] 湖南大学，等. 土木工程材料[M]. 2版. 北京：中国建筑工业出版社，2011.

[2] 陈志源，等. 土木工程材料[M]. 3版. 武汉：武汉理工大学出版社，2014.

[3] 黄晓明，等. 土木工程材料[M]. 4版. 南京：东南大学出版社，2020.

[4] 苏达根. 土木工程材料[M]. 4版. 北京：高等教育出版社，2019.

[5] 余丽武，等. 土木工程材料[M]. 2版. 北京：中国建筑工业出版社，2021.

[6] 陈德鹏，等. 土木工程材料[M]. 2版. 北京：清华大学出版社，2020.

[7] 邢振贤. 土木工程材料[M]. 北京：中国建材工业出版社，2011.

[8] 陈光华. 土木工程材料学[M]. 南京：东南大学出版社，2021.

[9] 宋少民，等. 土木工程材料[M]. 武汉：武汉理工大学出版社，2010.

[10] 索玛亚吉(美). 土木工程材料[M]. 北京：高等教育出版社，2006.

[11] 沃特森(美). 建筑材料与选型手册[M]. 王剑，等，译. 北京：中国建筑工业出版社，2007.

[12] 中华人民共和国住房和城乡建设部. 建筑材料术语标准：JGJ/T 191—2009[S]. 北京：中国建筑工业出版社，2010.

[13] 中华人民共和国住房和城乡建设部，等. 混凝土物理力学性能实验方法标准：GB/T 50081—2019[S]. 北京：中国建筑工业出版社，2019.

[14] 中华人民共和国国家质量监督检验检疫总局，等. 水泥细度检验方法筛析法：GB/T 1345—2005[S]. 北京：中国标准出版社，2005.

[15] 中建建筑科学技术研究院，等. 普通混凝土拌合物性能实验方法标准：GB/T 50080—2016[S]. 北京：中国建筑工业出版社，2016.

[16] 中华人民共和国建设部，等. 贯入法检测砌筑砂浆抗压强度技术规程：JGJ/T 136—2001[S]. 北京：中国建筑工业出版社，2002.

[17] 中华人民共和国国家质量监督检验检疫总局，等. 金属材料室内拉伸实验方法：GB/T 228—2002[S]. 北京：中国标准出版社，2002.

[18] 中华人民共和国国家质量监督检验检疫总局，等. 砌筑水泥：GB/T 3183—2003[S]. 北京：中国标准出版社，2003.

[19] 中华人民共和国国家质量监督检验检疫总局，等. 水泥标准稠度用水量、凝结时间、安定性检验方法：GB/T 1346—2011[S]. 北京：中国标准出版社，2012.

[20] 中华人民共和国交通部，等. 公路工程集料实验规程：JTGE 42—2005[S]. 北京：人民交通出版社，2005.

[21] 中华人民共和国国家质量监督检验检疫总局，等. 建设用砂：GB/T 14684—2011[S]. 北京：中国标准出版社，2011.

[22] 中华人民共和国国家质量监督检验检疫总局，等. 冷轧带肋钢筋：GB 13788—2017[S]. 北京：中国标准出版社，2017.

[23] 中华人民共和国国家质量监督检验检疫总局，等. 烧结空心砖和空心砌块：GB 13545—2014[S]. 北京：中国标准出版社，2014.

[24] 国家质量技术监督局，等. 水泥胶砂强度检验方法：GB/T 17671—1999[S]. 北京：中国标准出版社，1999.

[25] 中华人民共和国水利部，等. 土工实验方法标准：GB/T 50123—2019[S]. 北京：中国计划出版社，2019.

[26] 中华人民共和国住房和城乡建设部，等. 钢筋焊接接头实验方法标准：JGJ/T 27—2014[S]. 北京：中国建筑工业出版社，2014.

[27] 中华人民共和国国家质量监督检验检疫总局，等. 轻集料混凝土小型空心砌块：GB/T 15229—2011[S]. 北京：中国标准出版社，2011.

[28] 中华人民共和国国家质量监督检验检疫总局，等. 建筑用卵石、碎石：GB/T 14685—2011[S]. 北京：中国标准出版社，2012.

[29] 中华人民共和国国家质量监督检验检疫总局，等. 烧结普通砖：GB 5101—2017[S]. 北京：中国标准出版社，2017.

[30] 中华人民共和国国家质量监督检验检疫总局，等. 砌墙砖实验方法：GB/T 2542—2012[S]. 北京：中国标准出版社，2013.

[31] 河南建筑材料研究设计院，等. 承重混凝土多孔砖：GB 25779—2010[S]. 北京：中国标准出版社. 2010.

[32] 四川省住房和城乡建设厅，等. 砌体工程现场检测技术标准：GB/T 50315—2011[S]. 北京：中国建筑工业出版社，2011.

[33] 中国建筑科学研究院，等. 超声回弹综合法检测混凝土抗压强度技术规程：T/CECS 02—2020[S]. 北京：中国建筑工业出版社，2020.

[34] 中华人民共和国国家质量监督检验检疫总局，等. 水泥胶砂流动度测定方法：GB/T 2419—2005[S]. 北京：中国标准出版社，2005.

[35] 中华人民共和国国家质量监督检验检疫总局，等. 石油沥青蜡含量测定法：SH/T 0425—2003[S]. 北京：中国计量出版社，2004.

[36] 中国建筑科学研究院，等. 混凝土强度检验评定标准：GB/T 50107—2010[S]. 北京：中国建筑工业出版社，2010.

[37] 中国建筑科学研究院，等. 普通混凝土长期性能和耐久性能实验方法标准：GB/T 50082—2009[S]. 北京：中国建筑工业出版社，2010.

[38] 中国建筑材料科学研究总院，等. 水泥标准稠度用水量、凝结时间安定性检验方法：GB/T l346—2011[S]. 北京：中国标准出版社，2011.

[39] 首钢总公司，等. 钢筋混凝土强度用钢材实验方法：GB/T 28900—2012[S]. 北京：中国标准出版社，2012.

[40] 钢铁研究总院，等. 金属材料拉伸实验第1部分：室温实验方法钢筋混凝土强度用钢材实验方法：GB/T 228.1—2010[S]. 北京：中国标准出版社，2011.

[41] 陕西省建筑科学研究院，等. 建筑砂浆基本性能实验方法标准：JGJ/T 70—2009[S]. 北京：中国建筑工业出版社，2009.

[42] 陕西省建筑科学研究院，等. 回弹法检测混凝土抗压强度技术规程：JGJ/T 23—2011[S]. 北京：中国建筑工业出版社，2011.

[43] 国家建筑钢材质量监督检测中心，等. 钢筋混凝土用钢第1部分：热轧光圆钢筋：GB1499.1—2017[S]. 北京：中国标准出版社，2017.

[44] 中冶集团建筑研究总院，等. 钢筋混凝土用钢第2部分：热轧带肋钢筋：GB 1499.2—2017[S].

北京：中国标准出版社，2017.

[45] 陕西省建筑科学研究院，等. 钢筋焊接及验收规程：JGJ 18—2012[S]. 北京：中国标准出版社，2012.

[46] 中国建筑科学研究院，等. 钢筋机械连接技术规程：JGJ 107—2010[S]. 北京：中国建筑工业出版社，2010.